JN161229

作れる！ 鳴らせる！ 超初心者からの 真空管アンプ製作入門

林 正樹／酒井雅裕●共著
石塚勝敏／小泉義夫●協力

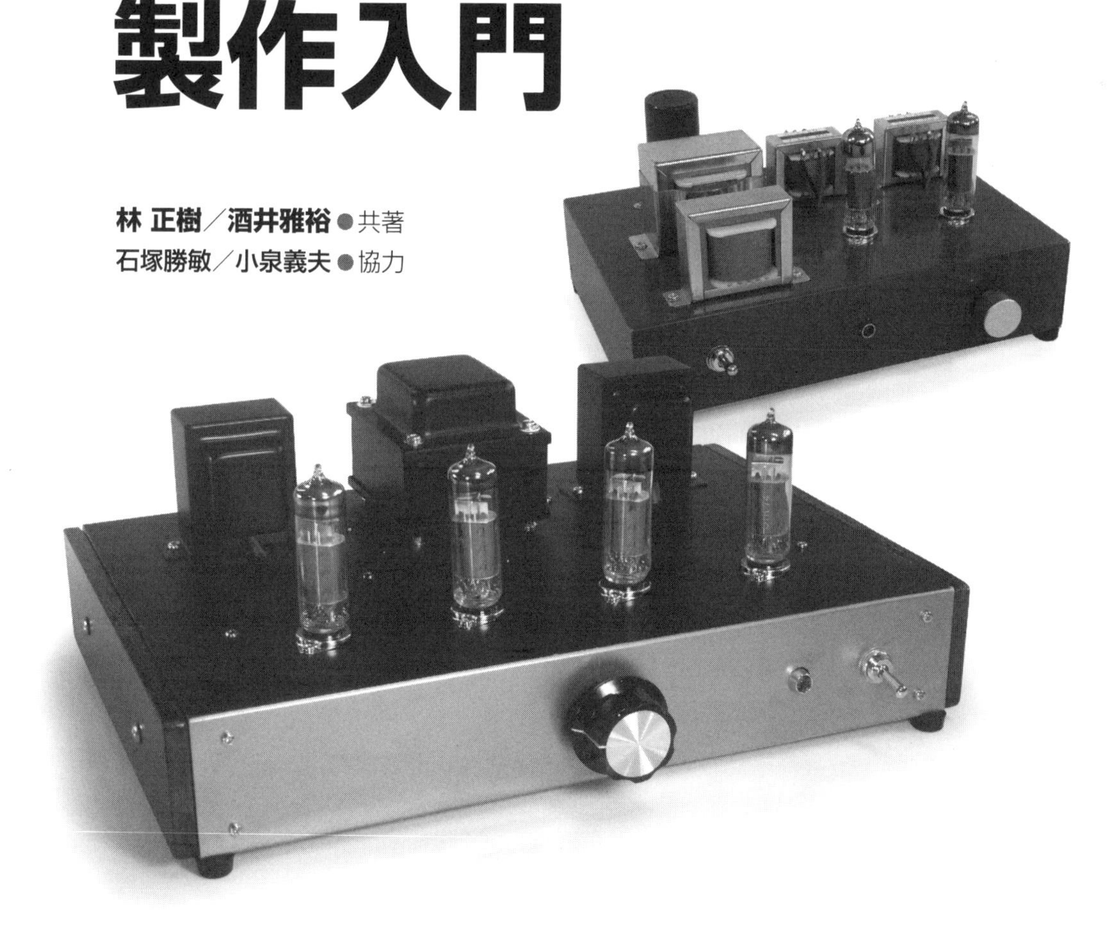

■ファイルのダウンロードサービスについて

本書の製作過程を紹介する動画、カラーの実体配線図などのファイルは、インターネットからダウンロードすることができます。製作を進める際に、参考としてご利用ください。詳しいダウンロード手順については、本書の巻末にある「袋とじ」を参照してください。

※ダウンロードサービスを利用するには、巻末の「袋とじ」の中に記されている「ナンバー」が必要です。本書を中古書店で購入した場合や、図書館などから借りた場合には、ダウンロードサービスを利用できない可能性があることをご了承ください。

まえがき

真空管を使ったオーディオアンプの自作は、少し前、一部で流行ったようで、組み立てキットがけっこうお店に並んでいた時期がありました。しかしいつしか、店頭からも消えていき、めまぐるしいこの世の中は、今ではハイレゾや高音質なネット音源などの別の話題に移っていきました。真空管オーディオの自作は一過性のものだったのでしょうか。

実は、筆者はオーディオだけでなく真空管ギターアンプも含めて、それらの自作をここ十数年、手がけていて、インターネットのおかげもありそれなりに世の中の反応をじかに感じるポジションにいます。そうすると分かるのですが、学生のころ電子工作で遊んだ経験のある世代がちょうどリタイアする時代に差しかかっているのか、真空管工作を自分もやってみたい、という人は着実に増えているようなのです。

そんな中で、本書は、古き良き昭和の昔の、若者向きの電子工作雑誌の雰囲気をなるべく参考にして、真空管オーディオアンプの自作について製作記事を中心にまとめたものです。製作本と言っても、中身を分からず単に製作するだけ、というのではなく、かといっていきなり高級な難しい理論をえんえん書き連ねるのでもない、初心者がまずは作って楽しみながら、その回路の動作や原理について徐々に学んでいけるように配慮して書きました。そして本書で作るアンプも、おそらく本邦初の段ボールシャーシーで作る1球アンプから始まり、最後にはハイエンド高級オーディオとして遜色のないアンプで終わるように、だんだん高度になるように配列しました。

また、本書は、真空管工作そのものを初めて経験する編集スタッフと、実際に真空管アンプを作りながら、その過程でのやり取りを参考にして執筆しました。完全な初心者がどんなところでつまずくか、どんな疑問を持つか、ということを調べて内容に盛り込んでいます。ちなみに、我々スタッフは今回、古風な真空管工作をしながらも、最新のインターネット社会らしくFacebookで製作過程を写真付きでアップして、コメントで質疑応答しながら進めました。

真空管アンプの製作は、楽しみどころのたくさんある趣味です。実際、今回初めて自作真空管オーディオアンプを作った編集スタッフも、自分の作ったアンプの奏でる音の虜になったようで、以来、次々とアンプを作りすっかりスキルアップしました。本書が、みなさんをそんな真空管いじりの世界に案内するきっかけになれば、大変に嬉しく思います。

2015年4月　林　正樹

※なお、本書は、およそ十年近く前にCQ出版より出版した『iPodで楽しむ真空管＆D級アンプ』の内容をベースにして大幅に改訂し、原稿を付け加えたものです。

目　次

第 6 章 真空管アンプ製作記 193

第1章

1球段ボールアンプの製作

写真 1.1 ● 1 球段ボールアンプ

まずはじめに、誰でもが作れる真空管アンプということで、おそらく最近の製作記事にはほとんど見当たらないであろう、段ボールをケース（シャーシーと呼びます）にしたアンプというものを考えてみました。なぜ、段ボールかというと、真空管工作は普通アルミなどの金属シャーシーを使うのが定番で、何はともあれこのアルミシャーシーの穴あけなどの金属加工が必須になります。しかし、やってみると分かりますが、このアルミの穴あけというのが容易ではなく、いろいろ工具も揃えないといけないし、作業もなかなかに大変です。そのせいで、この金属加工ゆえに、真空管アンプ工作に二の足を踏んでしまうことがけっこう多いのです。

そこで、ここでは金属は使わず、カッターだけで作業できる段ボール箱を使ってみようというわけです。さらにこの段ボールシャーシーにはスピーカーも内蔵して、電源をコンセントに入れて、スマホや iPod にジャックを差し込むだけで、単体で音が出るようなものにしました。

段ボールがシャーシーだなんてそんないい加減な、と思うかもしれませんが、実はその昔の昭和の工作本では、ボール紙の上に部品をネジ止めした電子工作がよく紹介されていたりしたのです。おおらかなよい時代です。ここで紹介する段ボール真空管アンプも、そんな時代の工作の復刻版みたいなものと思っていいかもしれません。もちろん、金属シャーシーを使った本格的なモノについては、次の第２章以降の作例で紹介します。

Q&A コーナー

ぜひ作ってみたい！　でも、できるかな？

はい、できます、簡単です。シャーシー加工がないので、ここで学ぶのは、部品の買出しの仕方と、ハンダ付けの仕方だけです。電気のむずかしい話しや、面倒な金属加工は後回しで、まずはとにかくアンプを作って鳴らすことから入っていきましょう。

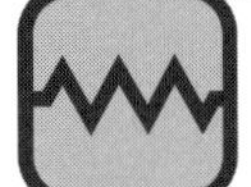

1.1　回路図と実体配線図を見る

外観は写真 1.1 の通り、音量ツマミがあって、電源ケーブルと信号ケーブルが出ているだけのものです。真空管には 12AU7 というプリアンプ用のものを１本使い、段ボールケースの上面に取り付けています。図 1.1 が本機の配線を示したもので、これを実体配線図と呼びます。この図の通りに作れば必ず完成するので、実体配線図というのは本当に便利なものです。

そして、図 1.2 が回路図です。図 1.1 の実体配線図は、この回路図から起こしたものなのです。このアンプ回路では、スマホや iPod などからのステレオ入力を、まずモノラルに変換して、真空管で２段増幅してスピーカーを鳴らしています。電源スイッチは省略していますので、コンセントを入れれば電源が入ります。電源が入ると真空管がほんのり明るくなるので分かります。

ところで、この回路図ですが、なかなかカッコいいものですよね。私は小学校高学年のころ電子工作に夢中になったくちですが、そのころは本に載っている回路図を次から次へと何も分からずひたすらノートに鉛筆で模写したものです。いろんな形の記号が絡み合っている様子に心を惹かれたのでしょう。今でも、こういった回路図を見ると美しいなあ、と思ったりします。

図 1.1 ● 1 球段ボールアンプの実体配線図

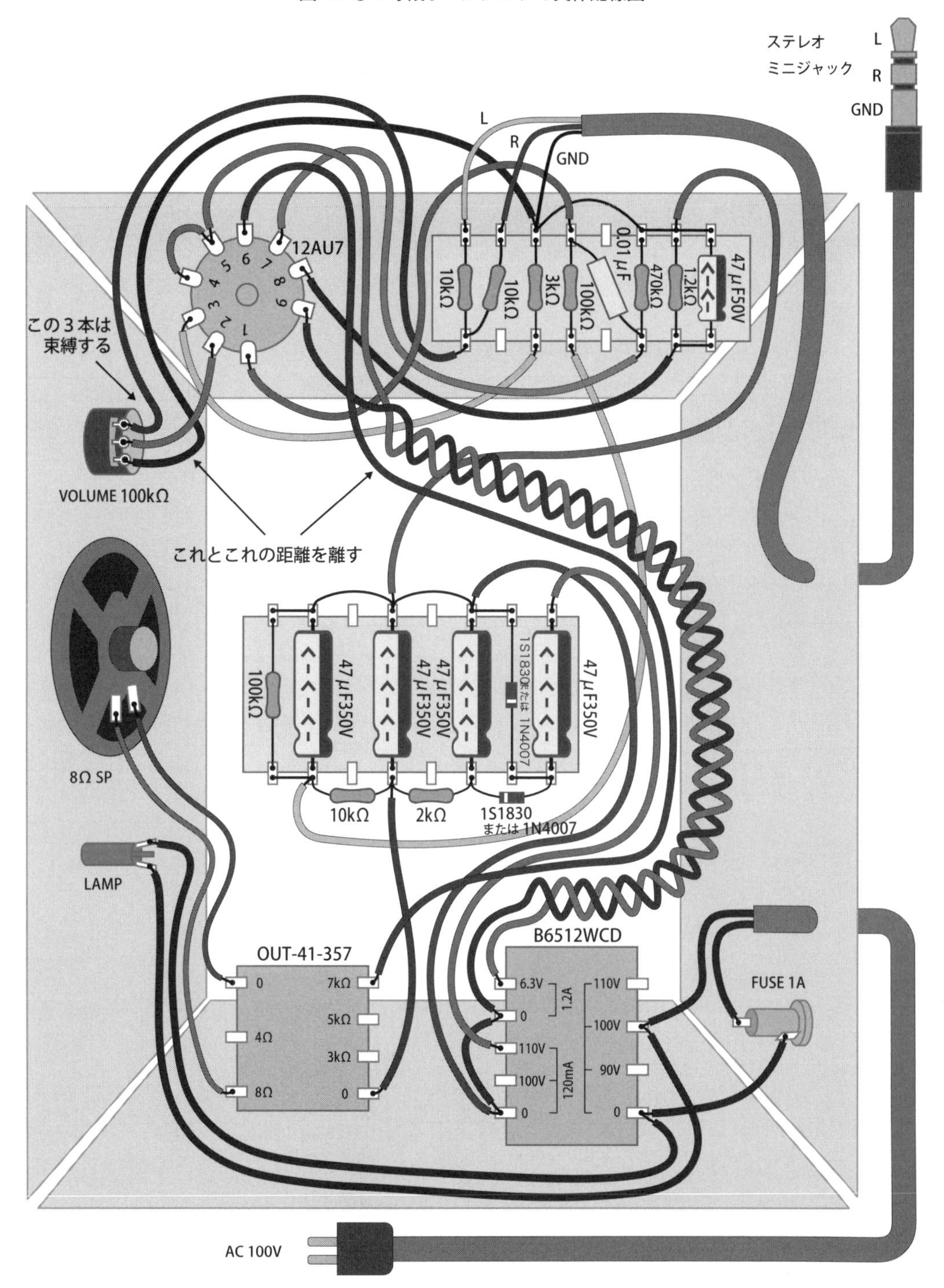

図 1.2 ● 1 球段ボールアンプの回路図

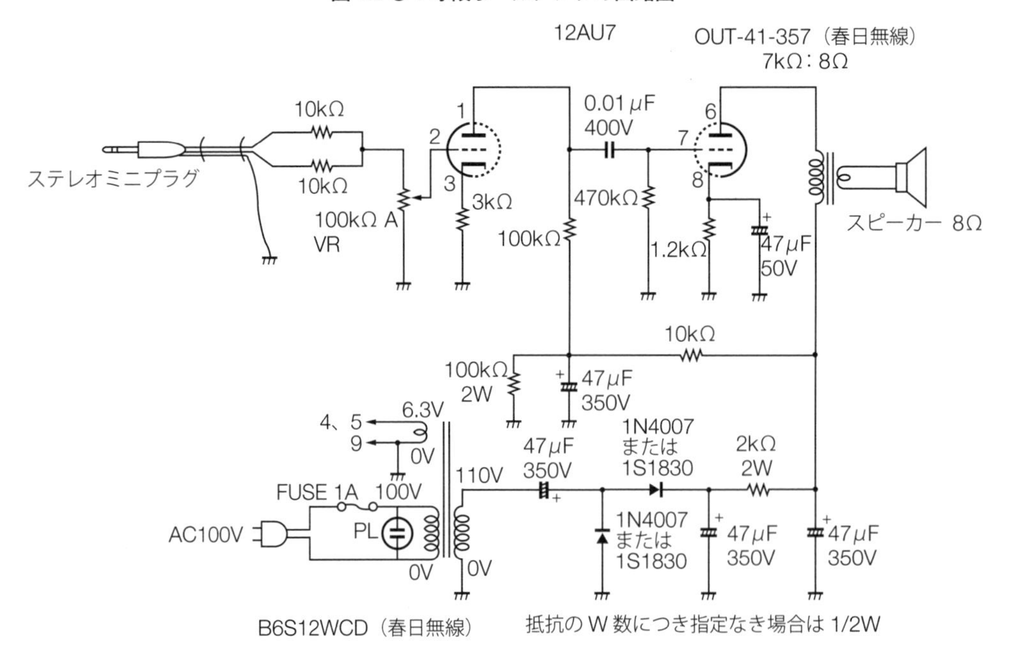

Q&A コーナー

美しいのは分かるんですが、この回路でいったい何が起こっているのかよく分かりません。

はい、たしかに。そもそも回路図を初めて見る人は、これは意味不明な記号のかたまりに見えるでしょうね。もっとも、分からないながらもいろいろ見ているうちにだいたいの見当はつくようになってくるものなのですが、ここで、図 1.3 に回路の中で実際に何が行われているかをラフに書き込んだ図を用意しておいたので、見てください。

図 1.3 ●回路各部のはたらき

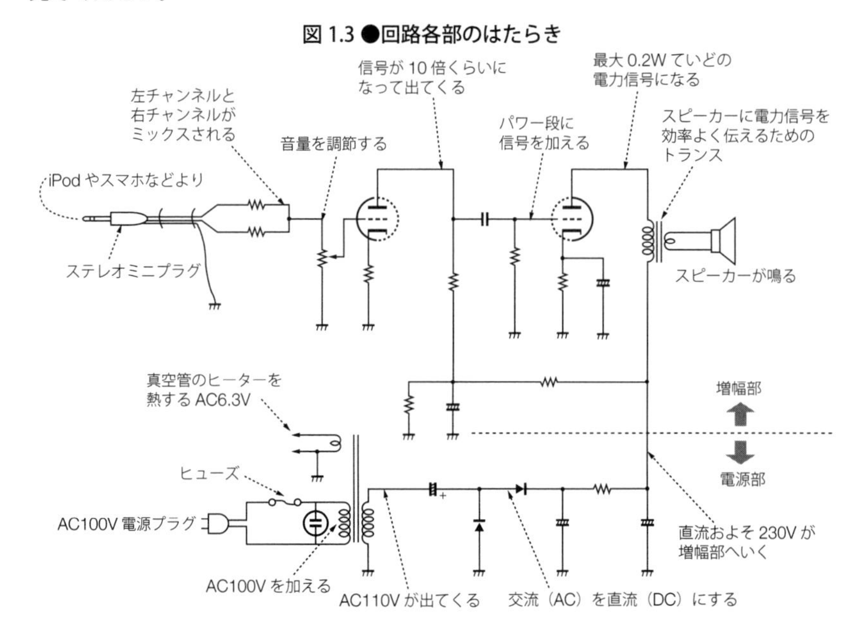

見ての通り、それほど難しくはないのです。しょせんはオーディオの信号が左から入ってきて、増幅されて、それで右のスピーカーから出てゆく、というだけの話しです。あと、これら信号が通って行く「増幅部」に電源（パワー）を供給する「電源部」があって、それですべてです。このアンプは基本中の基本なので余計な分岐もほとんどなく、とてもシンプルに一方向的なので、初めての人でもすぐに、なるほどね、と思うでしょう。

1.2　部品を買う

まずは部品を揃えましょう、表 1.1 が部品表です。これで買い出しができますが、実際にお店へ行って買い物をしているといろいろ分からないことがでてくるものです。少しずつスキルアップしていきましょう。ご存じ秋葉原は日本で一番有名な電気街ですが、ここに行けば真空管アンプ製作に必要なものは、簡単にすべて手に入ります。秋葉原まで買出しに行けるエリアに住んでいる方はラッキーです。図 1.4 に秋葉原の簡単な部品屋マップを載せましたので、参考にしてください。

図 1.4 ●秋葉原部品屋マップ

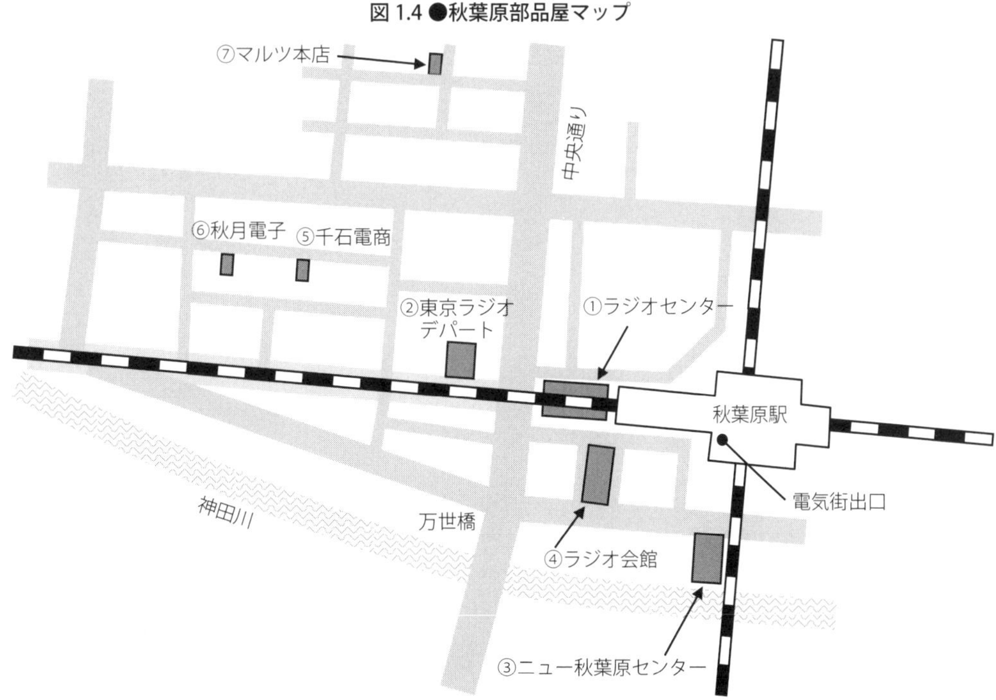

①ラジオセンター　パーツ屋の集合体で、ほとんどなんでも揃う。第 1 章の春日無線、第 2、4 章の東栄トランスはココ。
②東京ラジオデパート　同じくパーツ屋の集合で、ほとんどなんでも揃う。第 5 章のゼネラルトランスはココ。
③ニュー秋葉原センター　古い店がいくつかあり、安売り品や古い部品などが手に入ったりする。
④ラジオ会館　オタクグッズ中心のビルになっているが、4F の若松通商などパーツ屋がある。
⑤千石電商　セルフサービスの電子パーツ屋。特に半導体系の部品はほとんど揃う。
⑥秋月電子　各種キットを大量に扱っている。
⑦マルツ本店　セルフサービスの電子パーツ屋。ほとんどなんでも揃う。通販もあり。

表1.1●部品表

品名	数量	参考単価
真空管　12AU7	1	2,800
電源トランス　B6S12WCD（春日無線） 1次側：100V　2次側：110V/76mA、6.3V/1.2A	1	3,080
出力トランス　OUT-41-357（春日無線） 7kΩ：8Ω、シングル用、3W	1	2,200
シリコンダイオード　1N4007または1S1830（1A、1000V）	2	30
10kΩ　1/2W	3	35
3kΩ　1/2W	1	35
100kΩ　1/2W	1	35
470kΩ　1/2W	1	35
1.2kΩ　1/2W	1	35
100kΩ　2W	1	50
2kΩ　2W	1	50
ボリューム　100kΩA型	1	150
0.01μF　400V	1	150
電解コンデンサ　47μF　50V	1	100
電解コンデンサ　47μF　350V	4	320
真空管ソケットMT9ピン	1	220
3.5mmミニステレオプラグケーブル（1m）	1	120
スピーカー　8Ω	1	450
ヒューズホルダー	1	100
管ヒューズ　1A	1	30
ACケーブル　2m	1	110
ツマミ	1	200
ラグ板　平型小7P	1	250
ラグ板　平型大8P	1	500
スペーサー	4	30
パイロットランプ	1	220
段ボール箱（120×160×230以上のもの）	1	
線材　ビニル線　0.3VSF（AWG22）	適量	
ネジ（3×20mm、ボルト、ナット、ワッシャー）	適量	
ネジ（4×10mm、ボルト、ナット、ワッシャー）	適量	
	合計	12,485円

筆者は、今回は、トランス以外のすべての部品を東京ラジオデパートで購入しました。部品表に載せた価格はそのときの値段です。秋葉原以外でも大きな都市であれば、こういった自作系の電子部品を扱っているお店は探せばあると思います。近年はインターネットがありますので、検索してみるといいでしょう。どうしても近くに部品屋が無い場合は、通販ですべて入手できます。通販で、こういう細かい部品を調達してくれるところは、やはりインターネットで調べるのがよいと思います。表1.2に、通販のお店も含めてお店へのアクセスのためのホームページアドレスを載せておきますので参考にしてください。

1 2 3 4 5 6

表 1.2 ●主なショップのホームページと通販店

東京ラジオデパート	
総合案内	https://tokyoradiodepart.co.jp/tenpo/
瀬田無線（CR、総合パーツ）	TEL: 03-3255-6425
キョードー（真空管）	http://www.kydsem.co.jp/
ゼネラルトランス販売株式会社（トランス）	https://www.gtrans.co.jp/
エスエス無線（シャーシ関連）	https://www.ss-musen.co.jp/
秋葉原ラジオセンター	
総合案内	http://www.radiocenter.jp/
東栄変成器（トランス）	https://toei-trans.jp/
春日無線（トランス、真空管）	http://www.e-kasuga.net/
その他、通販など	
アムトランス（真空管）	https://www.amtrans.co.jp/
千石電商（CR、総合パーツ、半導体）	https://www.sengoku.co.jp/
秋月電子（CR、総合パーツ、キット）	https://akizukidenshi.com/
若松通商（CR、総合パーツ、半導体、真空管）	https://wakamatsu.co.jp/
サトー電気（CR、総合パーツ、半導体）	http://www.maroon.dti.ne.jp/satodenki/
共立電子（CR、総合パーツ、半導体）	https://www.kyohritsu.com/
マルツ（CR、総合パーツ、半導体、真空管）	https://www.marutsu.co.jp/
Garrettaudio（ギターアンプパーツ、日本のお店、ネットショッピング可）	https://www.garrettaudio.com/
Antique Electronic Supply（ギターアンプパーツ、アメリカのお店、クレジット払いのネットショッピングで注文できる）	https://www.tubesandmore.com/

写真 1.2 ●購入した部品一式

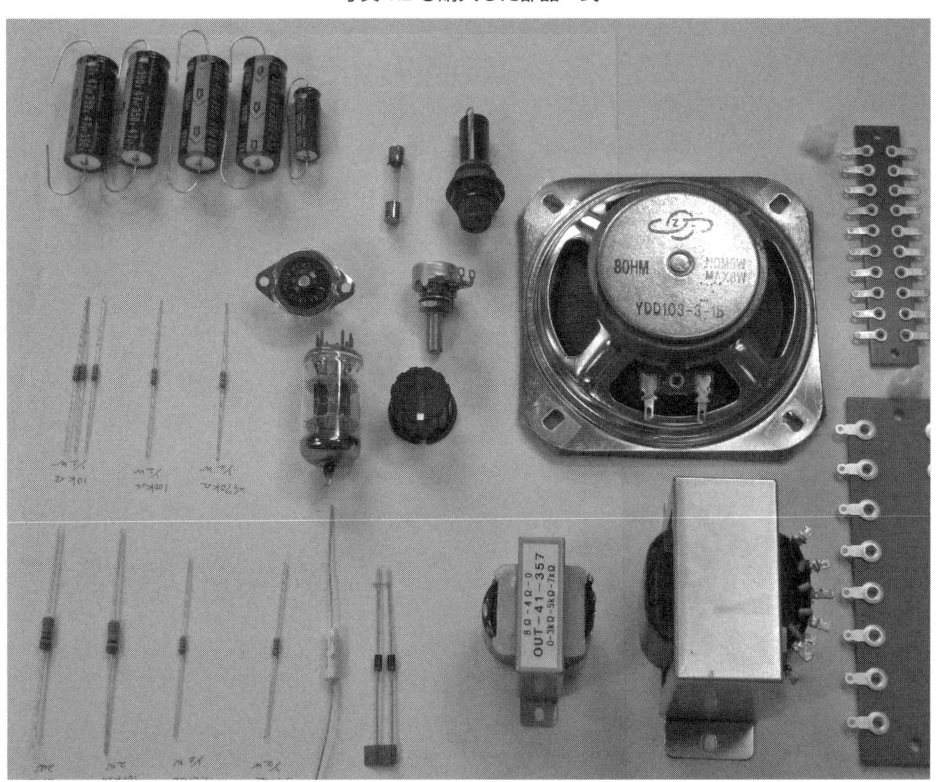

さて、ラジオデパートを歩いてみると、いろんな部品屋さんがありますが、真空管とトランス以外は、だいたい一箇所で揃ってしまうお店があったりするので、そんな所で揃えると便利です。どこの品質がいい、どこが特別安い、といったことはあまり気にする必要はないと思います。だいたい、どこで買っても OK です。もっとも、部品あさりも慣れてくると、「あそこは何が安い」とか「あそこは親切に相談に乗ってくれる」とか「あそこは品揃えがいい」とかだんだん分かってきて、ひいきのお店ができたりするものです。部品屋のオヤジさんと雑談ができたり、対等に話しができるようになったら、もう「通」だと言ってもいいでしょう。オヤジさんたち、みな超ベテランですから。私も、最初、二十年以上のブランクを経て部品を買いに行ったときはけっこう緊張しましたが、じきに慣れました。本書に書いてあることぐらいの知識があれば、十分リラックスして買い物を楽しめます。それでは、部品を買うときの注意点やコツなどを、以下に部品別にお話しすることにしましょう。

(1) 真空管

写真 1.3 ●真空管 12AU7

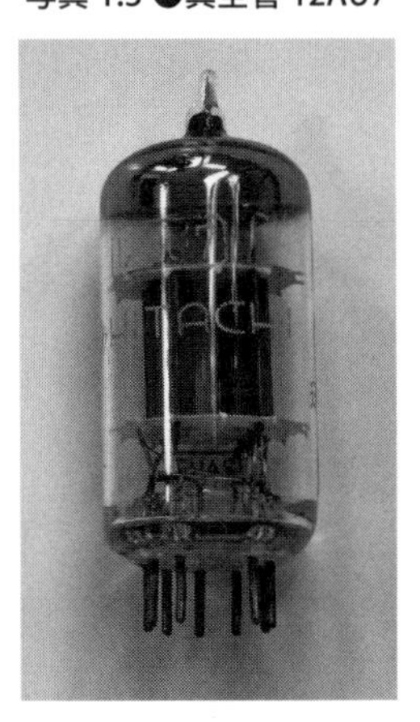

真空管の購入は、やはり真空管専門店に行くのがいいでしょう。ラジオデパートにもあるし、ラジオセンターにもあります。店頭で自力で探すよりは、オヤジさんに直接言った方が早いです。12AU7 を１本買うわけですが、「ジュウニ・エー・ユー・ナナを１本ください」と言えばオヤジさんが出してくれます。実は、真空管は、製造メーカーによって値段の差がかなりあります。店頭のオヤジさんも何種類か出してきてどれにしますか、と言ってくるかもしれません。例えば国産の 12AU7 になると、もう製造しておらず在庫品のみになるので、例えばロシア製の２倍ぐらいの値段になってしまったりします。ただ、基本的には型名が同じならどこの球を使っても一緒ですので、まずは、「安いのください」と言って買うとよいでしょう。製造メーカーで音が変わる云々といったお話しはまたずっと後の方ですることにしましょう。

Q&A コーナー

真空管はネットでの購入を考えたのですが、見ていたら、例えば「12AU7A ミニチュア /mT 複合管」とか出てきて意味が分からず不安になってしまいました。「ミニチュア /mT 複合管」って意味不明です。あと 12AU7 ですよね？　12AU7A ではダメですよね？

はい、わけ分かんないですよね。「ミニチュア /mT」は真空管の種類を言っていて、「ミニチュア管です」、という意味です。/mT はミニチュア管の略号です。ミニチュア管以外には、GT 管、ST 管、サブミニチュア管などがあり、3.3.1 項で説明しています。「複合管」とは、1 本の真空管の中に、2 つ以上の真空管回路が入っているものを言います。12AU7 の場合、電圧増幅用の 3 極管 2 つが 1 本の真空管の中に入っています。2 つの 3 極管はまったく同じものです。それから、12AU7A の最後の「A」ですが、これは 12AU7 ファミリーにいくつかの種類があり（例えば、高信頼性だったり、低ノイズだったりする）、その中の「A」タイプ、という意味で、基本的には同じ真空管だと思ってください。なので 12AU7A を購入しても OK です。

（2）真空管ソケット

写真 1.4 ● MT9 ピン真空管ソケット

3.3.2 項で改めて説明しますが、真空管のピンの形にもいろいろあり、それに合ったソケットを買わないといけません。これも真空管を買う店でオヤジさんに聞けばいいでしょう。12AU7 は MT 管（ミニチュア管）と呼ばれる種類で、ピン数は 9 ピンですので、「MT9 ピンの真空管ソケット」と言って買います。MT7 ピンもありますので注意してください。ソケットにも黒いプラスチックのモールドといわれる安いものから、タイトといわれる磁器製のちょっと高めのものまでいろいろあります。どれでも構いませんが、最初は一番安いものでよいと思います。

（3）抵抗

写真 1.5 ● 1/2W のカラーコード抵抗と 2W の酸化金属皮膜抵抗

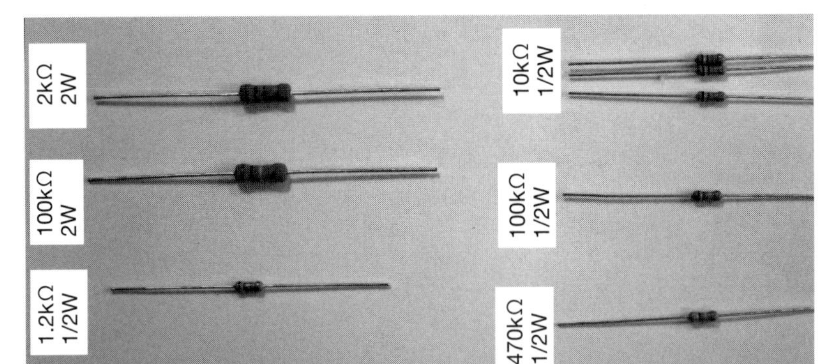

部品売り場へ行くと抵抗は至るところで売っています。「100kΩ」（100 キロオームと読む）とかいう抵抗値と、「1/2W」（二分の一ワットと読む）とかいうワット数を指定して買います。もっとも、実は抵抗にはいろいろな種類があります。抵抗値とワット数が同じでも、いろいろな種類があり、値段もピンきりです。基本的にはどれも同じ抵抗ですから、一番安いのを選んで買えばいいでしょう。例えば 1/2W の抵抗はだいたい１本 30 円ていどで買えます。これが、例えば有名なオーディオ用高級抵抗などになると１本 60 円もしたりするのです。ちなみに、1/2W の安い抵抗は普通カーボン抵抗と呼ばれるものが主流で、ルックスで言うと「カラーコード抵抗」で、色分けされた帯が何本か入っているものです。1W 以上のものは種類もいろいろですが、どれを買っても、まあ同じなので値段とルックスの好みで選べばいいでしょう。また、場合によっては指定の抵抗値とまったく同じ値のものが無いこともあります。そのときは、１割以下の違いはあまり気にせず、近い値のものを買ってください。それから、ワット数で同じのが無いときは、指定より大きいワット数のものを買ってください。例えば 1W の抵抗が無いときは 1/2W を買わず、2W かそれ以上のものを買ってください。

（4）ボリュームとツマミ

写真 1.6 ●ボリュームとツマミ

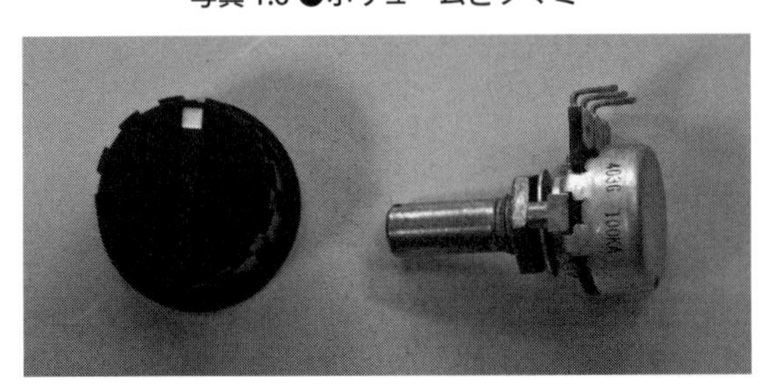

100kΩのA型のボリュームを買います。いろんな種類があって悩むかもしれませんが、本機の用途ではどれを買っても一緒です。私は、かなり小さ目の安いものを買いました。この音量調節の部分は、特に大きな電流や高い高圧がかかるわけではないので、小型のものでも大丈夫なのです。安物か高級かは、好みで決めてください。それから、ボリュームを買うときについでにツマミも買っておくとよいです。好きなもので構いません。ボリュームのシャフトの直径には何種類かあるので、必ずぴったりはまることを確認して買ってください。

(5) コンデンサ

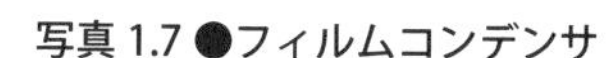

写真 1.7 ●フィルムコンデンサ

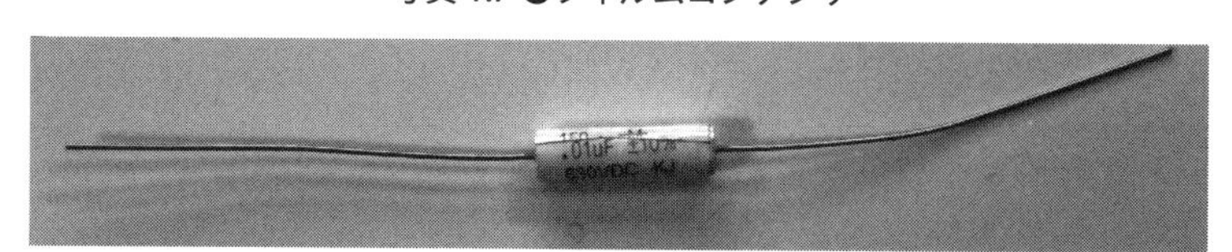

コンデンサも至るところで売っています。「0.01μF」(0.01 マイクロファラッドと読む）とかいう容量と、「300V」(300 ボルトと読む）とかいう耐圧を指定して買います。コンデンサにもいろいろ種類があって、値段もピンきりなのは抵抗と同じです。容量と耐圧が合っていれば、一番安いやつで十分です。0.01μF で 400V なら 1 本 150 円ぐらいでしょう。ちなみに、ただ「コンデンサ」と言っているところに電解コンデンサは使えない（後述)、と考えてください。電解コンデンサには極性があって、不適当な場合が多いのです。コンデンサの高級なやつは、高級オーディオ用抵抗よりずっと重症で、下手をすると 1 本 50 円で買えるようなものが、手作り品で 1 本 1,000 円以上などというものまであります。コンデンサは抵抗より音質に影響すると言われることが多いせいでしょうが、マニアになるのはずっと後にして、まずは安値優先で行きましょう。コンデンサも、ぴったりの値が無いときは近い値のものを買ってください。また、耐圧でちょうどが無いときは、指定より耐圧の高いものを買います。

(6) 電解コンデンサ

写真 1.8 ●電解コンデンサ

電解コンデンサは、主に電源回路周りで使われますが、例えばここに出てくる47μF、350Vのものはけっこう高価で300円ぐらいします。これについては致し方ないので、あきらめて購入しましょう。この電解コンデンサについては、先の抵抗やコンデンサと違って高級品というのはあまり無く、逆に、安売り品が横行しています。ちょっとしたジャンクショップのようなところへ行くと、通常の半値以下の電解コンデンサが箱にごろごろと入って売っていることがあります。実は、私はこれをよく利用しますが、まれに品質の悪いものがあるので、賭けです。最初は、ちょっと高くても、普通のお店で買った方が無難です。

電解コンデンサには、写真1.8のように、両端からリード線がでているタイプ（チューブラ型と言う）、片側から2本リード線が出ているタイプ（縦型と言う）、シャーシーにマウントするタイプ、基板取り付け用のタイプなど、いろいろな形があります。どれを買っても同じですが、そのときどきで、配線のしやすいものを選びます。今回のアンプではチューブラ型を使いました。

(7) 電源トランス

写真1.9●電源トランス B6S12WCD（春日無線）

今回は、自作系オリジナルアンプなどもいろいろ出しているニュー秋葉原センターの春日無線（図1.4の地図参照）のB6S12WCDというトランスを買います。秋葉原の店舗に直接行って、お店の人に、部品表のトランスの型番を見せれば出してくれます。あるいは表1.2に載せた通販サイトで買ってください。B6S12WCD以外のトランスでも、仕様さえ合えば使えるのですが、この場合はやはりあるていどの知識が必要です。今回の仕様は、1次側：100V、2次側が110V、76mAと6.3V、1.2A、というもので、トランス売り場のオヤジさんに回路図を見せて同等品を選んでもらうこともできます。ただ、そのとき「2次側の110Vが50mAになっちゃいますが、大丈夫ですか？」とかとか難しいことを言ってくる可能性もあるので、対応が必要です。最初は指定通りのものを買った方が無難でしょう。

(8) 出力トランス

写真 1.10 ●出力トランス OUT-41-357（春日無線）

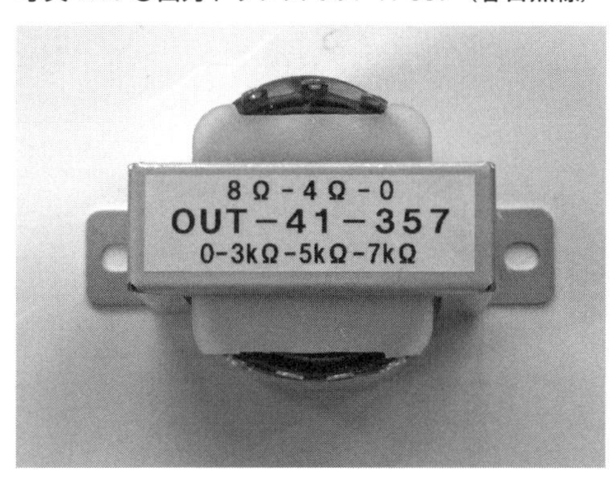

出力トランスも春日無線の OUT-41-357 です。部品表の型番を見せればすぐに出してくれます。出力トランスも電源トランスと同じく同等品で構いませんが、やはり選定には悩みます。仕様としては、シングル用出力トランス、1 次側 7kΩ、2 次側 8Ω、最大出力 3W です。

Q&A コーナー

トランスが音のなりゆきを決めるところがある、とどこかで聞いたんですが、そうなんですか？　トランスの電圧が安定しないとかそういうことですか？

電源トランスの出力電圧が安定しない、というのは確かにあることは、あります。ただ、アンプの音質として一番影響が大きいのが出力トランスなのです。ここには音の信号がもろに通るので、音質にけっこうな影響を与えるのです。もちろん、抵抗、コンデンサにも音の信号が通っているのですが、これらの部品は造りがわりとシンプルで安価で特性のいいものが作れるので、一番安いのを買えば十分なのです。しかし、この出力トランスについては、素子の振る舞いがけっこう複雑で、その品質によって音質にかなりの影響を与えます。乱暴に言ってしまうと、値段が高いトランスほどいい音がします。これまた乱暴に言うと、トランスの大きさや重さに比例していて、あまりに小さなトランスは、特に低音がうまくトランス内を伝わってくれず、低音が思うように出なかったり、高音も同じくちゃんと出なかったりします。高級なトランスになると、ばかでかく、重く、1 個で軽く 1 万円を超えてしまいます。今回の出力トランスの仕様は「10kΩ：8Ω のシングル用出力トランス」ですが、今回の春日無線のが 2,200 円ぐらいなのに対して、高価なものは調べてみると 3 万円以上（！）するものがけっこうあります。10 倍以上の値段の違いです。もちろんそうなると大きさ、重さも半端じゃなく 1kg 以上あったりします。まあ、裕福であれば買ってもいいですが、この超入門段ボールアンプで出力トランスだけ 3 万円で 2kg もあるものを使うのは無謀です。だいいち、段ボールの底が抜けちゃいますよね。

(9) スピーカー

写真 1.11 ●スピーカー

今回は、8Ωで直径5cmのごく安いものを使いました。ご存じの通りスピーカーによる音質の違いは大きく、今回使ったようなスピーカーでは音質はそれほど期待できません。それでも、こうやって曲がりなりにも段ボールのエンクロージャー（スピーカーを入れるボックス）に入れれば、それなりの音は出してくれます。音質の追及は、またこの後の作例でするとして、ここでは、まず、音を出してみることに専念しましょう。

(10) 入力プラグ

写真 1.12 ● 3.5mm ステレオミニプラグケーブル

音源はスマホやiPod、パソコンなどを想定しています。今回は簡易的に、特にジャック（受け側の端子）を設けず、3.5mmのステレオミニプラグをケーブル付きで本体からぶらぶらと出しておいて、そこに機器をつなぐようにしました。1mのステレオミニプラグケーブルを買って、少しもったいないですが、片側のプラグのところでニッパーで切り離し、それを使います。

（11）シリコンダイオード

写真 1.13 ●シリコンダイオード

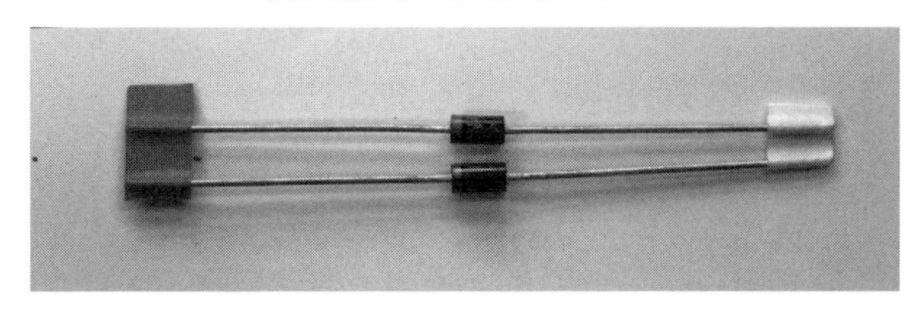

シリコンダイオードは半導体なので、IC やトランジスタや LED などを置いているお店へ行けば手に入ります。部品表の型番には 1N4007 または 1S1830 と書いていますが、そのものずばりが手に入らないときは「相当品」で十分です。「1S1830 相当品のダイオードください」でお店の人が適当に選んでくれます。1S1830 の、耐圧は 1,000V、耐電流は 1A です。なので「1,000V で 1A のシリコンダイオードください」でも OK です、適当なものを出してくれます。

（12）ヒューズ

写真 1.14 ●管ヒューズ

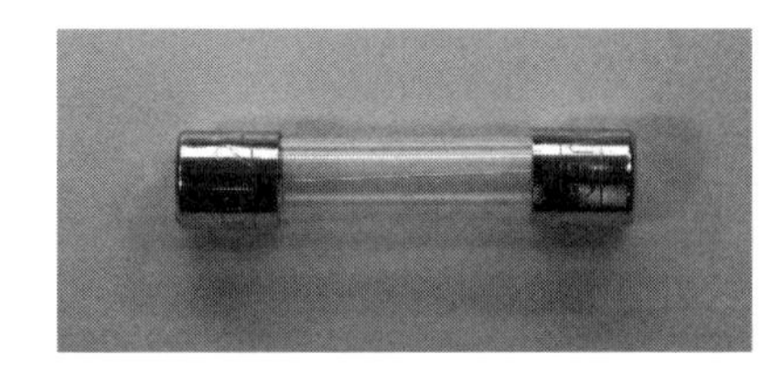

写真 1.15 ●ヒューズホルダー

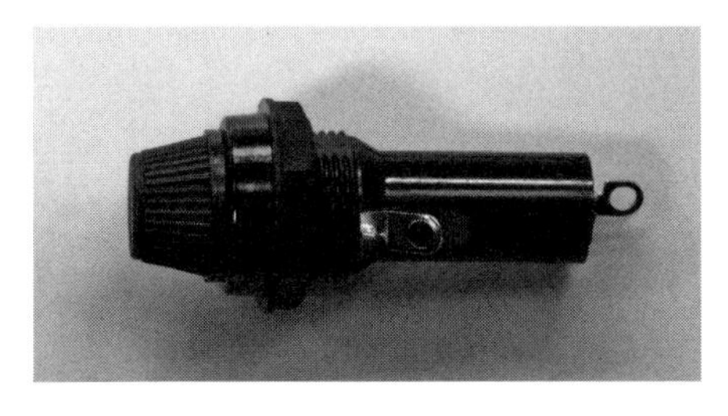

ヒューズにもいろいろな種類がありますが、真空管アンプで普通使うのはガラス管に入った管ヒューズです。これにも長いのと短いのがあったりしますが、どちらでも構いません。ただ、ヒューズを格納するヒューズホルダーというものを合わせて買うのですが、これはちゃんとサイズの合ったものを買わなければいけません。お店の人に現物で確認して買います。今回は、短い 2cm タイプの管ヒューズと、黒い縦型のホルダーを使いました。

(13) AC ケーブル

写真 1.16 ● AC ケーブル

今回、AC ケーブルは、ケーブルの片側が切りっぱなしのものを買ってきて、シャーシーからケーブルがブラブラと出っぱなしのタイプにしました。片側切りっぱなしが無いときは、仕方がないのでプラグ付きを買います。これは、シャーシー側にジャックを取り付け、AC ケーブルをプラグで抜き差しできるタイプのもので、第 2 章の作例で使います。今回は、もったいないですが、このプラグをニッパーで切って使ってください。もちろん、AC プラグを個別に買ってきて、電源コードを自分で作っても構いません。

(14) シャーシー

写真 1.17 ●今回使用した段ボール箱

ここではとにかく金属以外のものということで、段ボールを使いました。今回は 120 × 160 × 230 の段ボール箱を使いましたが、小さいせいで工作が少し厄介でした。この大きさ以上のものを選んだ方が無難です。加工が簡単という意味では、段ボールでなくとも、何を使っても構いません。例えば、タッパーウェア（カッターや熱で切れます）でもいいですし、ペラペラのブリキでできたお菓子箱（ハサミで切れます）でも構いません。もちろん、アルミでできたシャ

ーシーでもいいですが、これについては第 2 章以降の作例で使います。

Q&A コーナー

段ボールで部品をネジ止めできますかね？　あと真空管が熱くなりますが、大丈夫でしょうか？

ネジ止めは図 1.5 のようにワッシャーを使えばできます。あと、熱ですが、今回の 12AU7 の消費電力はおよそ 2 ワットで、少し大きめの豆電球と同じぐらいの熱量になります。触ると、暖かいを通り越して熱いと感じるていどです。これが直接段ボールに長時間接触すると少し危険ですが、本機ではソケットで隔てられ直接触れていないので大丈夫です。ただ、段ボールやタッパーウェアでは末永く使うアンプとしてはどのみち、使えません。今回は練習用として考えた方がいいと思います。

図 1.5 ●段ボールにワッシャーでネジ止めする

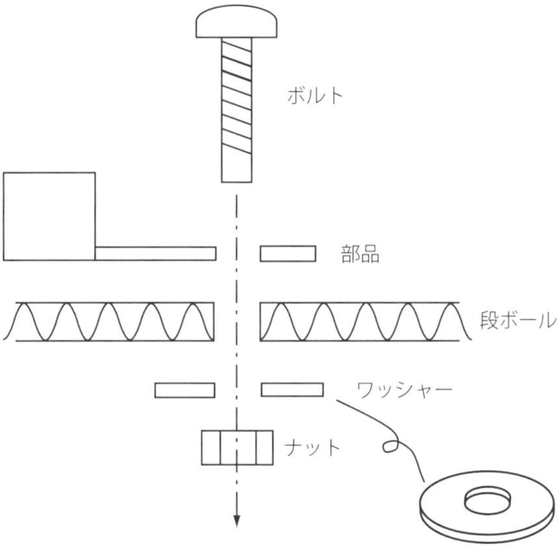

ボルト
部品
段ボール
ワッシャー
ナット

（15）ビニル線

写真 1.18 ●ビニル線

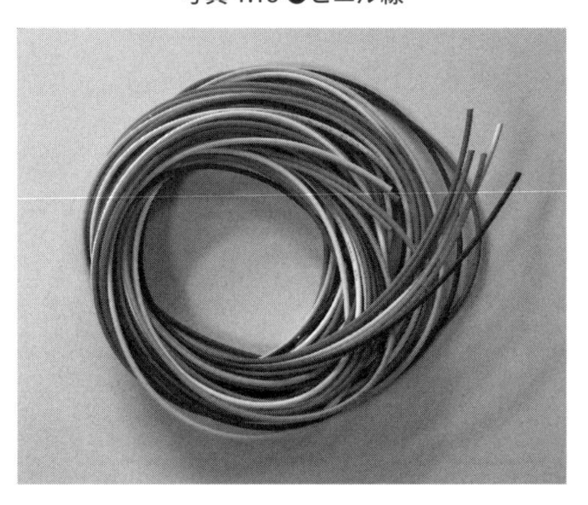

配線には、一般に「ビニル線」と呼ばれる、ビニルの被覆のかぶった銅のより線を使います。太さがいろいろありますが、真空管アンプの配線では銅線部分の断面積が 0.5mm^2（銅線部分の直径が 0.8mm ぐらいで、ビニル込みの直径が 2.4mm ぐらい）のものを使えばどれでも十分です。ただ、ちょっと太すぎて使いにくいので、今回のアンプの配線には、細めの 0.3mm^2（銅線部分の直径が 0.6mm ぐらいで、ビニル込みの直径が 1.8mm ぐらい）を使いました。

Q&A コーナー

ビニル線がいろいろあって購入に悩んでしまいます。買って帰ってきたら、袋に「ビニル絶縁電線」と書いてありましたが、大丈夫でしょうか。

ビニル線とビニル絶縁電線は同じなので大丈夫です。たしかに悩みますよね、分かります。部品表には「線材ビニル線　0.5VSF および 0.3VSF」と単に書いてしまいましたが、VSF というのは「耐圧 300V の汎用のビニル絶縁被覆の銅撚り線」を示していて、これは日本の規格のようです。0.5 や 0.3 は銅線部分の断面積（mm^2）です。一方、ビニル線には AWG と書かれているものも多く、これはアメリカの規格で、American Wire Gauge だそうです。ここで使ったのは、細めのもので、「0.3VSF」あるいは「AWG22」に相当します。ビニル線もいろいろ使っているうちに、「こんな感じ」という感覚がつかめてくるので大丈夫です。

（16）ラグ板

写真 1.19 ●ラグ板

ラグ板は写真のようにベークライトの板に金属端子が付いたもので、ここに抵抗やコンデンサなどの部品をハンダ付けします。ここでは、幅の広いタイプの 5P の平ラグ板と、幅の狭いタイプの 7P の平ラグ板を使っています。5P、7P は端子の数を表していて、片側だけの端子の数で示すことになっています（なので、端子の総数はそれぞれ 10 個と 14 個になります）。ラグ板にはこの平型のほか、縦型ラグ板というものもあり、第２章で使っています。

(17) ネジ

写真 1.20●ネジ

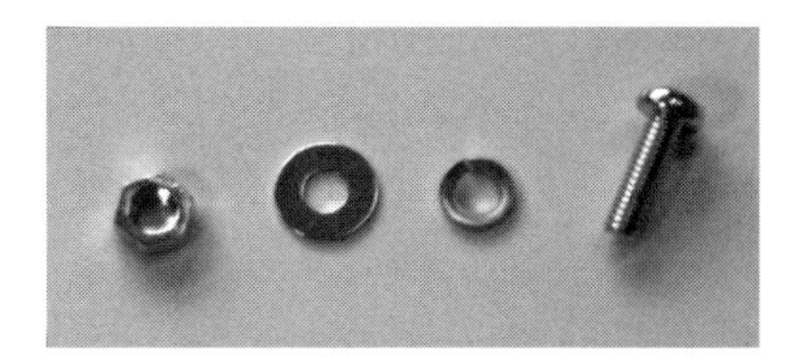

径が 3mm で長さが 10mm のステンレスものを使いました。私が購入したものは、ボルトとナットとワッシャーがセットになっているタイプです。金属のシャーシーでは、スプリングワッシャーと呼ばれるものをよく使います。ネジが緩まないようにするためのものです。第 2 章以降で使っています。

1.3　部品の取り付け

図 1.1 の実体配線図を見ながら、適当な位置にまず大物部品を取り付けます。真空管ソケットは、図 1.6 のような寸法です。ソケットによりますが、普通、上から取り付けます。まず、上板にカッターなどで直径 24mm（24φ と表現します）の穴をあけ、ここにソケットをはめ込んで、2 つのネジ穴の位置を決定します。キリなどで下穴をあけて、そこにワッシャーを使ってネジを入れ、ネジ止めします。ボリュームと、スピーカーと、電源トランスと出力トランスについても、図 1.1 を見ながら適当な位置にネジ止めしておきます。厳密に考えることはないので、図を見て向きとか位置がだいたい合っていれば OK です。2 つのラグ板はまだ取り付けないでください。ラグ板には、必要な抵抗やコンデンサをすべてハンダ付けして、その後にネジ止めします。

図 1.6●真空管ソケットの穴あけ寸法

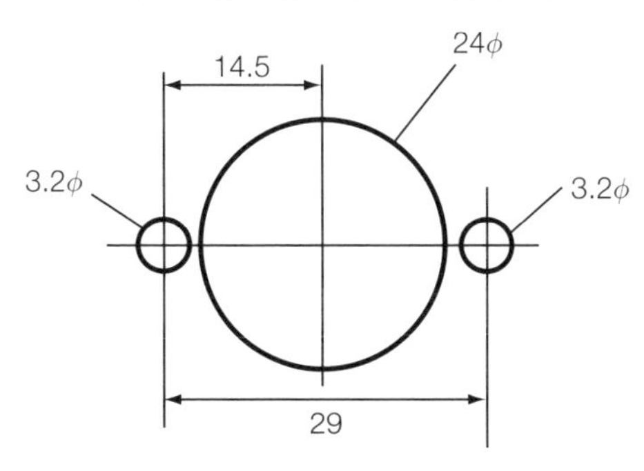

また、段ボール箱を使った場合、そのままだと作業がやりにくいので、カッターで切り開いて平らにしてしまった方がよいでしょう。完成したら、後で、粘着テープか接着剤で元通りにします。もちろん、切り開かない状態でも作ることはできますが、工作はけっこうやりにくく

なります。

これであとはハンダ付けを使って配線すれば完了です。

1.4　ハンダ付け工具とその方法

まずは工具を揃えましょう。ハンダごてですが、真空管アンプの配線でしたら、30W ぐらいのものが１つあれば十分でしょう。大型のトランスの端子のハンダ付けとか、銅板や鉄板へのハンダ付けということになると 60W ぐらいでないとうまく付かない場合があります。大型のハンダごては必要になったとき買えばいいでしょう。ハンダごてを置く台は金属の灰皿でもいいですが、安いので、例えば写真 1.21 のようなこて台を買っておくといいでしょう。

写真 1.21 ●上から、ハンダごて台、60W のハンダごて、18W のハンダごて

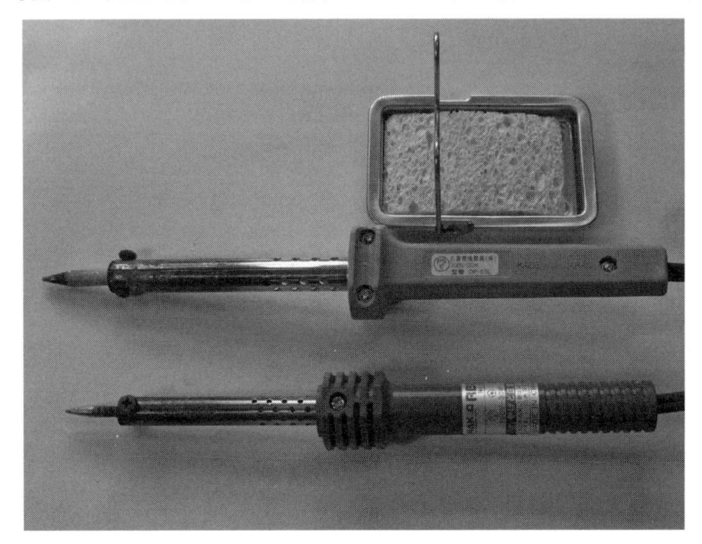

次はハンダですが、錫と鉛の割合によっていくつか種類があり、それぞれ特徴もありますが、一般的な錫 6、鉛 4 のフラックス入りのものでよいでしょう。ここで、フラックスというのは一種の薬剤で、ハンダ付けする金属の表面が熱で酸化して皮膜ができ、ハンダが乗りにくくなるのを防ぎます。昔はこれに「松ヤニ」を使っていたりしたため、単にヤニと呼ばれ、ヤニ入りハンダと言ったりします。

写真 1.22 ●ハンダ（右）とハンダ吸い取り線（左）

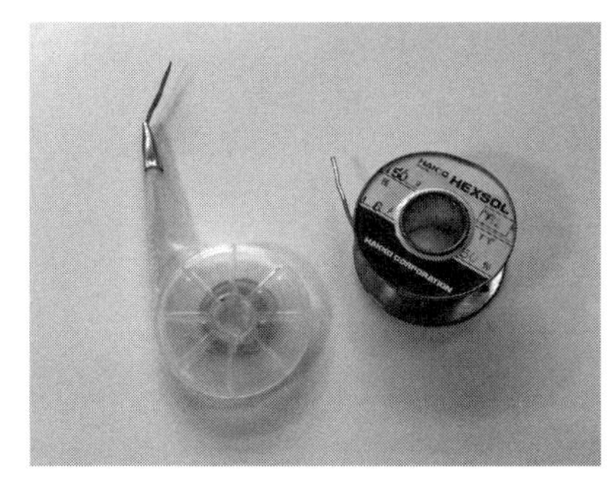

次は、ハンダ付けの方法です。例えば、図 1.7 のような端子に抵抗のリード線をハンダ付けするとしましょう。リード線を、(a) のように通すか、あるいは (b) のように通した後で曲げて引っ掛けるかしておきます。ここで、本当は、(c) にように端子にしっかりからげて、ハンダ付けしなくてもちゃんと導通するようにしておくのが信頼性の上でも正しく、売り物のアンプではそうなっています。しかしこうしてしまうと、付けたら最後、外すのは容易ではありません。我々アマチュア、しかも初心者は、しょっちゅう配線を間違うし、いったん完成したアンプでもしばらくして気に入らなくなり改造してみたり、壊して部品を流用してみたり、というのが普通ですので、先のように、リード線をちょんとひっかけたハンダ付けでいいと思います（チョン付けなどと言う）。

図 1.7 ●端子にリード線をひっかける

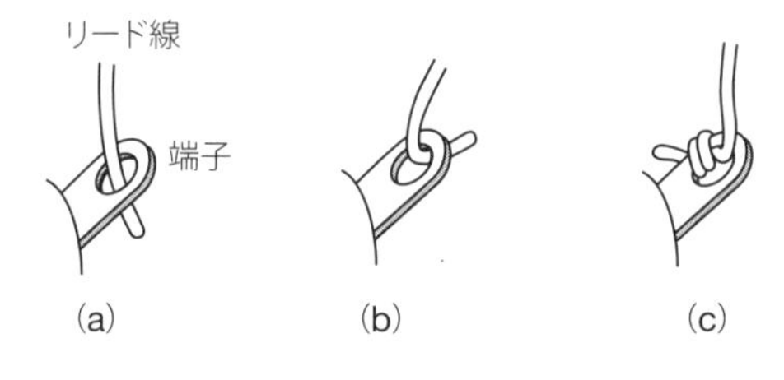

さて、リード線をひっかけたら、図 1.8 のように接合部分にハンダごての先を当て、次にハンダ線を当てた部分に押し付けて、適量をそのままの姿勢で溶かし入れます。コテ先をそのまま動かさずに当てていると、1、2 秒ほどしてハンダがすうっと端子とリード線に染み込むように浸透します。十分浸透したことを見計らってコテ先を離します。場合によってはふーふー吹いて早く冷まします。失敗がなければほんの 4、5 秒で終わるはずです。もたもたしているとハンダばかり溶けて、球のようになって下にぽろぽろ落ちたりして、10 秒以上たっても付かない、というような事態になります。

図 1.8 ●ハンダ付けの方法

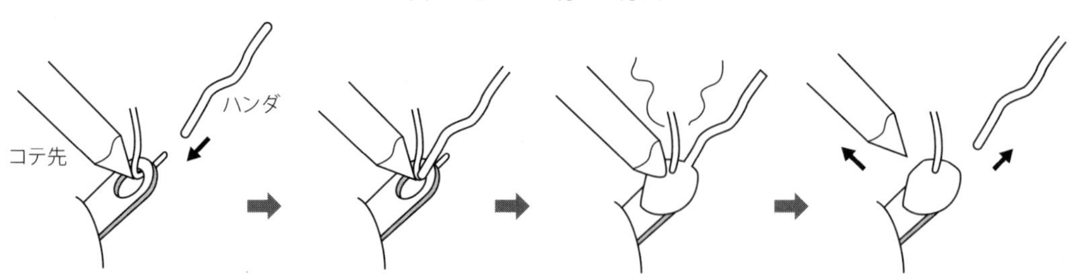

一発で付かないときは、そのまま悪戦苦闘せず、中断してやり直しましょう。あまり1箇所にコテを当てていると部品が熱で壊れたり、端子を支えるプラスチックが溶けて用をなさなくなったりします。熱に弱い部品、本作例で言えば、シリコンダイオード、電解コンデンサは、特に失敗のないよう手早く作業してください。あと、いったん溶けて球になってしまったハンダは、もう浸透しなくなってしまっているので捨てて、新しいハンダを使ってください。それから、コテ先に残ったハンダはそのままにしておくと変質して、次のハンダ付けを付きにくくします。ハンダ付けする前に、コテ先をきれいにしておきましょう。写真 1.21 のハンダごて台には、耐熱スポンジが付いていて、これに水を浸しておき、ここでコテ先をこすることで簡単にコテ先を掃除できるので便利です。水に浸したぞうきんを使ってもらってもけっこうです。

ハンダ付けが終わったら、ハンダが部品にちゃんと浸透しているか目視確認してください。図 1.9（a）のようになっているのは怪しいです。中の方もちゃんと浸透せず、部品の上に乗っかっただけ（イモハンダなどと言う）の場合が多いです。厄介なことに、接してはいるので電気は通してしまい、回路は動作するのですが、不安定だったり原因不明のノイズが出たり、という現象の温床になり、できあがった後ではなかなか見つけにくいものです。怪しい部分は、線を手で持って前後にクキクキ動かしていると、そのうちガクガクになってくるので、付いていないのが分かります。

図 1.9 ●ハンダ付けの状態

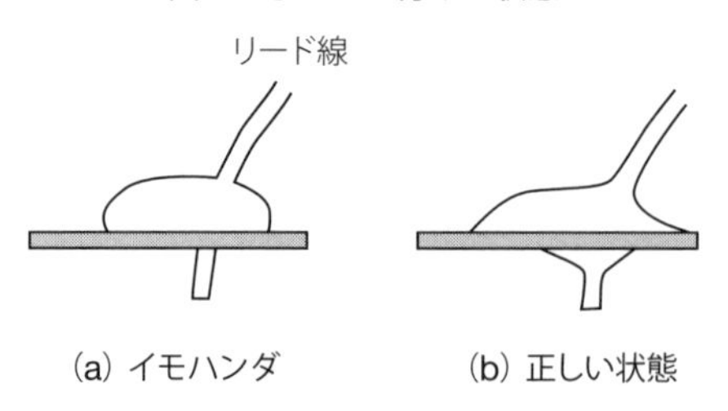

次は、ビニル線のハンダ付け方法です。図 1.10 を見てください。まず、ビニルの被覆をむきます。これには、写真 1.23 のようなワイヤーストリッパーという道具があると便利です。筆者などは面倒なので、カッターの刃の上で線を転がしてくるりとむいてしまうことが多いですが、うまくやらないとカッターの刃で中の芯線を傷つけてしまい、思わぬトラブルになることもあるので、慣れるまではやめましょう。ハンダごての淵でビニル被覆を溶かしてむく方法

もあり、これは芯線は一切傷つかないのですが、臭いしコテが汚れるのが難点です。被覆をむいたら、中の芯線を指でよじります。指が脂ぎっている場合は作業着でぬぐうか何かしてよじってください。脂が付くとハンダがそこだけ乗りません。次に、よじった線に事前にハンダを浸透させておきます。これをハンダメッキなどと呼んでいます。このように前処理したビニル線を、前述と同じく端子などにハンダ付けするのです。

図 1.10 ●ビニル線のハンダメッキ

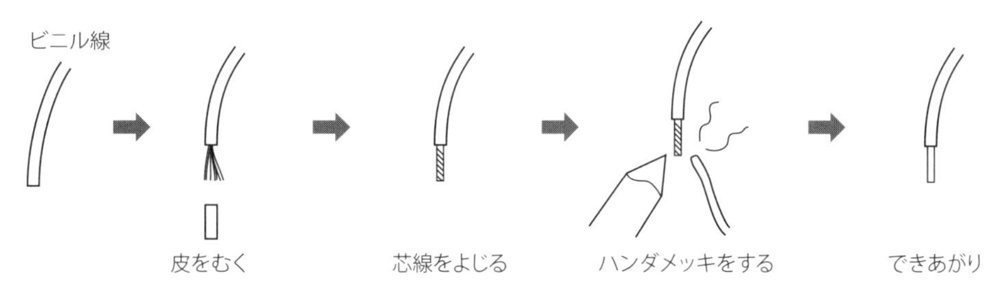

写真 1.23 ●ワイヤーストリッパー

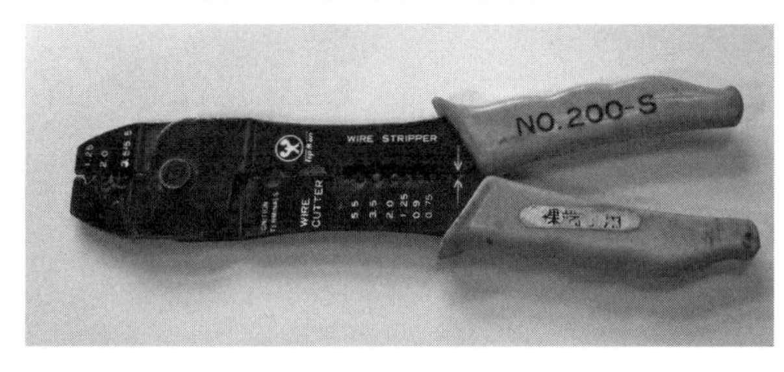

最後に、ハンダ付けしてしまったものの外し方です。ハンダの吸い取りは、写真 1.24 のような吸い取り器が安値で売っていますが、慣れないとこれはけっこう難しいです。コテでハンダを溶かし、溶けているうちに素早く吸い取ります。これよりも、写真 1.22 のハンダ吸い取り線の方が便利でしょう。これは細い銅線を編んで網線のようにしたもので、これを図 1.11 のようにハンダ付けした所に当て、吸い取り線の上にコテを当てて熱します。すると網線の下のハンダが溶けて、毛細管現象で、網線にすうっと吸い取られていき、ハンダ付けされていたところのハンダは驚くほどきれいに無くなります。使うたびにニッパで切って新しくしてください。

写真 1.24 ●手動ハンダ吸引器

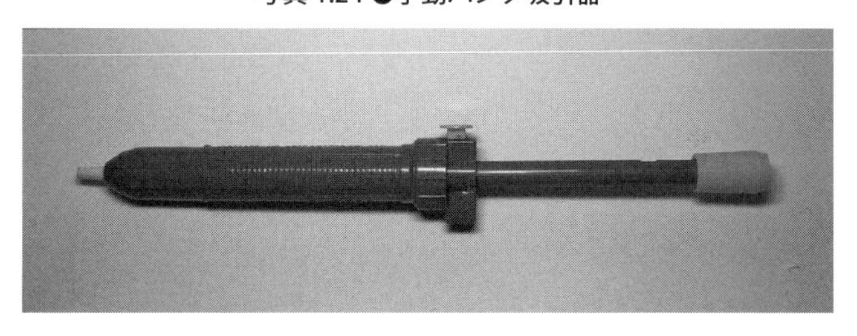

図 1.11 ●ハンダ吸い取り線の使い方

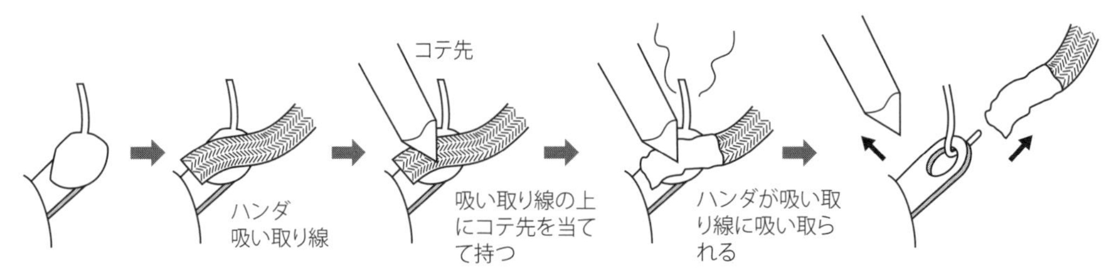

Q&A コーナー

こんなものを購入しました、いかがでしょう？

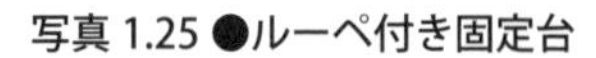
写真 1.25 ●ルーペ付き固定台

これは便利そうですね。ハンダ付けをしていると、だいたい「手が三本欲しい！」という事態によく遭遇するので、これはいいですね。筆者は、時々、足の指を使ったりしますが、それよりは合理的です。若い人には関係ないですが、真ん中のルーペも老眼に優しいですしね。

1.5 配線する

これから、図 1.1 を見ながら配線を始めますが、まずは買ってきた抵抗やコンデンサの値の読み方を説明しておきましょう。今回買ってきた抵抗の 1/2W 型のものはカラーコード表示で、コンデンサも特別な表示になっていて、抵抗値や容量値が直接書かれていないのが普通です。配線しようとしたとき、そのままだとどれがどれか分からなくなってしまいますので、以下のコードの読み方を見て確認しながら使ってください。

1.5.1 抵抗のカラーコード、コンデンサのコードの読み方

カラーコードにも実際は何種類かあるのですが、我々が使う抵抗は 4 本帯のものです。最初の 3 本が抵抗値、最後の 1 本が誤差を表示しています。読み方は表 1.3 に示した通りです。ちょうど虹のスペクトル順に似て、黒から始まって、茶、赤、橙、黄、緑、青、紫、灰、白という色が数字の 0 から 9 に割り当てられます。最初の 2 本が数値、次の 1 本が乗数です。例えば「黄・紫・橙・金」なら、

黄	紫	橙	金
4	7	10^3	±5%
$47 \times 10^3\Omega$			

結局、47kΩ で誤差 ±5% の抵抗と分かります。

表 1.3 ●カラーコード抵抗の読み方

色	数字	乗数	誤差
黒	0	1	
茶	1	10	
赤	2	100	
橙	3	1000	
黄	4	10^4	
緑	5	10^5	
青	6	10^6	
紫	7	10^7	
灰	8	10^8	
白	9	10^9	
金		0.1	±5%
銀		0.01	±10%
無色			±20%

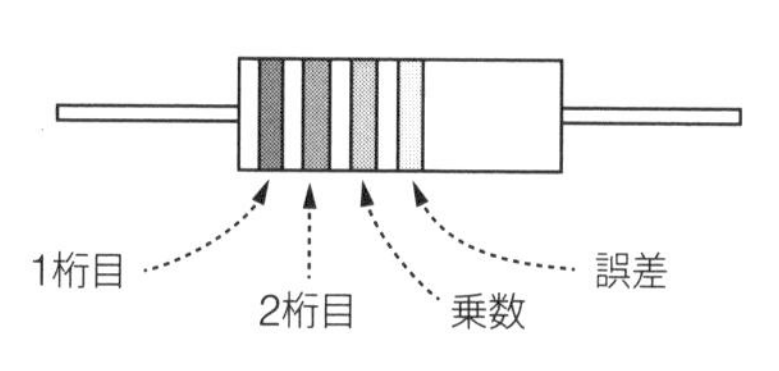

次はコンデンサですが、この表記法にもたくさん種類があるのですが、ここで使うものだと、たいがいは容量値は3桁の数字で表記されています。最初の2桁の数に、3桁目の指数をかけた数が容量のpF（ピコファラッド $=10^{-6}\mu F$）数になります。例えば、

683

であれば、

$$68 \times 10^3 pF = 68000 \times 10^{-6} \mu F = 0.068 \mu F$$

です。あるいは、

104

であれば、

$$10 \times 10^4 pF = 100000 \times 10^{-6} \mu F = 0.1 \mu F$$

です。以上の桁計算をいちいちするのも難しいので、「104は0.1μF、103は0.01μF、102は0.001μF」という風に桁を覚えておく方が便利です。コンデンサはこれ以外にも表記法がいくつかありますが、取りあえずこれで間に合うでしょう。

1.5.2　真空管アンプ製作の危険性について（重要）

さて、ここから後は、実際に配線し、通電して行くわけですが、ここで、とにかく肝に銘じておいて欲しいことは、真空管アンプを扱うことの危険性です。真空管回路はAC 100Vをそのまま扱い、さらにこれを直流に整流し、普通200V以上の直流電圧を作って、これで真空管を駆動します。ご存知のように、人は100V交流でも死ぬことがありますが、200V以上の直流となると、もう、十分に致死電圧になります。私もその昔、小学生のころ何も分からず真空管ラジオなど作って、工作の途中にうっかりと高圧部に触れ、感電したことがあります。幸い死にはしませんでしたが、猛烈な衝撃と痛みと筋肉硬直で、頭の中が真っ白になる非常に怖い目に合いました。高圧部分に触れて感電すると、瞬間的に筋肉が固まってしまい、手を離そうとしても容易に離せなくなることがあり、余計に恐怖です。一回感電を経験すると非常によい教訓になり、それ以後、細心の注意を払うようになり、教育的効果は抜群なのですが、当然感電などしないに越したことはありません。とにかく、くれぐれも危険性を十分に意識して工作を行うよう、心がけてください。

1.5.3　配線する

それでは、図1.1の実体配線図に従って、実際に配線をして行きましょう。図を見ると分かるように、2つのラグ板の上にすべての抵抗やコンデンサが乗り、そのラグ板と、他の真空管ソケットやトランスなどとの間がビニル線でつながっています。

まずラグ板のハンダ付けを先にやります。図をよく見て、抵抗とコンデンサ、電解コンデンサ、シリコンダイオードをすべてラグ板にハンダ付けしてください。シリコンダイオードは比較的熱に弱い部品なので注意してください。あまり長くハンダごてを当てていると壊れたりします。目安としては5秒以上コテを当て続けるのは避けて、どんなに長くても10秒を超えないように速めに付けてください。電解コンデンサも比較的熱に弱いですので、やはり注意してください。一方、抵抗やフィルムコンデンサはそれほど弱くないです。ちなみに、熱に弱い部品はリード線をあまり短く切り詰めず、長めにしておいた方が熱の点で安全だったりします。

それから、ここで、くれぐれも注意が必要なのがシリコンダイオードと電解コンデンサの極性です。図1.12にシリコンダイオードと電解コンデンサの極性の見方を図示したので、よく見て、間違えないようにしてください。これを逆にすると、電解コンデンサに大きな直流電流が流れ、しばらくすると電解コンデンサが破壊します。最悪の場合、パンッ！というものすごい破裂音がして電解コンデンサが破裂し、中の電解液が周り中に飛び散る、という最悪の事態になります。運悪く目を近づけていたりすると病院行きです。極性にはくれぐれも注意してください。

図1.12●シリコンダイオードと電解コンデンサの極性

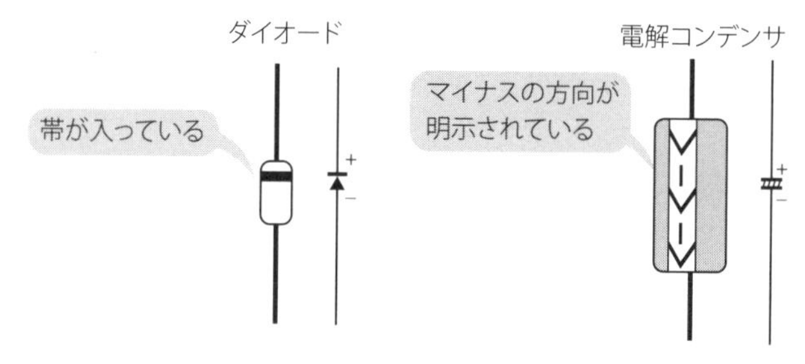

Q&Aコーナー

コンデンサの+−の表記が不思議でした。「<<」の右側が+、左側が−って？電流の流れを表示しているであれば、逆に思えます。乾電池は電流が出る側が+。コンデンサは溜め込んだ電気を使うなら「>>」と、逆だと分かりますが？

電解コンデンサの「<<」表記は方向を示すただの「矢印」で、「マイナス側はこっちの方向ですよ」と言っているだけなのです。電流の流れる方向とかは関係ないのです。マイナスの表記の仕方はこれだけでなく、モノによりいろいろあります。縦型の電解コンデンサはリード線の長さが異なっていて、長い方がプラスと決まっていたりします。

ラグ板が終わったら、次は電源周りの配線をします。まず、AC電源ケーブルを、裏板に相当する段ボールに穴をあけて通し、そこに結び目を1つ作って抜けないようにします。電源の線2本を、図1.1のように片側をヒューズを経て電源トランスへ、もう片側を直接電源トランスへハンダ付けします。

次に、真空管のヒーターの配線をします。線を2本、電源トランスの0Vと6.3Vの端子にハンダ付けして、それを真空管の9番ピンと、4ピンと5ピンをつないだものへと配線します。このとき、2本の線を図1.13のようによじっておいてください。これは、真空管のヒーター配線の仕方の定番で、よじることによって、図のように磁束が打ち消しあってノイズを撒き散らす量が小さくなるのです。ヒーターは交流でプラス・マイナスはないですから、このトランスと真空管の間の2本の線はどっちがどっちでも構いません。ここで、段ボールをカッターで切り開いているときは、配線のビニル線が長めになってしまいますが、気にしないでOKです。後で箱を組み立てたときにビニル線が余ってたわみますが大丈夫です。

図1.13●ヒーター配線はよじる

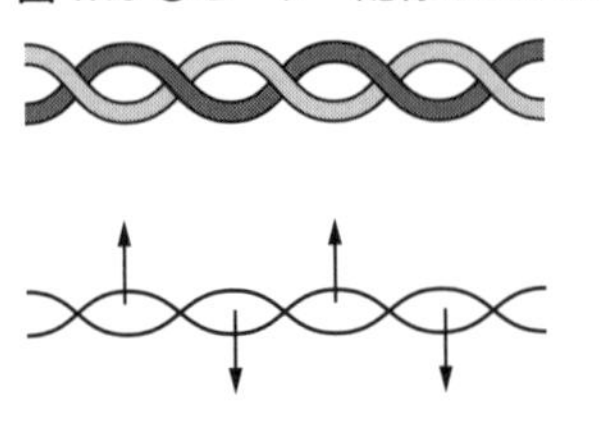

磁束の向き（矢印）がいちいち逆に
なるので磁束のまき散らしが少ない

次は、配線済みのラグ板をネジ止めして、ラグ板と真空管ソケットなどの他の部品との間をビニル線で配線して行きます。実体図をよく見て、長さを測ったビニル線をラグ板の方に、先にすべてハンダ付けしまい、次にそれらをまとめて例えば真空管ソケットにハンダ付けする、という手順にするとやりやすいでしょう。ラグ板の配線が終わったら、その他の残りの配線も図に従って行ってください。

入力のステレオミニジャックのケーブルですが、これにはシールド線と呼ばれるものが使われています。シールド線は、ビニル線を、網状の金属で覆ったものです。網線をアースに落とすことで、芯線に外来のノイズが入り込むのを防ぎます。シールド線の処理ですが、図1.14のように、外側のビニルを、中の網線をなるべく傷つけないようにカッターで切って取り去り(3cmぐらいの長めにすると作業がやりやすい)、網線をほぐして芯線を出します。今回はステレオなので赤（あるいは橙）と白の2本の細い線が出てきます。網線をよじり合わせ､芯線、網線にそれぞれハンダメッキをし、これをラグ板の実体図で示す箇所にそれぞれハンダ付けします。赤と白の線が10kΩの抵抗の片側にそれぞれ付きます（ちなみに赤がRチャンネル、白がLチャンネル)。これはどっちがどっちでも構いません。網線のアースは3kΩの片側（アース）につながります。

図 1.14 ●シールド線の処理の仕方

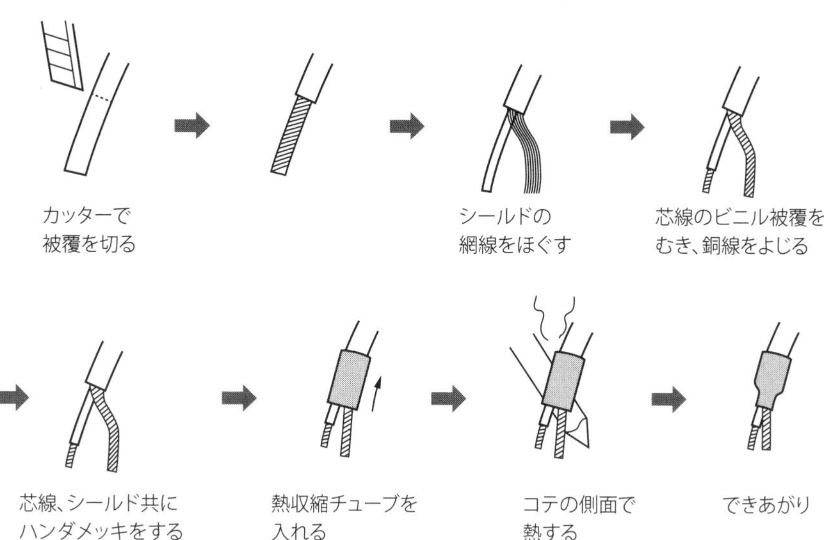

1.6　いよいよ火入れ、音出し

いかがでしょうか。段ボールを切り開いて配線していれば、それほど厄介なく配線できたかと思います。配線が終わったら、一刻も早く電源を入れて（火入れ、などと言います）、音を出してみたい、と思うのは誰でも一緒でしょう。**しかし、火入れする前に、まずは配線を再度、ていねいにチェックしましょう。**本来なら、配線が終わったら火入れの楽しみは翌日に取っておいた方が安全だったりします。配線が終わったときというのはそれなりに疲労しているもので、思い込みも激しく、「配線チェックなんか面倒くさいから適当でいいや、大丈夫、大丈夫！」という気持ちになっているものです。

配線チェックが終わったら、段ボールを元の状態に組み上げ仮止めします。中のたくさんのビニル線がけっこう混雑すると思いますが、ここで一点注意があります。**図 1.1 の実体図に書いたように、ボリューム周りの線と、真空管から出力トランスへ向かう線が接近しないように配線をさばいておいてください。接近しないように何本かの線を束線してもいいです。**この両者の線が接近すると発振という現象を起こし（2.7.4 項で説明しています）、まともに鳴らないことがあります。

それでは、真空管を刺して、スマホや iPod に入力ジャックをつなぎます。このアンプは電源スイッチが無いので、電源プラグをコンセントに入れたとたんに電源が入ります。コンセントを挿したら、まずは、静かに観察します。**バシッと火花が飛んで、ヒューズが飛んだりしないか、焦げ臭いにおいはしていないか、煙が立ち上ったりしていないか、真空管の中のヒーター以外の金属板が赤熱していないか、妙な音を立ててはいないか、などなど異常が無いかどうか注意します。**もし、異常があった場合、即電源プラグを抜いて、配線をチェックしてください。すぐに電源を抜けるように準備して行うことも大切です。

異常があったときのチェックについて一点注意があります。電源回路に入った47μFの電解コンデンサですが、これらは通電した状態でおよそ240Vていどがかかっています。この240Vの電気はコンデンサに蓄電されており、電源スイッチを切ってもすぐに放電しません。この回路では、実は、ブリーダ抵抗と呼ばれる100kΩの抵抗が入っていて（47μFの電解コンデンサと並列に入っている100kΩ、2Wの抵抗）、電源を切るとこれを通じて放電するので、1分ほど待てば、ほとんど感電しない20Vぐらいの電圧まで落ちるので大丈夫です。しかし、**1分よりに前に内部の配線を触ると、電解コンデンサに100V以上の電気が溜まっていますので、強烈に感電します**。くれぐれも注意してください。

さて、特に異常が無ければ、電源を入れて十秒ほどたつと、真空管のヒーターが橙色に光り出します。1分ほどたって様子がそこそこ安定していれば、取りあえずはOKです。さっそく音を出してみましょう。音源を再生して、ボリュームを上げて行きます。いかがでしょうか、このアンプは無調整なので、配線さえ間違わずにできていれば、必ず鳴るはずです。ただ、このアンプはたった0.2Wのモノラルで、スピーカーもショボイですから、うるさいぐらいガンガン鳴る、というのは諦めてください。ただ、スマホやiPodの音源側をフルボリュームにして鳴らせば、寝室で静かに音楽を聞くていどの音量は得られると思います。

1.7　トラブルシューティング

一発で快適に鳴ってしまえばいいのですが、運悪くダメな場合もあるでしょう。筆者のように、真空管工作を十数年以上やっている人間でも、白状するとこの段ボールアンプ、一発で鳴りませんでした。コンセントを挿して、音源を再生しても音が出ず、スピーカーから「ジー！」とでかいノイズが出ているだけです。おかしいな、と思い電源を抜いてよくよく見てみたら、シリコンダイオードの1個の向きが逆でした。逆付けしたダイオードはけっこう熱くなっていて壊れたかな、と思いましたが、幸いダイオードは生きており、付け直したら鳴りました。

本書で作るアンプはすべて無調整で動作するものなので、正しく作れば必ずきちんと鳴ります。ここでは、うまくいかなかったときのトラブルシューティングを書いておきましょう。うまくいかない、というのにもいくつかありますので、症状別に分けて説明します。その前に、作ったアンプが鳴らない原因を先にはっきりさせておきましょう。

- 配線ミス（配線忘れ、部品の付け間違いを含む）
- ハンダ付け不良
- そもそも信号が入っていない
- 部品が壊れてしまった（ハンダ付けの熱や、機械的に）

この4つで、これ以外にはまず無いです。そして、この順に起こる頻度が高いです。これを念頭において、それでは症状別に以下に説明しましょう。ただ、どの場合でも解決は基本的に、上述の4つのチェックになります。

(1) AC プラグを挿したとたん、何かがバシッと光ったり、煙が出始めたり、焦げ臭いにおいがしてきた

これはどこかがショートしている場合です。まずすぐに AC プラグをコンセントから抜きます。まずすることは、ヒューズを取り出して目視でチェックです。細い線が途中で切れていれば、ヒューズが切れて部品が壊れるのを防いでくれた、ということです。対策は、特に電源周りの配線ミスのチェックです。以下を調べてください。

- 配線間違いをチェック
- 取り付ける部品の間違いをチェック
- シリコンダイオードや電解コンデンサの極性のチェック

(2) AC プラグを挿して状態は安定しているが、音が鳴らない

音が鳴らない理由はいろいろあります。いくつかに分けて説明します。

(a) 電源周りの不良

まず、真空管のヒーターが点灯しているか目視で調べます。点灯していなかったら、この場合もまずヒューズを取り出して切れていないかチェックします。切れていれば上述 (1) と同じです。それからヒーターの配線を見直します。

- 配線間違いをチェック
- 取り付ける部品の間違いをチェック
- シリコンダイオードや電解コンデンサの極性のチェック
- ハンダ付けのチェック

(b) 増幅部の何かが間違っている

- 配線間違い、配線忘れをチェック
- 取り付ける部品の間違いをチェック
- ハンダ付けのチェック

(c) 音が入力されていない

音を入れなければ鳴らないに決まっているのですが、これはしばしばあることです。つないでいる機器を確認してきちんと音が出ていて音量も上がっているかどうか確認します。あと、本機のボリュームを回してきちんと音量を上げているかも確認します。

(3) 音は出るが、ジーというノイズがひどい

ジーというノイズは電源から入ってくることが多いです。以下を確認します。

- 電解コンデンサの極性が間違っていないか

● ヒーター周りの配線を確認する
● ハンダ付けのチェック

(4) 音は出るが、すごく小さい

このアンプの出力は0.2Wで、ボリュームが最大のとき、狭い部屋で普通に聞けるていどの音量になるはずです。音がすごく小さい原因はそれだけでは原因特定できないので、とにかく全体を見直すことになります。

● 配線間違いをチェック
● 取り付ける部品の間違いをチェック
● シリコンダイオードや電解コンデンサの極性のチェック
● ハンダ付けのチェック

(5) ボリュームを回すと、最初はだんだん音量が上がるけど途中から逆に音量が小さくなってしまう

これは発振している可能性大です。1.6節の最初に書いてある、ボリューム周りと出力周りのビニル線の距離を離しているか確認します。感電しないように注意しながら中のビニル線を動かして音量が変わらないか見てもいいです。

(6) 音がひどく歪む

このアンプは、もともといくらか歪みっぽい音がしますが、それでも明らかに音が潰れていたり、音楽の要所要所でバリッ、バリッ、というノイズが入るとか、そういう極端に歪んでいるのはおかしいです。配線を見直すとともに、(5) の発振を疑ってください。発振の場合、通電して音を鳴らした状態で、割りばしのようなものでビニル線をいじってみて様子が変わるか見てください。

2 球 0.2W+0.2W ステレオミニアンプ　COLUMN

今回はとにかく作ってみること優先で、モノラルの簡易アンプでしたが、真空管を 2 本使ってステレオにして、入出力端子をちゃんと付けて、スピーカーにそれなりのものをつなげば、0.2W+0.2W のミニアンプとして十分に実用的なものになります。やってみたいという人のために、回路図を図 1.15 に掲載しておきます。第 2 章以降の作例で回路図から配線できるスキルが付いたら、作ってみてください。

図 1.15 ● 2 球 0.2W+0.2W ステレオミニアンプの回路図

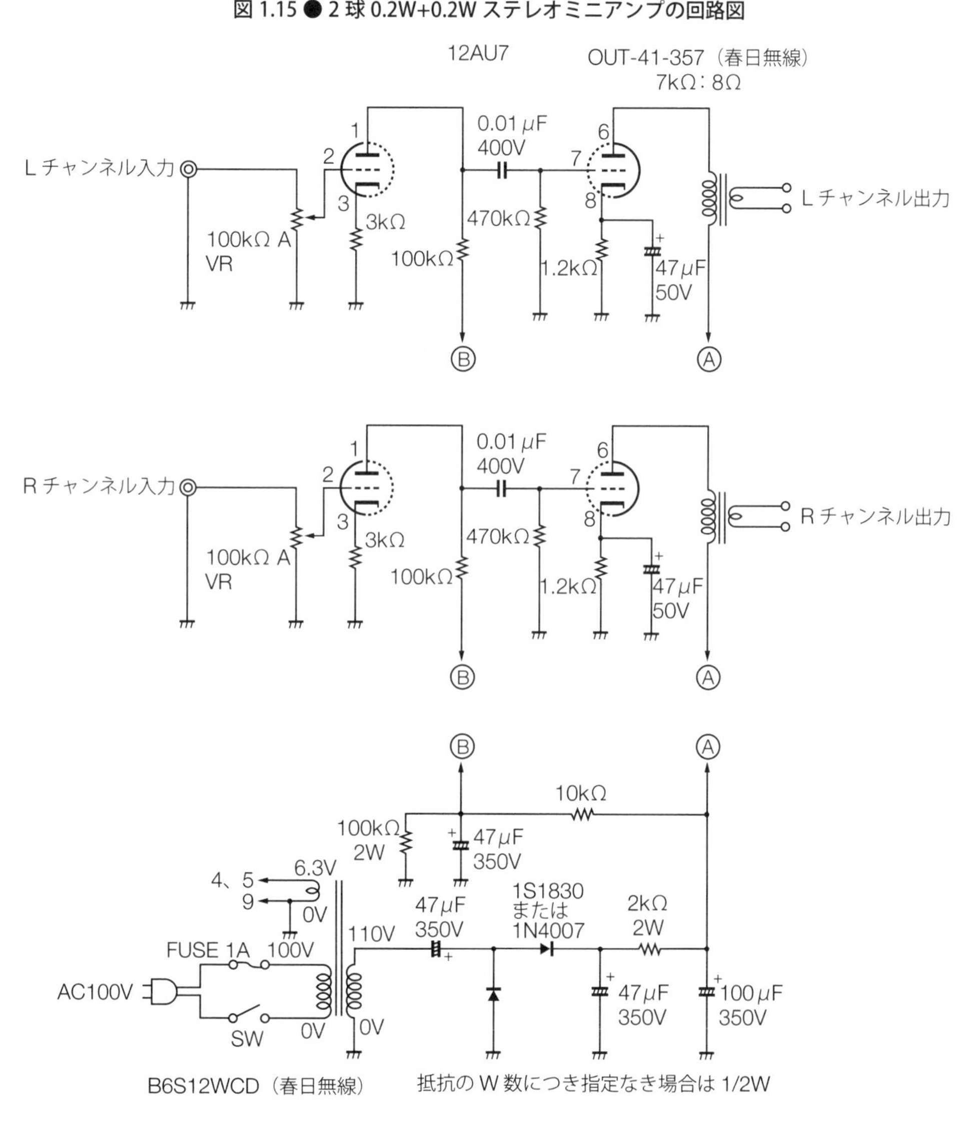

第2章

6BM8 シングルステレオアンプの製作

写真 2.1 ● 6BM8 シングルステレオアンプ

第1章の1球段ボールアンプの製作では、なにはともあれ真空管アンプを作って、とにかく鳴らしてみて、自作の面白さを分かってもらうことが目的でした。あの製作を通して、部品屋さんで部品を揃えることと、実際にハンダ付けして配線することを学ぶことができたと思います。

本章では、もう一歩進んで、いわゆる世の中でいう「真空管ステレオアンプ」の最低限の要件をすべてしっかり満たしたものを作ろうと思います。そういう意味では第1章のものは、超簡易小型拡声器みたいなものでしたが、ここではきちんと末永く実用機としても使えるアンプの定番の姿を目指そうと思います。ただ、安心してください、その中でも、もっとも簡単な回路を使ったものの製作紹介です。6BM8という昔からよく使われてきた定番の真空管を2本使って、もっとも基本的な、教科書通りのステレオ真空管アンプを考えてみました。回路図から始めて、部品集め、金属シャーシーを使った製作法のあれこれ、そして音出し、完成、トラブルシューティングまでを解説して行くことにしましょう。

本章で目指すのは、「回路図だけを与えられて、それで製作ができる」、というスキルを身につけることです。実は、これだけでも、けっこうな知識と経験が必要なのです。例えば、説明書通りにキットを作るのは、ちょっと器用な人ならけっこう難なくできるものですが、回路図だけから作れる人は、それほどたくさんいるわけではなく、それだけでもう、けっこうな電子工作人間と言ってもいいと思います。

2.1　回路図を見る

図2.1を見てください。これが本章で製作する6BM8シングルステレオアンプの回路図です。今回は、この回路図を元にして製作して行く過程を追って行きましょう。ですので、まだ実体配線図は登場しません（もっとも、ちゃんと後で出てきますが）。

図2.1 ● 6BM8シングルステレオアンプの回路図

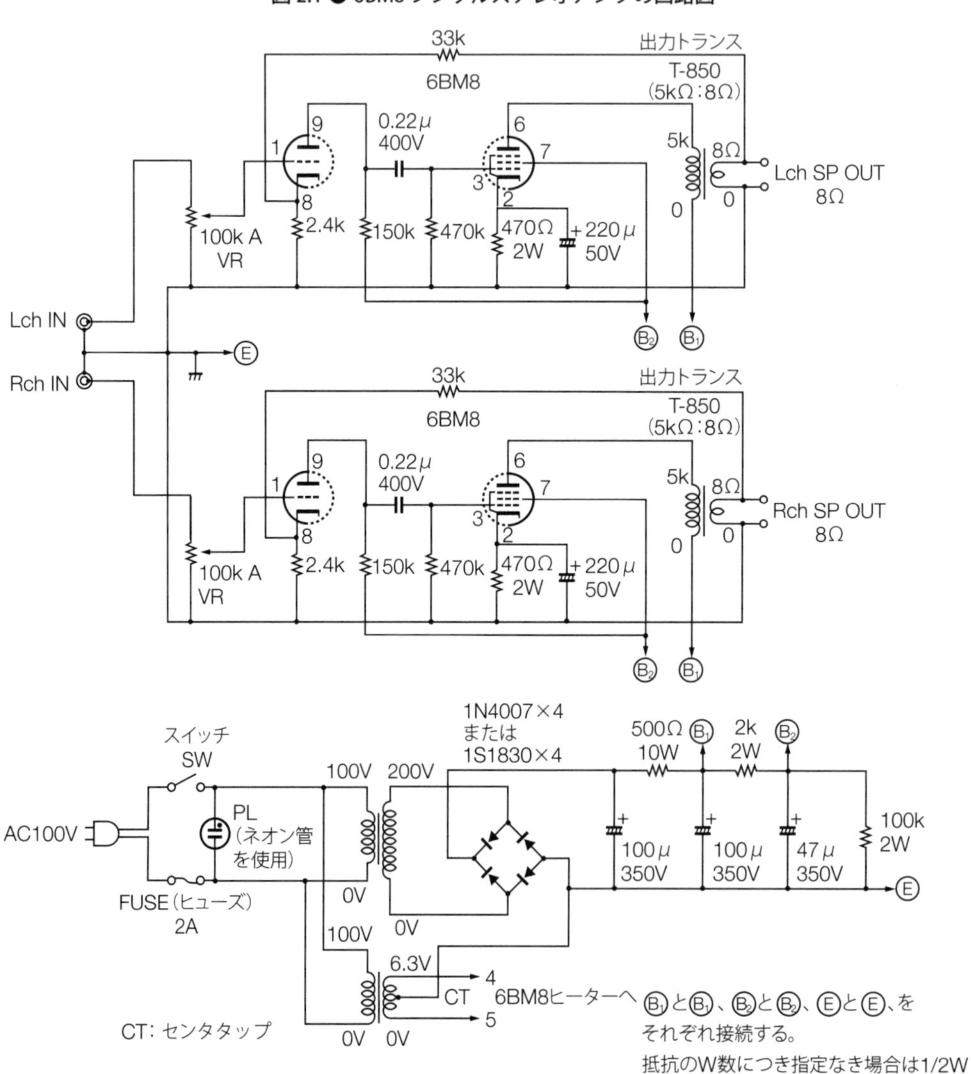

まずは回路図の記号についてです。表2.1にまとめておきました。ほんの十数種類ですのでわりとすぐに覚えられると思います。さて、第1章で買い物をしたので分かると思いますが、これら部品には指定があります。つまり、真空管には6BM8とかいう型名があり、抵抗、コンデンサ、コイルなどには何Ω（オーム）とか何F（ファラッド）とかいう素子値というものがあり、それを使うことになっています。

表2.1●回路図の記号

記号	名称	記号	名称
	真空管		電源プラグ
	トランジスタ	SW	スイッチ
	シリコンダイオード	F	ヒューズ
R	抵抗	PL	パイロットランプ
VR	ボリューム（可変抵抗器）		ネオン管
C	コンデンサ	赤 黒	ピンジャック
C	電解コンデンサ		端子
P.T	電源トランス	G, E	シャーシーアース
O.P.T	出力トランス	G, E	大地アース
CH	チョークトランス	+ −	電池
SP	スピーカー		リード線を接続
			リード線を接続しない（交差）

これから、この回路図から部品表を作って部品屋へ買いに行くわけですが、ここにひとつ難しさが現れます。というのは、例えば抵抗にもいろいろな種類があり、往々にして回路図にはそういう細かい指定がされていないことが多いのです。極端な場合「自分で考えろ」とばかりに素子値が省略されている場合などもあります。最近はインターネットで、こうした回路図はいくらでも手に入るのですが、けっこう不親切なものが多いです。まあ、回路図を提供する方も、別に作ってもらいたくて回路を出しているわけではないですから当たり前ですよね。はなはだしく情報が少ない場合は、今度は回路の動作を推定して部品の素子値を決めなくてはならず、時には自分で設計するより難しい、などということも起こります。

それでは、まず、今回の製作に必要な主要な電子部品について第1章よりもう少し突っ込んだ基礎的な知識をお話しましょう。

(1) 真空管

写真 2.2 ●真空管 6BM8

ここでは6BM8という真空管を使います。この球（真空管をよくタマと言います）は、エレキット社のTU-870というビギナー向きの売れ線キットで使われたせいもあり（すでに販売中止になっています）、自作真空管オーディオのビギナー向きの球としてよく出てくるものです。ビギナー向きと言ってもその音には定評があるので、いい感じで鳴ってくれます。あと、この球はロシア（例えば、Sovtek：ソブテックというメーカー）などで現在でも製造しているので、1本2,000円ぐらいの比較的安値で手に入ります。ちなみに、6BM8は、回路図上の左の3極管と右の5極管が1本の真空管の中に入っている複合管と言われる球です。なので、片チャンネル1本ずつの合計2本でステレオアンプができます。

ここで、真空管の電極についても少し説明しておきましょう（詳しくは第3章の原理編で説明します）。代表的なのは、3極管と5極管です。図2.2は6BM8の電極の様子を示しています。3極管には3つの電極があり、上からそれぞれプレート（略号はP）、グリッド（略号はG）、カソード（略号はK）と言います。ヒーター（略号はH）は前記3つから独立していて、2つの電極があります。一方、5極管には5つの電極があります。こんどはグリッドが3つになっていて、それぞれ上から、サプレッサグリッド（略号はG3）、スクリーングリッド（略号は

G2)、コントロールグリッド（略号はG1:これが3極管で言うところのグリッド）と言います。コントロールグリッドから順に上へ向かって、第1グリッド、第2グリッド、第3グリッドと呼ぶこともあります。ここで、サプレッサグリッドは、内部的にカソードに接続され、独立した電極が外に出ていないことが多く、この6BM8の5極管部もそうなっています。

図2.2 ● 6BM8電極の様子

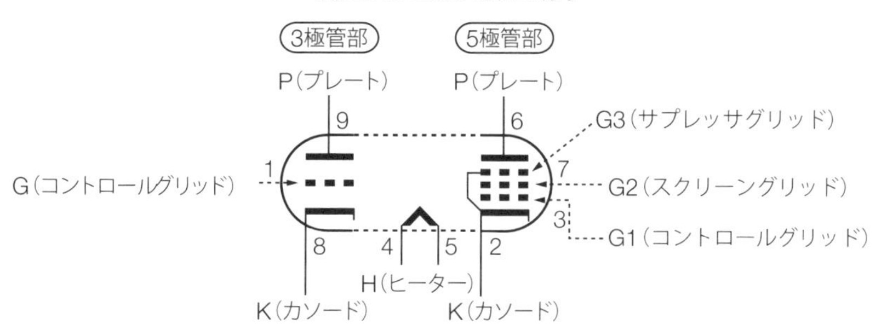

(2) 抵抗

写真2.3 ●抵抗いろいろ

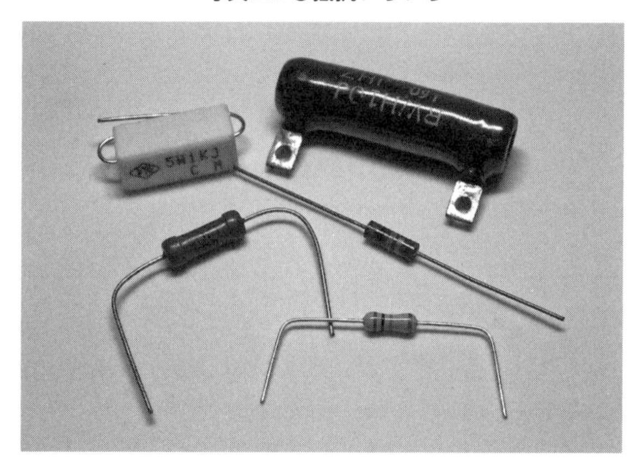

抵抗で重要な素子値は、抵抗値とワット数です。抵抗値の単位はΩ（オームと読みます）と表記し、kΩ（キロオーム）は1,000倍、MΩ（メガオーム）は1,000,000倍になります。なので、

$1k\Omega = 1000\Omega$

$1M\Omega = 1000k\Omega = 1000000\Omega$

になります。回路図によっては、例えば150とだけ表記して単位を省略しているのをよく見かけますが、これは150Ωのことです。ワット数は、その抵抗で消費できる電力の値で単位はW(ワット）です。例えば2Wと書かれていたら、その抵抗で最大2Wの電力に持ちこたえる、という意味です。2Wの抵抗は、2Wの電球と同じ（ただし光らない）なので、図体が小さかったりするとかなり熱くなります。**定格の2W以上の電気を流すと加熱し過ぎ、燃えたり断線したりする**ので、必ず指定以上のものを使います。大きい分には支障ありません。回路図によっては、このワット数指定が一部されていなかったりして戸惑いますが、普通は大きいワット数に

ついてだけ指定がされ、そのほかは小さくていいですよ、という意味で省略されることが多いのです。この場合、真空管アンプでは1/2Wを使えばまず問題ありませんので指定が無い場合は1/2Wを使うようにしましょう。この課題の回路図のように、「抵抗のW数につき指定なき場合は1/2W」と親切に書いてある場合もあります。

(3) ボリューム

写真2.4●ボリューム（可変抵抗器）

回路図上では入力部分に入っている、音量を調節するための部品です。つまみの位置によって抵抗値の変わる素子ということで正式な日本名は可変抵抗器です。VR（Variable Register の略）と言うことも多いです。ボリュームには、回転角と抵抗値の変化のカーブの種類によってA型、B型、C型などの種類があります。音量調整に使うのはA型です。もちろんB型やC型でも音量は変えられるのですが、A型を使うと、回転角と音量がほぼ比例する形になるので感覚的に使いやすいのです。すなわち、回す角度を倍にすると、倍の音量になる、といった感じです。ボリュームもしょせんは抵抗なので、抵抗値とワット数があります。抵抗値は抵抗のときと同じです。ここでは100kΩのものを使っています。ワット数ですが、この回路では抵抗には音声信号が通るだけで電力はほとんど消費しないので、特に気にしなくて大丈夫です。

写真2.5●2連ボリューム

それから、このアンプはステレオですので、左チャンネルの音量と右チャンネルの音量を調整する2つのボリュームが必要になります。ボリュームを2個並べてもいいのですが、1つのツマミでいっぺんに左右同時に変えられた方が便利ですよね。そうした用途のために、2個のボリュームが一体になっていて、1つの軸で2個を同時回転できる2連ボリュームというのがあります。これを使った方が操作性はいいと思います。

(4) コンデンサ

写真 2.6 ●コンデンサいろいろ

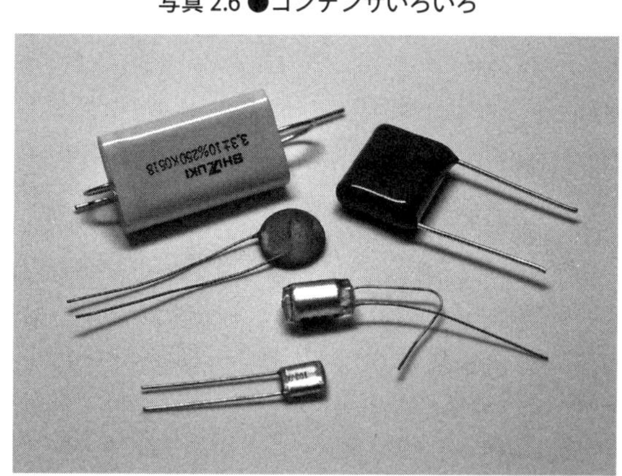

第1章の作例にも出てきましたが、コンデンサはおおまかに言って2種類あります。回路記号では電極の間に斜め線が入っているのものが電解コンデンサで、入っていないのが普通のコンデンサです。

まず、普通のコンデンサについて説明します。コンデンサで重要な数値は、容量と耐圧です。容量の単位はF（ファラッドと読む）です。μF（マイクロファラッド）は 10^{-6}F、pF（ピコファラッド）は 10^{-12}F です。なので

$$1\mu F = 10^{-6}F$$

$$1pF = 10^{-6}\mu F = 10^{-12}F$$

です。コンデンサでは普通 1F 以上のものはほとんどなく、大きくても数千 μF ていどです。回路図によっては例えば 0.015 と単位が書かれていない場合がありますが、この場合は普通 0.015μF を意味します。耐圧は、コンデンサの両端にかけられる電圧の最大値です。**耐圧以上の電圧をかけると、それが原因で周りの部品を巻き込んで破壊したりする**ので、必ず指定以上のものを使います。ここで言う普通のコンデンサにもたくさん種類がありますが、一般的には「フィルムコンデンサ」と呼ばれるものが主流です。

(5) 電解コンデンサ

写真 2.7 ●電解コンデンサいろいろ

電解コンデンサは普通 1μF 以上の大きな容量が必要なところに使われます。電解コンデンサも通常のコンデンサと同じで容量と耐圧があります。あと、回路図上でも分かりますが、プラスとマイナスの極性があります。電解コンデンサは、この極性にくれぐれも注意してください。極性を誤って逆につないでしまうと、最悪、使用中に爆発し、場合によってはとても危険です。電解コンデンサは容量がでかく、したがって図体もでかいので爆発したときのダメージが大きいのです。それから、耐圧にも十分気をつけなければいけません。**耐圧越えで使っていると、急速に特性が劣化して行き、あるとき破壊します。極性誤りのときと同様に、最悪の場合破裂して、危険です。**

(6) 電源トランス

写真 2.8 ●電源トランス（本機で使った東栄トランスの ZT-03ES）

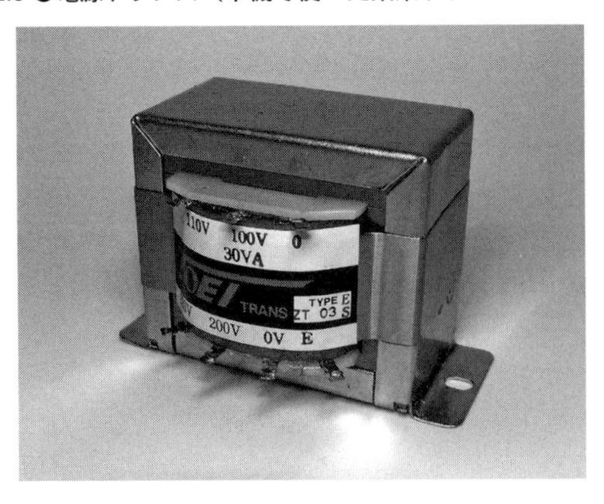

真空管アンプでは、真空管に次いで大物なのがこのトランスです。課題の回路図では、トランスは、電源トランス（ZT-03ES と J-632）と出力トランス（T-850）の 2 種類が使われています。この 2 つは同じトランスですが、働きが違っています。

まず電源トランスですが、これは家庭のコンセントに来ている100Vの交流（AC 100Vと言う）を入力にして、アンプに必要な電圧の交流に変換するために使います。左側を1次巻き線、右側を2次巻き線と言って、1次巻き線に100Vをかけ、2次巻き線から必要電圧を取り出します。電圧を変える役割ということで、変圧器と呼んだりもします。ここでは、アンプ本体の電源用として200Vと、真空管のヒーターを点灯するための電圧として6.3Vを別々のトランスでまかなっています。第1章のアンプではこの2つが一体になったトランスを使いましたが、ここでは2個使っています。ここで、ヒーター電源供給用のトランスを特別にヒータートランスとも呼びます。

電源トランスで重要なのは、電圧値と電流容量です。ここでは、アンプ本体の電源用としては150mAのものが使われています。またヒーター用は2Aです。これらの必要電流は設計段階で決まります。回路図によっては、この電流容量が書かれていないものが多く、その場合、アンプ動作のだいたいの推定が必要で、ちょっと厄介です。もっとも、ヒーター電源の方は簡単です。真空管のヒーターに流れる電流は真空管の型名によって決まっていますので、その値に使用本数をかけるだけです。この回路の場合、6BM8の規格表を見ると6.3V、0.78Aですから2本で1.56A流れ、余裕をもって2Aのトランスを使っているのです。**この電流容量を越えて使うとトランスが加熱し、最悪の場合内部で溶けて煙が出て断線したりする**ので電流容量は守らなければいけません。

Q&Aコーナー

東栄のトランスには30VAと書かれていて電流が載ってません。

実はここで使っている東栄のZT-03ESという100V：200Vのトランスは本当は200V：100Vで使うものなのです。何かというと、ヨーロッパなどの200V～240Vの電圧を日本用の100Vに変換して使う変換トランスなのです。それを今回は逆につないで、日本の100V電源を真空管用200Vにするのに使っています。容量を守っていればこのように逆つなぎでもOKなのです。
それで、30VAという表記ですが、これは皮相電力といって、きちんと説明すると難しくて長くなるので興味のある方はネットにたくさん解説があるのでそちらにお任せします。今回の真空管アンプ用途では、VAはほとんどWと同じだと考えて大丈夫です。つまり30Wです。電力＝電圧×電流なので（3.1.4項参照）、30Wで200Vを使うと電流は0.15A、すなわち150mAということになるのです。

(7) 出力トランス

写真 2.9 ●出力トランス（本機で使った東栄トランスの T-850）

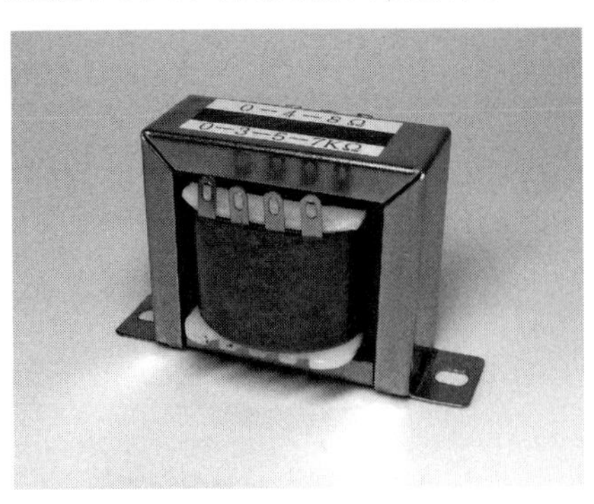

出力トランスはアンプの一番最後のところにある部品です。簡単に言うと、真空管で作った信号パワーを無駄にすることなくスピーカーに伝えるための素子になります。ちょっと別の言い方をしてみましょう。真空管という素子は普通高い電圧と小さい電流で働きます。例えばこの回路ですと、200V の高圧に 30mA の小電流で信号が出てきます。しかし、スピーカーというのは普通 8Ω とか 4Ω とかの小さな抵抗値なので、小さな電圧で大きな電流を流して音を出す素子なのです（ちなみに 8Ω スピーカーで 3W の出力を出すときの電圧は約 5V、電流は約 600mA です）。というわけで、この出力トランスは、「高圧・小電流」を「低圧・大電流」に変換する働きをするわけです。電圧や電流の値を変える、という意味では先の電源トランスと基本動作は同じなのが分かるでしょう。

出力トランスで重要なのは、インピーダンス値とワット数です。インピーダンスの単位は抵抗と同じく Ω（オーム）です。なぜ「抵抗」ではなく「インピーダンス」などと称するかと言えば、これは交流における抵抗値のことなのです（詳しくは 3.1.9 項にて説明します）。回路図を見ると 1 次側が 5kΩ、2 次側が 8Ω となっています。ワット数はこのアンプで出力できるワット数を目安とします。この 6BM8 アンプの出力は約 2W ですので、この値以上のトランスを選びます。それから、これは後で紹介しますが、このアンプの回路はシングルと呼ばれる回路方式を使っているので（シングルに対する言葉はプッシュプルです）、使用するトランスも、シングルアンプ用に設計されたトランスを使うのが普通です。

(8) シリコンダイオード

写真 2.10 ●シリコンダイオード

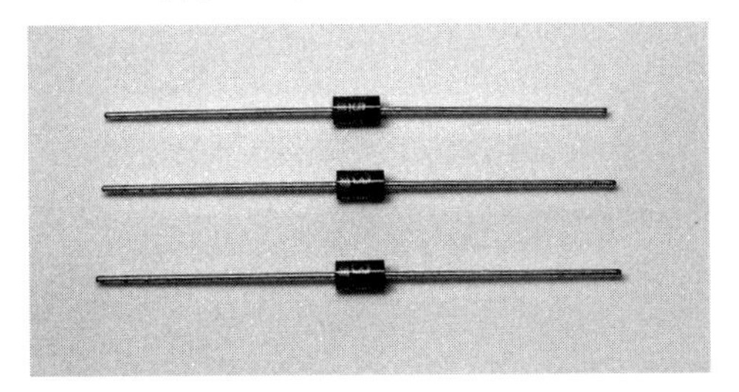

回路図中では電源回路に4本使われています。ダイオードとは電流を一方向に通す素子のことで、家庭の電源の交流をアンプに必要な直流に変換するために使います。交流を直流にすることを「整流」と言います。ちなみに、ここで使っているのは半導体素子で、シリコンを使ったシリコンダイオードです。真空管にもこのシリコンダイオードと同じく一方向に電流を通す2極管というものがあります。もちろん、このシリコンダイオードの代わりに真空管を使ってもよいのですが、ここは整流のための部分で、音の通るところではないので、小さくて使いやすいダイオードを使っています。

ダイオードで重要な値は、耐圧と耐電流です。厳密に説明するといろいろ厄介なのですが、中規模以下の真空管アンプでは1A、1000Vぐらい以上のものを使っておけば、まずだいたいのケースで大丈夫です。このアンプは小出力ですのでオーバースペック（実際に必要な耐圧などより、ずっと余裕があること）ですが、シリコンダイオードは真空管などに比べて非常に安いので、このていどのものでも1本40円ぐらいで買えるのです。

(9) ヒューズ

写真 2.11 ●ヒューズ

ヒューズはたいがいの電化製品に入っているのでご存知でしょう。回路がショートしたり、あるいは異常動作して電流が流れすぎたときにブチッと切れて回路を守ります。ヒューズには電流値があって、これは何アンペア以上流れると切れるか、という許容値です。この回路では2A（アンペア）のヒューズを使っています。

(10) スイッチ

写真 2.12 ●スイッチ

スイッチは説明の必要もないかもしれませんね。ここで使うのは電源を入り切りするスイッチで、それなりの大きさの電圧がかかり、電流が流れるので、あまり小さなものはお勧めでき

ません。スイッチにも定格電圧と定格電流というものがあり、これ以上かけてはいけない電圧値と、これ以上流してはいけない電流値というものが決まっています。この回路では 100V の AC 電圧がかかり、大雑把に考えてヒューズの最大電流ぐらいには耐えられるものを使いたいので、100V、2A 以上のスイッチを使います。

（11）パイロットランプ

写真 2.13 ●パイロットランプ

パイロットランプは､電源を入れたときに光るランプです。普通ホルダー込みで売っていて、中に、豆電球が入ったもの、LED のもの、ネオン管のもの、といろいろな種類があります。ここでは、AC 100V の部分に入れているので、胴体に AC 100V と記載されているものを選んで使います。

（12）入出力端子

写真 2.14 ●入力端子（RCA ステレオピンジャック）

ステレオアンプの入力端子は、普通ピンジャックを使うのはご存知でしょう。RCA などと言うこともあります。ステレオなのでピンジャック2個が並んだものを使います。これを2P(二・ピーと読みます）のピンジャックと言います。3つ付いていれば 3P、4つなら 4P といった感じです。

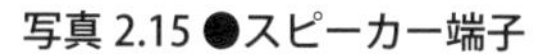
写真 2.15●スピーカー端子

一方、出力端子はスピーカーへつながります。ここには、普通、ケーブルを直接接続できるスピーカー端子という専用の端子を使います。スピーカーにはプラスマイナスの極性があって、プラスが赤、マイナスが黒で色分けされているステレオ用のスピーカー端子です。

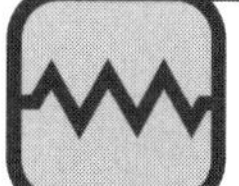

2.2　部品表を作る

部品屋へ行って部品集めする前に、回路図から部品表を作らないといけませんね。回路図から、部品名、型名、値、個数を読み取り表にします。表 2.2 が部品表です。これまでにあげた主要部品だけでなく、実際に製作を始めると、線材やらネジやら金具やら、なにかと細かいものが必要になります。部品屋が家からそれほど遠くないときは、いっぺんで全部揃えてしまおうとせずに、2 回ぐらいに分けるのがお勧めです。まずは、主要部品を購入し、家に持ち帰り、作戦を練るのです。特に、回路図だけで実体配線図がなく、自分で配置や配線方法を考えないといけない場合、作戦タイムはどうしても必要です。

せっかく回路図だけから作るわけだし。やはり、世界に 1 つしかない自分だけのアンプが作りたい、という気持ちは誰にでもあるでしょう。そんなときは、シャーシーの大きさや、形や、場合によっては真空管やトランスなど大物部品の配置などを自分流に変えてしまって、オリジナルなものを作りたいと思うでしょう。そんなときは、買ってきた主要部品を机の上で並べて、ああでもない、こうでもない、と構想を練るわけです。実際に私が作るときもそうしています。

もちろん、部品の配置や配線の仕方には一応のセオリーがあって、あまりでたらめにすると、ノイズやハム（ブーンという雑音）が出たり、最悪ピーッ、と発振したり厄介なことになります。この最低限のセオリーについては、この後、お話していくことにします。

表2.2 ● 6BM8シングルステレオアンプ部品表

品名	数量	参考単価
真空管　6BM8	2	2,260
電源トランス　ZT-03ES（東栄） 100V：200V、30VA	1	3,080
ヒータートランス　J-632（東栄） 100V：6.3V、2A	1	1,265
出力トランス　T-850（東栄） 5kΩ：8Ω、シングル用、2W	2	1,815
シリコンダイオード　1N4007または1S1830（1A、1000V）	4	30
2.4kΩ　1/2W	2	35
150kΩ　1/2W	2	35
470kΩ　1/2W	2	35
33kΩ　1/2W	2	35
470Ω　2W	2	50
100kΩ　2W	1	50
2kΩ　2W	1	50
500Ω　10W	1	110
2連ボリューム　100kΩ A型	1	360
0.22μF　400V	2	240
電解コンデンサ　220μF　50V	2	90
電解コンデンサ　47μF　350V	1	320
ブロック電解コンデンサ　100μF+100μF　350V	1	2,400
真空管ソケット MT9ピン	2	220
ステレオRCAピンジャック2P	1	210
ステレオスピーカー端子	1	240
電源スイッチ	1	330
ヒューズホルダー	1	100
管ヒューズ　2A	1	30
ACケーブル　2m	1	110
めがねプラグ	1	100
めがねACインレット	1	100
パイロットランプ	1	220
ツマミ	1	200
ラグ板　縦型6P（大）	2	160
ラグ板　縦型4P（大）	2	100
1mm厚アルミシャーシ　250×200×60	1	1,500
ゴム足	4	15
線材　ビニール線　0.5VSFおよび0.3VSF	適量	
線材　スズメッキ線　0.5mm	適量	
シールド線　1芯	適量	
熱収縮チューブ　7mm	適量	
ネジ（3×20mm、4×10mm）	適量	
スプリング、ワッシャー、ナット	適量	
	合計	21,105円

Q&A コーナー

第１章の段ボールアンプの製作が楽だったので、このアンプでもシャーシーに段ボールを使おうと思うんですが。

段ボールアンプは、第１章の１球アンプぐらいにしか現実的には使えない方法だと思ってください。今回のアンプだとトランス類が重すぎて厳しいのと、6BM8はかなり熱くなるので、紙で作ってもギリギリ大丈夫だとは思うものの少々危険です。あと、入力や出力のコネクタの抜き差しも強度不足で段ボールではおそらくへこんでしまいます。

また、前回のアンプは出力が0.2W、今回のは2W+2W（ステレオなので２倍）なので、そのせいで第１章よりずっと大きな電流が回路に流れています。そうすると、真空管や抵抗はずっと熱くなります。１球アンプは熱いのは真空管ぐらいで、それ以外はけっこう普通の温度です。真空管も第１章のアンプは2Wしか消費せず大き目の豆電球ぐらいの温度でしたが、今回の6BM8だと１本で10W以上の熱を発していて、ずっと高温です。というわけで、残念ながら段ボールは諦めましょう。

2.3　買出し

さて、それでは部品表ができたので買出しです。第１章で、秋葉原の電気街での部品の買い方について説明しました。今回も同じですが、本機に関する部品の購入についての注意点を以下に説明しましょう。

真空管は、今回は6BM8を２本買うわけですが、「ロク・ビー・エム・ハチをペアーでください」と言って、ペアーものを買うといいでしょう。ペアーというのは特性が揃った２本の球をセットで売っているもので、この回路の場合、ステレオの左右で特性を揃えた方がよいからです。ペアーでなくても左右の音量差はわずかなので、それほど気にしなければペアーにこだわらず２本買ってもOKです。ペアーでも値段は変わりません。製造メーカーによって値段の差があるのは、前回の12AU7と同じです。製造メーカーで音が変わる云々といったお話しは第４章の最後の方でいくらかしようと思います。また、6BM8はMT（ミニチュア）管で、ピン数は９ピンですので、「MT9ピンの真空管ソケット」も合わせて買います。

写真 2.16 ● MT9ピンの真空管ソケット（ステアタイト）

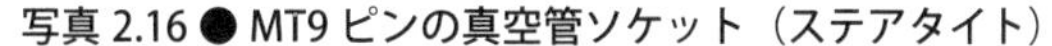

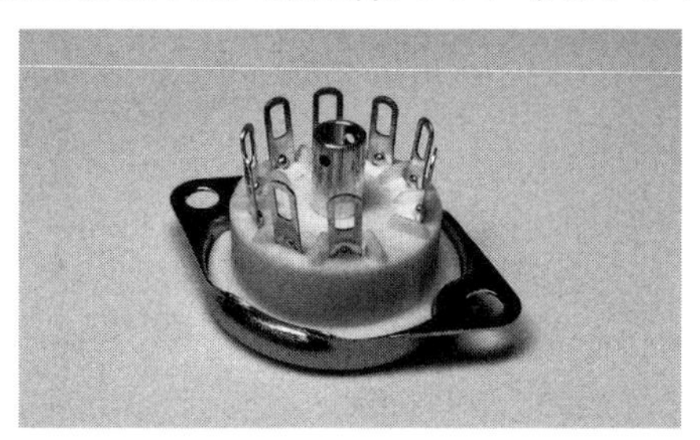

Q&A コーナー

真空管のお店でオヤジさんに勧められるまま白いソケットを 300 円で買いましたが、後で他の店で見たら 1 個 150 円の黒いのが売ってました。発泡酒 1 缶分損しちゃいました、ショックです。

白いソケットは「ステアタイト」というモノのいいやつですね。磁器（セラミック）製で、とても綺麗ですよね。たしかに、黒いモールド（プラスチック）の安いヤツで十分なんですが、ステアタイトとモールドは、最初は同じとはいえ、年月が経つとやはり信頼性が全然違うようです。特に、頻繁に長時間使うアンプの場合（ギターアンプとかで顕著だったりする）、長時間の熱に晒され、モールドタイプは変形したり、もろくなったりして、接点部分が緩くなり接触不良とか起こします。骨董品のアンプでこのタイプのソケットを使っていると、だいたいボロボロになってますね。というわけで、長い年月で見ると、やっぱりステアタイトに限ります。いい買い物だと思います。モノのいいソケットを選ぶか、発泡酒を選ぶかは作る人しだいです。

1/2W の**抵抗**はカーボン抵抗で、ルックスで言うと「カラーコード抵抗」です。1W 以上のものは種類もいろいろですが、どれを買っても、まあ同じなので値段とルックスの好みで選べばいいでしょう。また、場合によっては指定の抵抗値とまったく同じ値のものが無いこともあります。そのときは、1 割以下の違いはあまり気にせず近い値のものを買ってください。それから、ワット数で同じのが無いときは、指定より大きいワット数のものを買ってください。ここでは、1/2W はカーボン抵抗を、2W のものは茶色い色をした酸化金属皮膜抵抗を、10W のものは白い角型のセメント抵抗を使っています。

写真 2.17 ●本機で使った抵抗（上からセメント抵抗、酸化金属皮膜抵抗、カーボン抵抗）

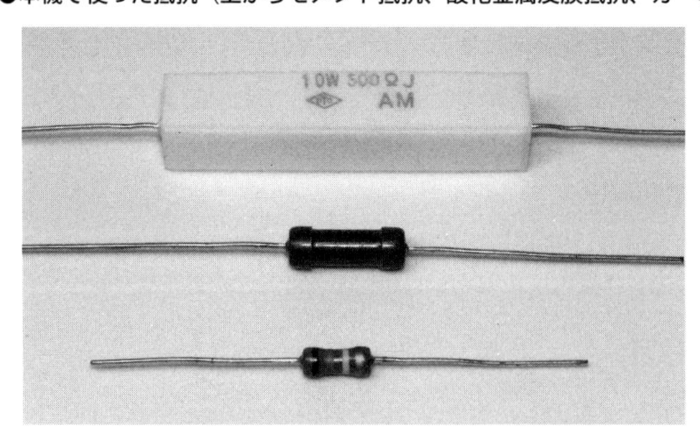

100kΩ 以上の A 型の **2 連ボリューム**は真空管ステレオアンプぐらいにしか需要がないせいなのか、選択肢が少ない気がします。ここでは、写真 2.5 の真ん中の、出所不明の 400 円ぐらいの安値のものを使いました。ちなみにこの写真の右側のものはアルプス社製の 2 連ボリュームでかなりしっかりしていますが、800 円以上し、けっこう高価です。左側のものは、やはりアルプス社製で、第 4 章で製作するミニアンプ用に探し出した小型のものです。この音量調節

の部分は、真空管回路といえども特に大電流や高圧がかかるわけではないので、小型のものでも大丈夫です。安物か高級かは、好みで決めてください。

0.02μF、400V の**コンデンサ**は 1 本 150 円ぐらいの安値の汎用のフィルムコンデンサで十分です。**電解コンデンサ**は、100μF+100μF のブロック電解コンデンサ（複数の電解コンデンサが 1 つの筐体に入っている）はシャーシーマウントタイプを、それ以外はチューブラ型を使いました。

写真 2.18●ブロック型電解コンデンサ

電源トランスは、今回、経済的なトランスをいろいろ出しているラジオセンターの東栄トランスの ZT-03ES（B 電源用）と J-632（ヒーター用）を使いました。直接お店に行って、部品表のトランスの型番を見せれば出してくれます。ここでは電源トランスとして、B 電圧（真空管のプレートに供給する直流電源のこと）用トランスとヒーター用トランスを別々に使っていますが、第 1 章で使ったもののように、これらが一体になったトランスを 1 個購入しても構いません。この場合は取り付けと配線がちょっと変更になります。また、**出力トランス**も東栄の T-850 です。部品表の型番を見せればすぐに出してくれます。

いずれにせよ、東栄以外のお店で買うときは、お店の人に、部品表に書いてある仕様を言って、回路図なども見せれば、適当なものを選んでくれるはずです。だた、あまりにバカ高いもの（例えば 1 万円以上）を勧められたら、辞退して別のお店へ行きましょう（笑）。この回路図を見て、足元を見てそんな高級トランスを勧めてくるお店は秋葉原には無いと思いますが。

写真 2.19●ヒータートランス（本機で使った東栄トランスの J-632）

シリコンダイオードは第1章と同じく1N4007または1S1830という型番のものを使っていますが、そのものずばりが手に入らないときは「相当品」で十分です。「1S1830相当品のダイオード4つください」でお店の人が適当に選んでくれます。1S1830の耐圧は1000V、耐電流は1Aです。なので「1000Vで1Aのシリコンダイオードください」でもOKです、適当なものを出してくれます。

ヒューズは長い3cmタイプの管ヒューズを、これを格納するヒューズホルダーはシャーシー取り付けタイプのものを買いました。短いタイプでも構いません。お店にて現物で確認して買ってください。

写真2.20●ヒューズホルダー

電源スイッチは、100V、2A以上のものを使います。スイッチの図体のどこかに、この電圧電流値が書いてあるのでそれを見て買います。ちなみに、何も書いていないものは小電流用ということで、電源を入り切りする用途には使えないと思った方がよいでしょう。今回は、ルックスを優先して、かなり大きな写真のようなスナップスイッチを使いました。

写真2.21●本機で使った大型のスナップスイッチ

パイロットランプには、LED、ネオンなどいろんな種類がありますが、ここではAC 100Vで点灯させますので、図体にAC 100Vと記載されたものから選びます。今回、私は、ちょっと昔のアマチュアが自作した送信機についている感じの、無骨でバカでかくて、赤いものを選んでみました。このランプや、スイッチや、ボリュームのツマミなどの部品は、前面パネルに出てくるので、みなさんのこだわりで選んでください。

第1章ではACケーブルの片側が切りっぱなしのものを使いましたが、アンプを移動したりするときわりとうっとうしいので、ここでは、シャーシー側にジャックを取り付け、ACケーブルをプラグで抜き差しできるタイプのものを使いました。このジャックを**ACインレット**と言います。

写真 2.22 ● AC インレット

第 1 章の作例では平ラグ板を使いましたが、ここでは縦ラグ板を使います。大型のものをいくつか使っています。

写真 2.23 ●縦型ラグ板

今回は金属製の**シャーシー**を使います。売り場に行くと分かるのですが、ピンからキリまでいろいろあります。ここで使ったのは、0.8mm 厚のアルミを曲げて作ったもので、もっとも安価なものです。ルックスがほとんど弁当箱なので、弁当箱シャーシーなどと言われています。アマチュアの真空管電子工作に昔からもっともよく使われてきた安物シャーシーで、いかにも「基本」という感じがするので、これを使いました。ただ、最終的なルックスをそこそこかっこよくしたいので、後で述べますが、全体につや消し加工をして、前面パネル部分に化粧板を貼りました。また、大きさは、ゆったり作れるように 250 × 200 × 60mm の少し大型のものを選んでいます。

写真 2.24 ● 0.8mm 厚のアルミシャーシー

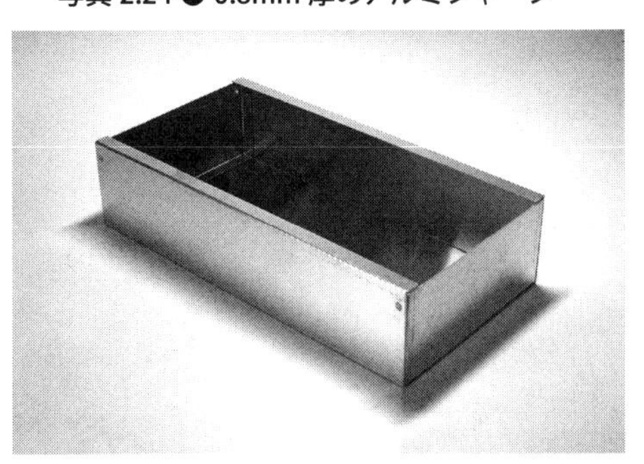

Q&A コーナー

シャーシーを買いました。電車の中で悩みました。「アルミって電気を通さないよな。アースって基盤に電気を逃がすんだよな」、理解できず。

アルミは電気を通すので大丈夫です。ネットで電気抵抗の比較の表を見てみると、電気の通しやすさは、銀、銅、金、の次にアルミで、4位でした。意外なのが鉄で、13位でかなり下の方でした。

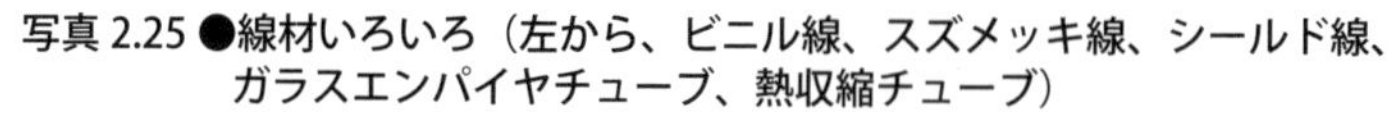

写真 2.25●線材いろいろ（左から、ビニル線、スズメッキ線、シールド線、ガラスエンパイヤチューブ、熱収縮チューブ）

ビニル線は第1章と同じです。今回は細めの VSF0.3（AWG22）に加え、少し太い VSF0.5 も使いました。電源、ヒーター周りの配線には VSF0.5 のものを、それ以外の部分には VSF0.3 のものを使いました。それから、線の色もいろいろあり、適宜使い分けると、後でチェック時などに便利です。私は、黒と緑の2色を使っています。また、アース母線部分に 0.5mm の**スズメッキ線**を2本より合わせてハンダメッキしたものを使いました（2.8.2 項で後述します）。

今回、入力の信号線に**シールド線**を使いました。シールド線は、普通のオーディオ用ケーブルに使われているもので、小さな音声信号を長く引き回すときなどに、外来ノイズを遮断するために使われます。背面の入力端子から前面のボリュームへの配線に外径が 4mm ぐらいのの1芯シールド線を使っています。

エンパイヤチューブは、絶縁用の細い管です。抵抗やコンデンサのリード線が互いにショートしそうな部分に被せて、絶縁します。ガラス繊維でできたガラスエンパイヤチューブが、熱に強く使いやすいでしょう。

熱収縮チューブは、加熱すると収縮する特殊なチューブです。シールド線の端の処理などに使います。使い方は後で説明しますが、ここでは、シールド線の径が 5mm ですので、7mm の熱収縮チューブを使っています。そのほか、シャシーの上に露出している電源トランスや出力トランスの端子（200V 以上の電気が来ている）に誤って触れて感電しないように、ここに、やはり 7mm のチューブを被せて絶縁しています。

入力端子は 2P の **RCA ピンジャック**を使っています。ここでは、金メッキものでちょっと高いものを買いました（それでもたいして高くはないです）。**スピーカー端子**にはいろいろ種類がありますが、ここでは、コンポなどでもよく使われているスピーカーケーブルを差し込むだけで済む簡単なものを使いました。普通のターミナルのように、線を差し込んでネジを締めこむものもあり、面倒くさいですが、接触抵抗的にはこちらの方がいいかもしれません。

写真 2.26 ●ボルト、ナット、ワッシャー、スプリングワッシャー

ネジは、トランス取り付けに 4mm、その他のものに 3mm のステンレスものを使いました。長さはどちらも 8mm です。私が購入したものは、ボルトとナットとワッシャーがセットになっているタイプです。後述する**スプリングワッシャー**も 3mm 用と 4mm 用を購入し、使っています。

2.4　配置を考える

部品が揃ったら、まずすることは、シャーシーに取り付ける大物部品の配置を考えることです。今回は、図 2.3 のような配置にしてみました。図 2.4 に穴あけ図面を載せておきます。ただし、これは私が集めてきた部品に従って、しかも自分の好みで位置を決めた穴あけ図です。みなさんが買ってきた部品は、私のものとサイズが違うことが十分ありえるので、自分で買った部品のサイズを必ずよく確かめて参考にしてください。できれば、自分で部品をシャーシーの上に乗せて、自分でかっこいいと思う位置に決めてみてください。ただし、今のところは部品の位置関係はこの図の通りにした方が無難です。

図 2.3 ●シャーシーの配置図面

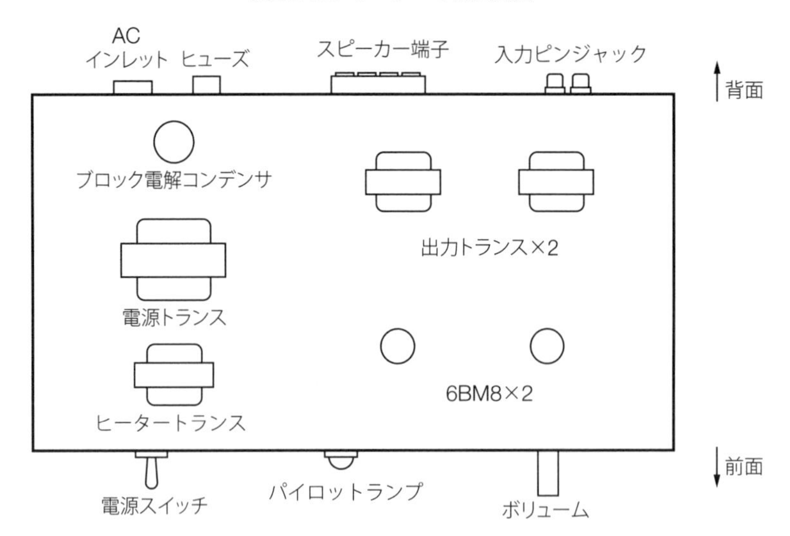

図 2.4 ●シャーシーの穴あけ図面

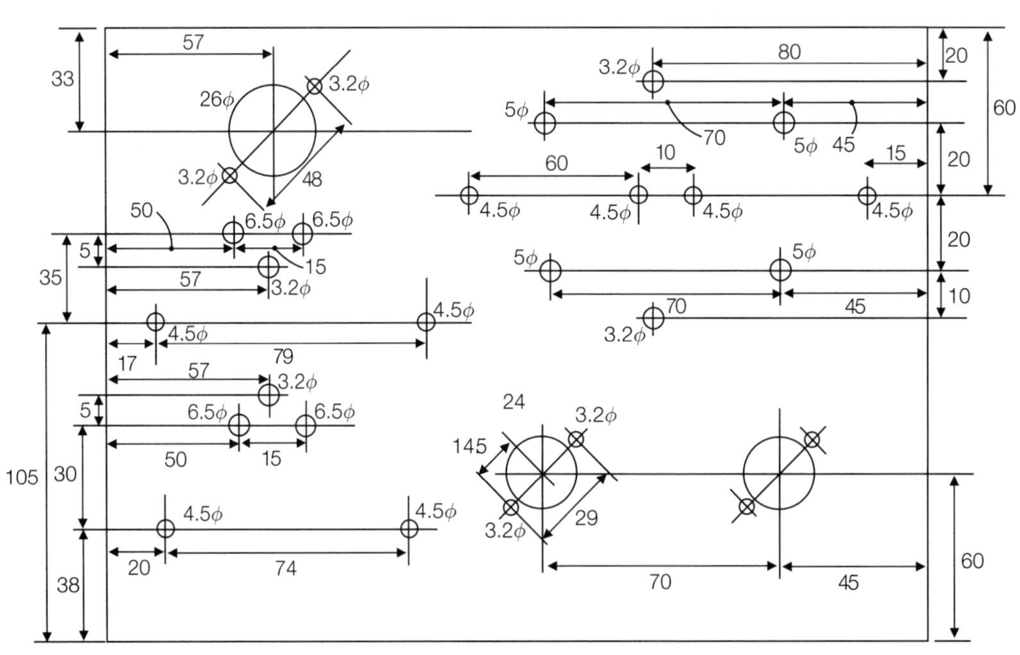

図 2.4 ●シャーシーの穴あけ図面（つづき）

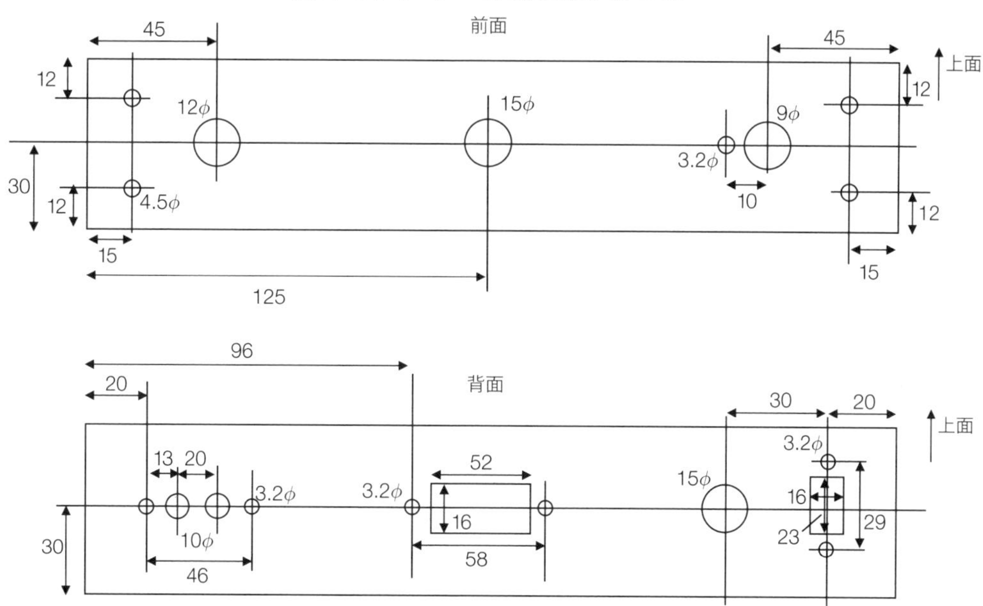

ここで、部品配置について守って欲しい原則を説明しておきます。それは、**電源トランスなどの電源回路の部分と、真空管や出力トランス、ボリュームなどの信号部分をなるべく位置的に分離して離すこと**です。作例では、電源部分が向かって左、信号部分が右に集められています。

電源トランスの向きも重要です。今回使った図 2.5（a）のようなトランスでは、A または B の方向が信号部分を向くようにします。一番悪いのは C の方向が信号部分を向いた場合です。実は、トランスに流れる交流電流が、トランスの周りに交流磁束というものをまき散らすのですが、その大きさが C → B → A の順に大きいのです。この交流磁束が信号部分に入り込み、交流（関東なら 50Hz、関西なら 60Hz）の誘導ハムという「ブーン」というノイズを発生することがあるのです。また、伏型と呼ばれる図 2.5（b）のようなトランスでは、A、B、C は図のようになるので、A または B が信号方向を向くように配置してください。

図 2.5 ●電源トランスの向き

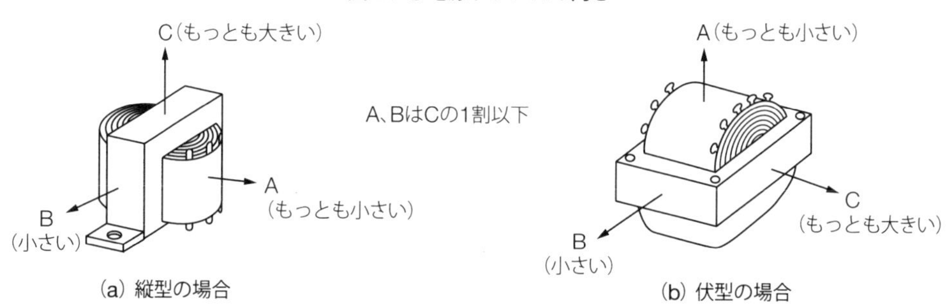

それから、**電源トランスと出力トランスはあまり接近しない**ようにしてください。「接近って言っても実際どれくらい？」と思うかもしれませんが、このあたりは一概には言えないのですが、まあ「常識的に」という感じでしょうか（余計分からないですね　笑）。今回使うトランスの大きさから言って、コアの中心どうしの距離が10cm以上あれば、まあ大丈夫でしょう。ちなみにこの件に関しては、前述の漏れ磁束の方向と事情が違います。図2.6のように、それぞれのC方向が磁束線で結合して、電源トランスの交流が出力トランスに入り込み、ハムを発生するのです。これを避ける一番確実な方法は、図2.7のように、コアの方向を直交させることです。さて、ここで白状しておくと、図2.4の穴あけ図面では左チャンネルのトランスの距離が8cmぐらいしかなく、ハムを発生しました。ただ、スピーカーに耳を近づけて分かるていどなのでよしとしました。

図2.6●電源トランスの交流が出力トランスに入り込む

電源トランスの交流磁束が
出力トランスに入り込む
電源トランス
出力トランス

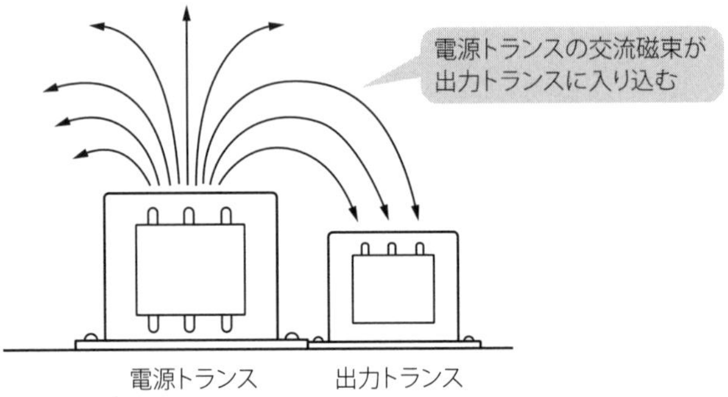

図2.7●電源トランスと出力トランスの配置

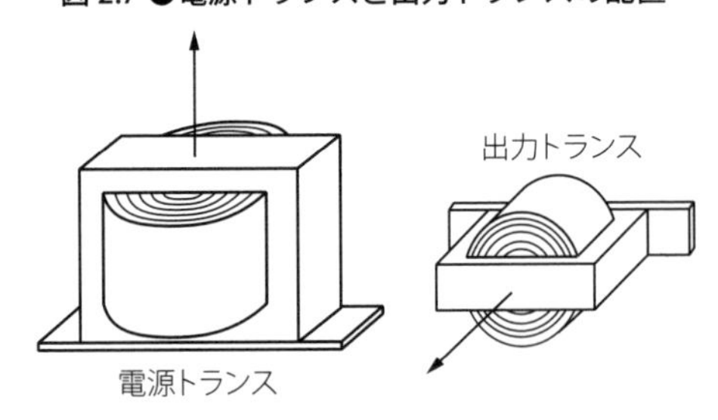

以上の配置原則は「保険」のようなもので、こうしないと必ずノイズを発生する、というわけでもなく、いろいろな要因が絡まりあって発生することが多いものです。ただ、いったん発生してしまうと、配置を変えるしかなく、配線が終わって配置を変えるというのはトランスが大物なだけにほとんど作り直しになり、とても大変です。

2.5　シャーシーに穴あけする

次の仕事は、アルミのシャーシーに部品取り付けの穴をあけることです。相手が金属ですから、これがまたちょっとした肉体労働になります。今回、シャーシーには 0.8mm 厚のアルミ製の、もっともシンプルな（チャチな、とも言いますが）ものを使いました。この 0.8mm のアルミは強度的にほぼ最低限の厚さですが、これくらいなら自力で穴をあけるのもそれほど厄介ではありません。しかし、これが 1mm の鉄だったり、3mm のアルミだったりすると、かなりしっかりした工具を揃えないと自分でやるのは辛いでしょう。図面を引いて金工屋さんに頼んでしまう方がいいかもしれません。

2.5.1　金属加工の工具を揃える

それでは、まずは工具を揃えましょう。

写真 2.27 ●電動ドリル

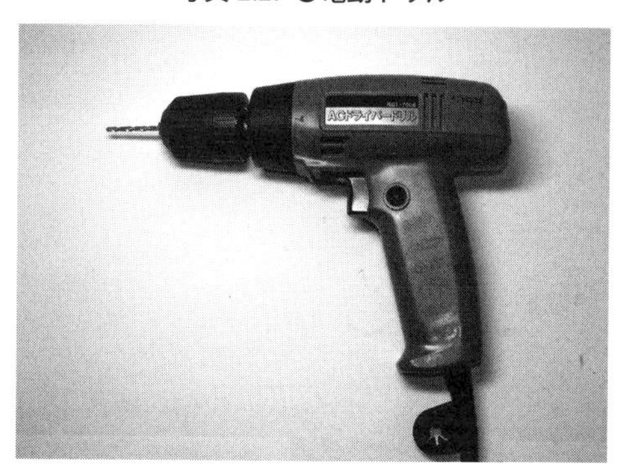

まず、何は無くとも**ドリル**です。手動と電動がありますが、さすがに電動の方が楽です（当たり前ですが）。さらにボール盤という電動ドリルを固定する機構のあるものだと、かなり正確に楽にあけることができます。真空管アンプで使うネジは、ほとんどが直径 3mm か 4mm です。これはネジの径ですから、ネジ穴はこれより若干大きめで、普通 3.2mm と 4.5mm を使います。最近は、これらも含めていろいろな太さの**ドリルの刃**をセットにして 100 円ショップに売っているぐらいですから、揃えるのは簡単です。

ケガキ針はシャーシーの上に加工のための線を引くためのものです。別に専用のケガキ針を買わずとも、先が鋭くとがったものなら、目打ちみたいなものでも代用できます（もっとも金属を相手にするので、先が減って、しまいには目打ちとして役に立たなくなるかもしれませんが）。当然ながらケガキで線を引くための**定規**が必要です。それから**コンパス**も必要です。真空管の穴など、けっこう大きな丸穴をあけるときにシャーシーに印を付けるためです。

センターポンチは、ドリルで穴をあける中心位置に印を付けるためのものです。ドリル穴の中心に**金づち**で打ち込んで小さな凹みを付け、ドリルの刃を凹みに合わせ、中心から外れてしまわないようにします。

写真 2.28 ●ヤスリ、シャーシーリーマ、金づち

ヤスリは必須です。あけた穴のふちを削ってきれいにするためです。あける穴には、丸穴と角穴がありますので、ヤスリの方も平らな「平ヤスリ」と、丸い「丸ヤスリ」が必要です。私は、半分が平ヤスリで反対側の半分が丸ヤスリの「平丸ヤスリ」1 本ですべてまかなっています。

シャーシーリーマーはあった方がいいと思います。ドリルであけられる穴の最大は普通 6.5mm ぐらいですが、ボリュームの軸穴とか、ヒューズホルダーの穴とか、もちろん真空管ソケットの穴もだいたい 6.5mm より大きい丸穴です。リーマーを使うと、ドリルであけた 6.5mm の穴を、25mm ぐらいまで自在に広げることができます。

写真 2.29 ●ピンセット、ドライバ、ラジオペンチ、ニッパー

ピンセット、ニッパー、ラジオペンチは電子工作には普通に使う必須アイテムですが、シャーシー加工にも使います。

2.5.2　頑張って穴あけ

それでは工具が揃ったところで加工を始めましょう。まずは、定規とケガキとコンパスでシャーシーの上に穴あけの図を描いて行きましょう。ケガキで表面に傷を付ける方法では、その傷はそのまま残ってしまうので、これが嫌な場合は、金属に描けて消せる鉛筆を使ったり、原寸大にプリントアウトした紙をシャーシーに貼り付けて、その上から穴あけする方法などがあります。

まず、ドリルで穴をあける中心に、ポンチをハンマーで叩いて凹みを付けて行きます。そしてドリルで穴あけです。まず3.2mmの刃を付けて、片っ端から全部あけてしまいます。3.2mm以上の大きさの穴のところも同じく3.2mmであけてしまいます。そして、3.2mmの穴があいているところに、おもむろに、例えば4.5mmの刃で穴を広げるようにするのです。これは、最初から径の大きい刃であけると、ちょっとした力の加減で中心がずれることがあるからです。3.2mmの穴も、最初2mmぐらいから始めるともっと確実です。ボール盤のようにドリルがしっかり固定できる場合はこの限りではないのですが、ハンドドリルでは、こうやった方がいいと思います。

穴をあけたときに、主に裏側の淵にできる金属クズを「バリ」などと言います。これはそのままにしておくと、後でクズとなってシャーシーの中をさまよい、最悪、配線のどこかに引っかかってショートを起こすなど危険なので取り除きます。ヤスリで削り取ってもいいですが、3mmや4mmの穴ではいい方法があります。図2.8のように、バリの出ているところに径の大きい、例えば6.5mmのドリルの刃を当て、手でグリグリと回してやることで簡単に取り除くことができます。

図2.8●バリ取り

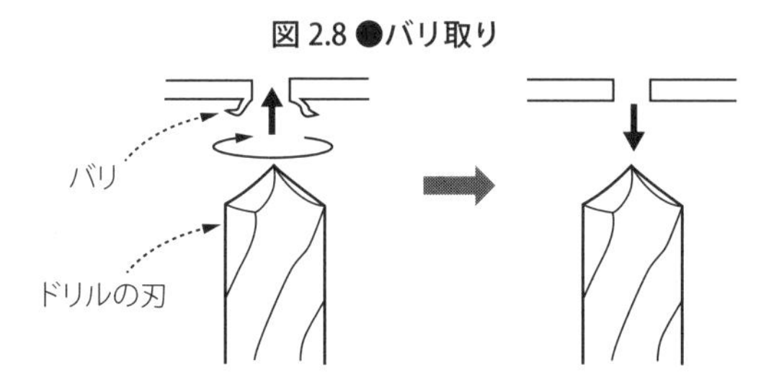

真空管ソケットなどの大穴をあける方法には2つあります。1つは前に紹介したリーマーで、中心のドリル穴を広げる方法、もう1つはもっと原始的な方法です。これは、図2.9のように3mmぐらいの穴を円周に沿ってひたすら並べてたくさんあけ、それらの穴をニッパーでつなげて一周し、真ん中をボコッと抜いてしまう方法です。この方法ですと、原理的にどんなに大きな穴でもあけられますが、けっこう重労働です。もちろんあけた穴は淵がギザギザなのでヤスリでひたすら削って滑らかにします。まあ、たまにはこういう重労働もいいでしょう（笑）。

図 2.9 ●大穴をあける

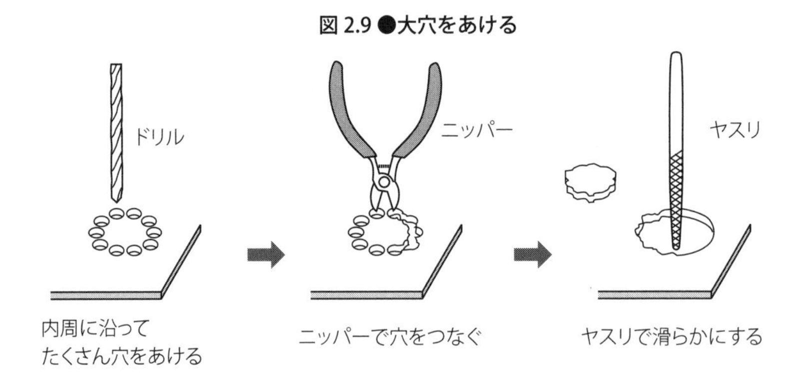

伏型トランスの場合はけっこうな大きさの角穴が必要なので、そのときはこの方法になるでしょう。リーマーの最大径以上の丸穴の場合もこの方法です。もちろん世の中には便利な道具があって、こんな原始的な方法でなくとも大穴をあけられる、写真 2.30 のような「**ニブリングツール**」とか「**シャシーパンチ**」とかいうものもあります。これらの購入は財政状況しだいでしょう。

写真 2.30 ●ニブリングツール

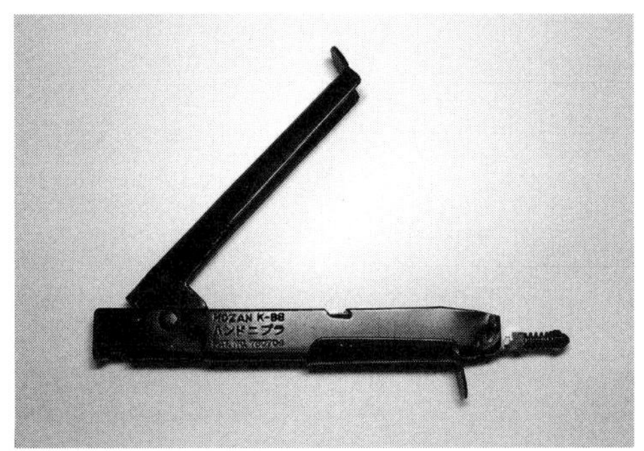

写真 2.31 ●穴あけの終わったシャーシー

さて、シャーシーの穴あけが済みました。なかなかの達成感でしょう。とはいえ、筆者などはいまだにこの穴あけは疲れるのでイヤです。イヤとも言っていられないので仕方ないのでやっています。この後、このまま使うのか、あるいは塗装するのか、などは好みです。だいたい、

こうやって原始的な方法で加工したアルミシャーシーは、ケガキの痕も残っているし、ドリルやヤスリの手が滑った痕とか、表面がけっこう傷だらけでしょう？　これも味のうち、として使うもよし、塗装するのもよし、です。

あまり参考にならないかもしれませんが、筆者の方法を紹介します。まず、パールホワイトのラッカースプレーで全体を適当に塗装して、その後、水ヤスリ（目の細かい紙ヤスリ）で、これまた適当に白い塗装膜を全部落としてしまいます。こうすると、パールの微粒子のせいか、ちょっとワイルドな感じのつや消しの表面ができるのです。最近はもっぱらこれです。みなさんも好きなようにやってください。

2.6　部品を取り付ける

穴があいたらやっぱり部品を取り付けて、どんなルックスになるのか見てみたくなるのが人情というもの。取りあえず、全部くっつけてみましょう。取り付けに必要な工具は説明するまでもないでしょうが、**ドライバ**と**ラジオペンチ**があれば十分です。最近では、ドライバの 8 本セットだって 100 円ショップで買えてしまうので、いい時代ですよね。まあ、安かろう悪かろうであることは確かですが、安さにはかないません。

さて、部品は、図 2.10 のようにネジとナットとスプリングワッシャーで止めています。トランスだけは 4mm のネジを使っていますが、あとはすべて 3mm です。スプリングワッシャーは、年月がたったときにネジが緩まないようにするためのもので、すべてに使うようにしましょう。

図 2.10 ●部品止め

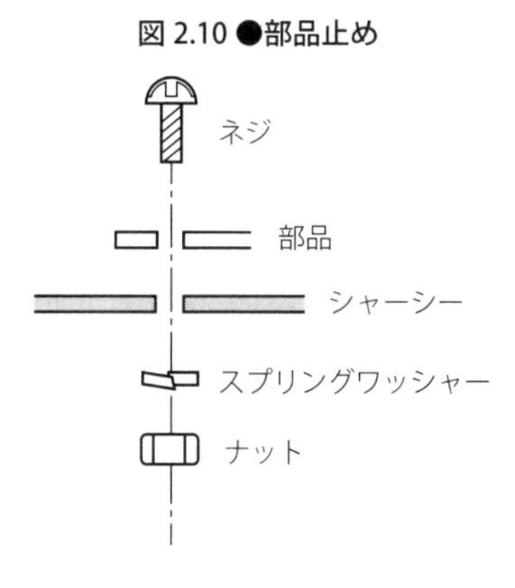

すべて部品を取り付けて、配線もしていないのに真空管を挿して、ツマミまで付けてしまったのが写真 2.32 です。チープと言えば思い切りチープですが、見ようによっては、なかなかカッコいいですよね。

写真 2.32 ●大物部品を全部くっつけたところ

2.7　実体配線図を作る

第１章では与えられた実体配線図に従って配線するだけでしたが、ここではその実体配線図を回路図から起こす方法について説明しましょう。

慣れてくると回路図を見ながら直接配線してしまう、ということもできなくはないのですが、あまりお勧めしません。やはり、まずじっくりと実体配線図を紙の上で検討することをお勧めします。よくやる方法をご紹介しましょう。ちょっと大き目の紙に、真空管ソケットやトランスなどを取り付けた部品を原寸大で、ボールペンでラフにスケッチします。これに、鉛筆で配線を書き込んで行くのです（写真 2.33）。抵抗やコンデンサなどはもう購入して手元にありますので、実際に紙の上に乗せて大きさを確かめながら配線プランを練ることができます。鉛筆と消しゴムでひたすら、ああでもないこうでもない、と実体配線図を作って行きます。最終的な本機の実体配線図は図 2.11 の通りです。

それでは、ここでは、回路図だけから実体配線図を起こし、配線することを想定して、配線についてごく基本的なことを以下に説明してみようと思います。

写真 2.33 ●実体配線図を描いて配線プランを練る

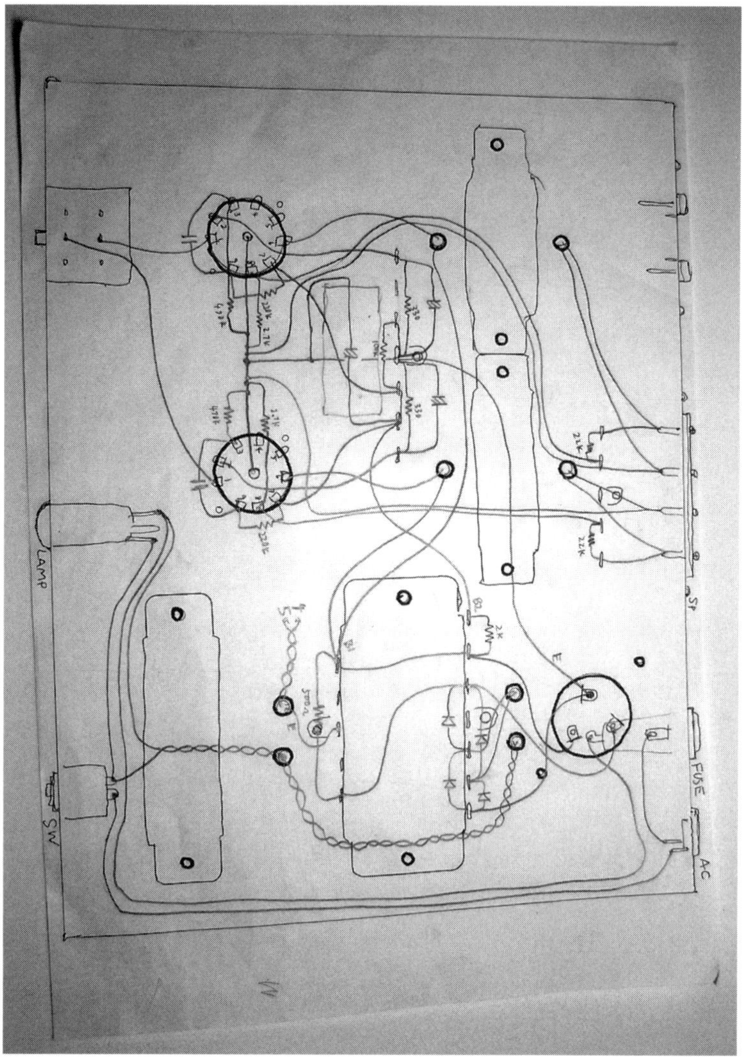

図2.11●実体配線図

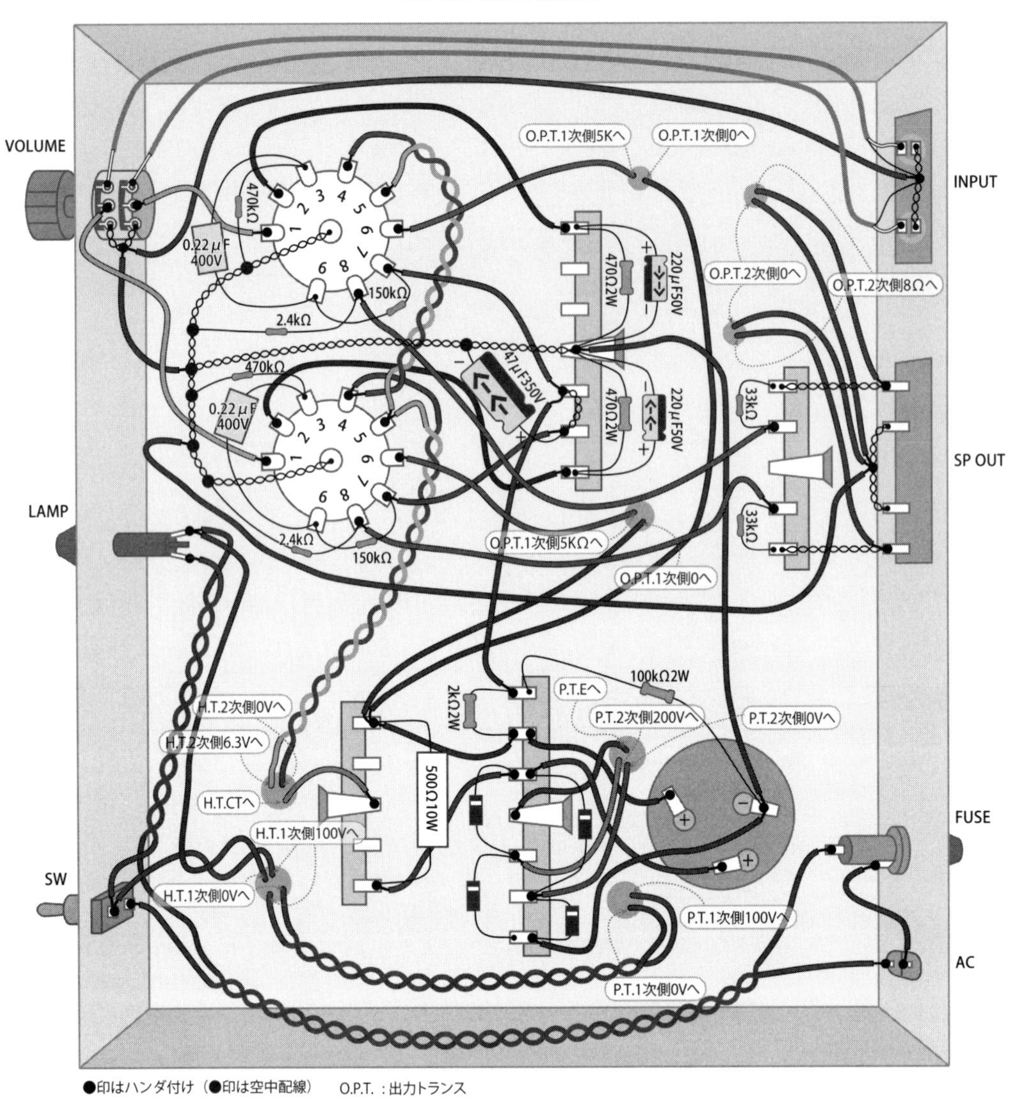

●印はハンダ付け（●印は空中配線）　O.P.T.：出力トランス
P.T.　：電源トランス

2.7.1　回路図と配線の関係

さて、まずは、ものすごく基本的なことですが、回路図と配線の関係の話しです。今、図2.12のような回路があったとします。これを配線するとき、この回路図と同じ形に配線しなくてはいけないわけではありません。図の（a）から（c）までのようにいろいろな配線の仕方があり、これらはすべて電気的には同じです。というのは、銅線は理想的には抵抗がゼロなので、どう引き回しても同じというわけです。というわけで、同じ回路図でも配線の仕方は無数にあります。では、どんな風に配線しても結果はすべて同じかというと、実はそうは行かないのがアナログのアナログたるところで、まずい配線をすると、最終的にノイズやハムや発振に悩まされることがありえます。

図 2.12 ●回路図と配線

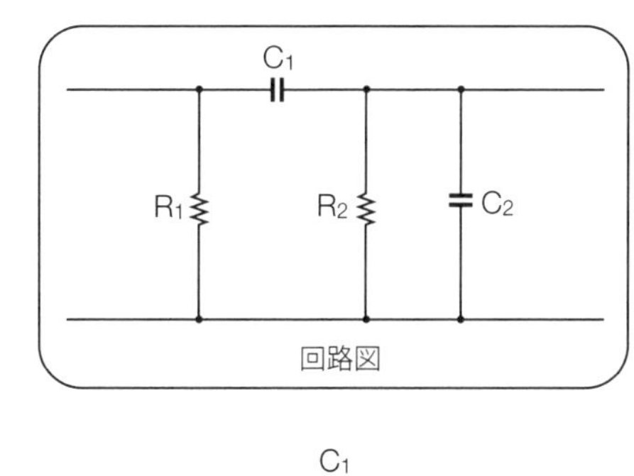

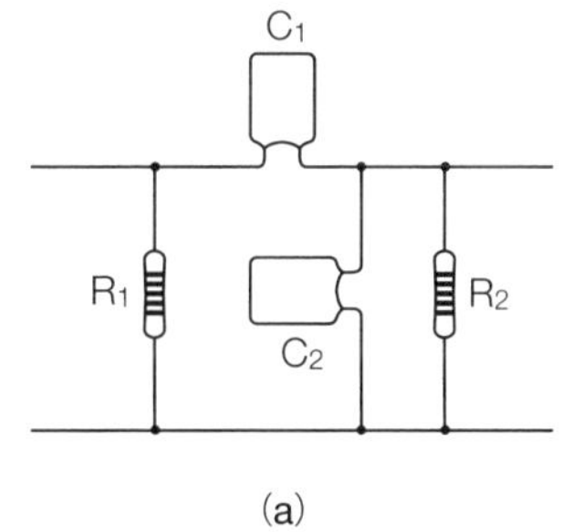

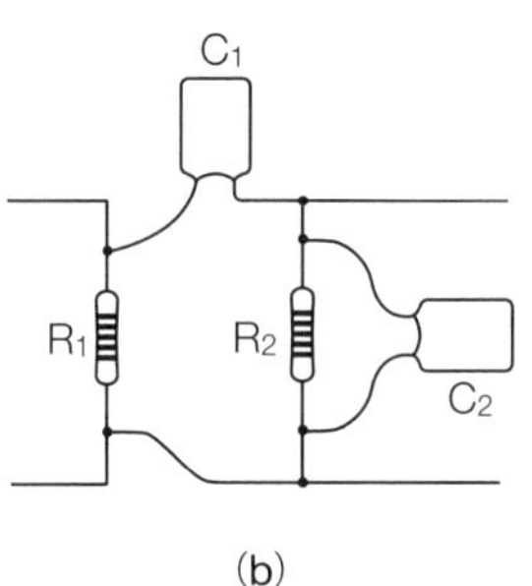

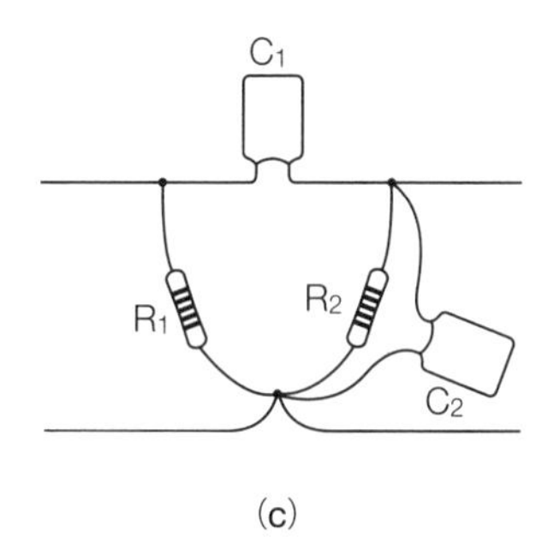

では、まずい配線といい配線とは何か、というと、これが実はかなり奥深く、一言で説明できるものではないのです。電気的に同じ、と言いながらなぜそのようなことが起こるかというと、現実の配線では銅線といえども抵抗はゼロではなく、いくらかは抵抗分が残っています。普通は0.1Ωとかのごく小さい値ですが、場合によってはこれが悪さすることがあるのです。あと、銅線と銅線が接近すると、小さなコンデンサを形成します。これもごく小さな値ですが、これも原因になりえます。まだあります。銅線が一周すると、これは一種のコイル（巻き数が1）を形成し（実際には一周しなくともコイル成分は発生します）、これも原因になりえるのです。つまり、現実の配線には、回路図上に出てこない、小さな値の抵抗、コンデンサ、コイルが至るところにぶら下がった状態になっているのです。つまり、回路図と現実はニアリーイコールですが、電気的に完全に同じではないのです。

では、これらが回路の動作にそんなに影響するか、というと、これはケースバイケースで、今取り上げている低周波用のアンプなどでは、ほとんど無視できて、まるっきり影響しないことの方が多いです。実は、配線の仕方がノイズや発振に影響する「勘どころ」のようなものがいくつかあり、それを避けさえすれば大丈夫なのです。

2.7.2　配線の基本

まず、はじめに基本的な配線のガイドラインについて述べておきましょう。図2.1のような回路図は、だてに適当に描かれているわけでなく、信号の流れに沿って整然と配置されているのが普通です（ただし複雑な回路などでは、回路図を紙面に収めるために整然と配置されない場合もあります）。図2.1で言うと、左から信号が入ってきて、増幅され、右から出て行きます。そして、電源部は信号部と分離されて下側に描かれ、電源部と信号部の間は、プラスの線（B_1とB_2）とマイナスの線（E：マイナス側は、グランドとかアースとか言います）の2本で結ばれています。実は、回路図上の結線のされ方はわりときれいに整理されていて、配線するときも回路図の結線に沿って配線して行くことをお勧めします。

例をあげると、いくら物理的に配線がしやすいからといって、図2.13（a）のようにはせず、ちゃんと（b）のように順々に配線した方が無難です。ただ、実際にやってみると、そう簡単には順々に配置できないもので、けっこう悩むと思いますが、上記は原則として守っておいた方がトラブルは少なくなります。このあたりの配線テクニックはいわゆるノウハウに属するもので、経験しだいでだんだん身につく、という感じのものです。しかし、まあ、おしなべて、オーディオアンプでは、それほど神経質にならずとも大丈夫なことが多いです。

図2.13●悪い波線と良い配線

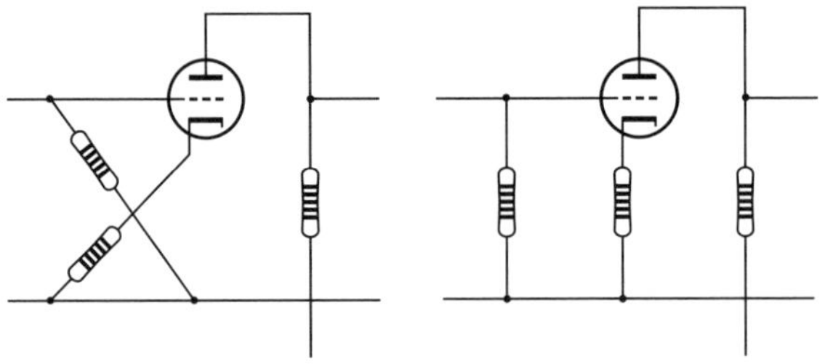

(a) 悪い例　　(b) 良い例

2.7.3　アースについて

図2.1の回路図のⒺで示されたところの結線がアースです。第1章の図1.2や図1.15の回路図では「アース記号」で示されているだけで、回路図上では結線されていません。このアースをどのように配線するかは、実はけっこう厄介だったりします。ここでは、特に重要なポイントだけを、以下に紹介しておくことにしましょう。

(1) 電源部からのアース線の取り出しポイント

電源部のマイナス部分がアースとして信号部へ渡るわけですが、その取り口はどこでもいいわけではありません。図2.14のように、平滑回路の最後の電解コンデンサのグランド側から取って、これを信号部へ配線してアースとして使ってやります。例えば、図のようにダイオードのマイナスのところからアースを取るのはよくありません。

というのは、ダイオードで整流されたばかりの電気は、図のような脈流（これをリップルと呼びます）で、これが1つの目の電解コンデンサを通り、ダイオードのマイナスに戻って来るので、この部分にはかなり大きなリップル電流が流れています。50Hz の交流なら整流後は 100Hz が主な成分です（関西方面なら 120Hz）。そのため、このリップル電流が流れる導線は、電位が揺れているのです。そこからアースを取ってしまうと、その成分が信号系に入り込み、ハムの原因になることがあります。

図 2.14 ●アース線の取り方

リップル電流
B^+
ここからアースを取る
信号部アースへ
E
ここからアースを取ってはいけない

(2) アースにループを作らない

例えば、図 2.15（a）のように信号の入力部でシールド線を使い、さらに入力ジャックのグランドと、アース母線を線で結んでしまったとします。こうすると、図で分かるようにアース線がループを作ります。このループの中に電源トランスなどから漏れた AC の磁束が横切ると、ループ部分に交流電流が流れます。この電流が、導線のわずかな抵抗値を通るとき、そこにわずかな AC と同様の交流電圧を発生させます。それが入力段で増幅され大きくなり、結局、出力にブーンという AC 成分のハムを発生させることになります。

図 2.15 ●アースにループを作らない

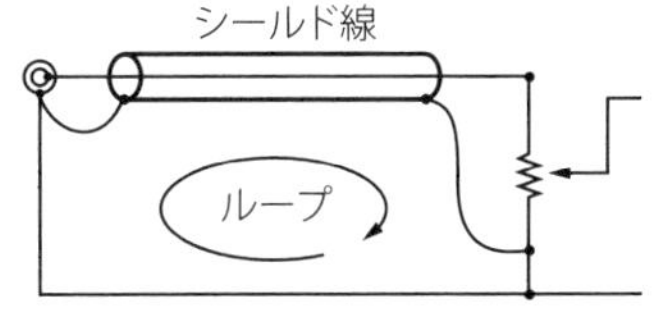

(a) アース線がループを作っているのでよくない

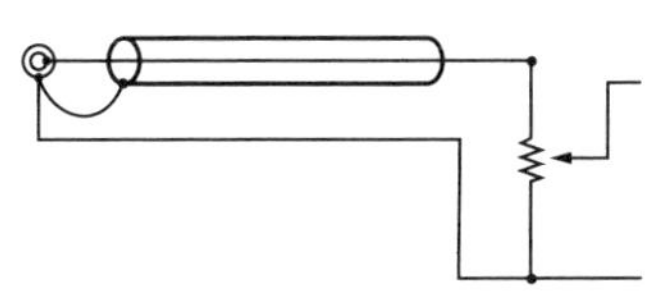

(b) シールドの片側のみ使う。ただし、これでも真中部分の面積は小さくする

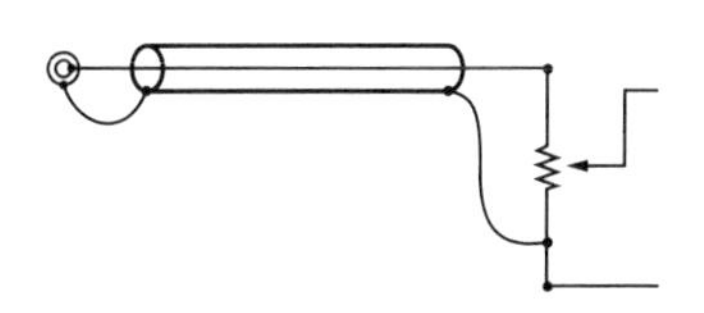

(c) シールド線アースを使う

したがって、この場合は、図 2.15（b）のようにシールド線の片側だけをアースするか、(c) のようにアースを結ぶ線を配線しないか、どちらかにしてループを無くすのがお勧めです。どうしてもループができてしまう場合は、ループの面積が極力小さくなるように考えて配線します。ループ面積が小さければ受ける磁束の量は激減するので大丈夫です。逆に、ループの面積が大きくなればなるほどループ電流は大きくなるのでハムが乗りやすくなります。初段部に近いほどゲインが大きくなるので、このループの形成には注意が必要です。

(3) シャーシーアースの場所

アルミシャーシーはシャーシー内の回路をシールドする役割を果たしますので、シャーシーは、回路のアースと接続します。では、アース配線のどの部分を、シャーシーのどこに接続するのか疑問が出てきます。電源トランス付近で落とす、初段で落とす、などなどいろいろな説がありますが、比較的大きな信号を扱う、このようなパワーアンプでは、どこで落としてもそれほど大きな違いはないと思います。

ここでは、回路の真ん中あたりのカソード抵抗を取り付けているラグ板の取り付けの部分でシャーシーに落としています。2 箇所以上でシャーシーに落とすやり方もありますが、前述したアースループを作ってしまうとトラブルの元です。1 箇所の方が無難でしょう。

(4) 1 点アースについて

この 1 点アースという言葉は、昔はよく聞いた言葉ですが、今ではそれほど聞かなくなりました。1 点アースとは、図 2.16（a）のように、各部品のアースをひたすら 1 点に集めてしまうという方法です。ただ、すべての部品を 1 点で集めるのは物理的に不可能なので、普通、(b) のように各増幅段ごとに使われている部品のアースを 1 点に集めます。しかし、こうしたとしても、実際には配置的にも工作的にも厄介だったりするので、この方法は必ずしも使う必要はないと思います。それより、前述したように、回路図に描かれた通り、順序よく部品をアースに落として行く、という方法の方が配線の無理も少なく、失敗も少ないものです。

図 2.16 ● 1 点アース

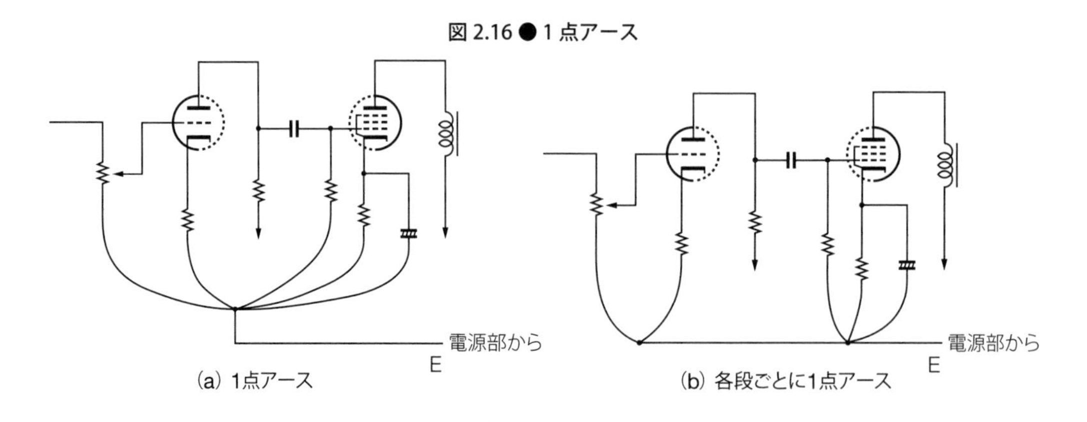

2.7.4　発振について

発振については 3.6.1 項で詳しく説明しますが、ここでは配線に特に関係することについて説明しておきましょう。

発振というのは、増幅器の出力の信号がなんらかの原因で入力に戻って来て、それが増幅器で増幅され出力になり、それがまた入力に戻り、ということを延々と繰り返して、しまいには入力に信号が無くなっても、出力が出続けてしまう、という現象のことを言います。アンプは入力信号を増幅して出力するものなので、この発振という現象が発生しては、いけません。

発振すると出力から何が出てくるかというと、普通、ある特定の周波数の信号がほとんど最大出力で出続けます。その信号が 20Hz から 20kHz の可聴範囲であれば、ブーとかギャーとかジーとかスピーカーが鳴るのですぐに分かります。しかし、20Hz 以下や 20kHz 以上で発振すると、耳には聞こえず厄介です。特にアンプの発振には 20kHz 以上のケースが多く、耳には聞こえないけれど、スピーカーにはその信号が常に加わっているわけで、正規の音楽の信号を入力したとき、そのせいで音が歪んだり、音楽の音が極端に小さくなってしまったり、変なノイズが乗ったり、いろいろな悪影響を及ぼします。なので、発振はオーディオアンプでは絶対に避けないといけません。

では、どのようにして出力信号が入力信号に戻ってしまうのかですが、詳しくは 3.6.1 項で説明するとして、配線の仕方について言うと、図 2.17 のように入力の線と出力の線が接近することで起こります。2.7.1 項でも触れたように、導線と導線が接近すると小さなコンデンサを形成するので、それを通って出力信号が入力に戻るのです。

図 2.17 ●入力と出力の接近による発振

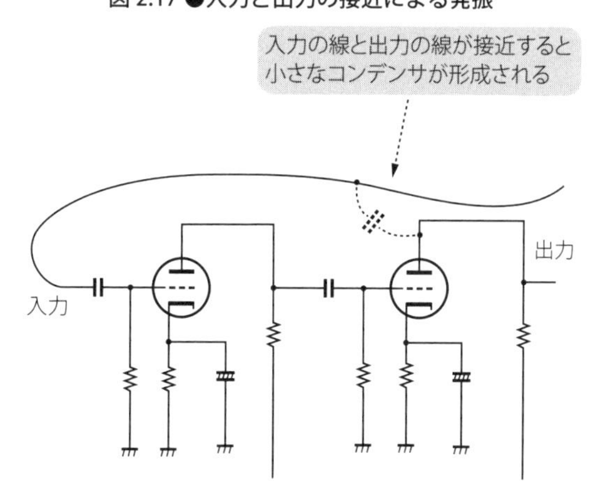

したがって、まずは配線を考えるとき、出力の線と入力の線が接近することを極力避けるようにして配線する必要があります。ただ。2.7.2 項で書いたように、回路図の配置に従って配線していれば、入力が出力と接近することは普通はないので、まず大丈夫です。しかし、どうしても接近しそうなときは、図 2.18（a）のように線を並行に引き回すことはせず、（b）のように交差して配置するようにします。並行にすると形成されるコンデンサの量が増えるためです。

図 2.18 ●入力と出力の配線の引き回し方

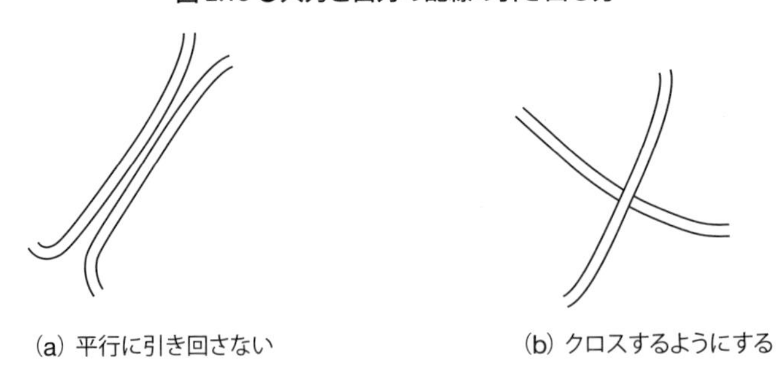

(a) 平行に引き回さない　　(b) クロスするようにする

2.8　配線する

大物部品を取り付けたところで真空管とツマミは外して、配線を始めましょう。第１章では回路の規模も小さいので、ラグ板の配線をした後、一気に最後まで配線してしまいました。しかし、少し回路規模が大きくなって来ると、もう少し整然と順序よく配線して行った方が無難です。最終的に配線図通りになればいい、というのは道理なのですが、「作法」に従った方が、配線間違いなどのミスも減ります。おおまかな手順は次の通りです。

(1) 電源部を先に配線し、次に信号系を配線する。
(2) 電源部は、AC 100V の側から順に配線し、要所要所でチェックしながら行う。

電源部を先にして増幅部を後に回し、(2) のようにチェックしながら行うのは、なんと言っても安全のためです。電源周りでミスをすると、高価な電源トランスが焼けたり、大きくて高価な電解コンデンサがいかれたり、高価な真空管が壊れたりと、ロクなことがないのです。それから、重要な配線は見通しのいい状態で、落ち着いてやった方が安全です。配線というのは、終わりになるほど気がせいて雑になってくるものです。配線に限らず何事も人間というのはそういうものですよね。そんなときにミスを起こしやすいので、危険度の高い電源周りの配線を後回しにするのは、避けておいた方が無難なわけです。

2.8.1　テスターを買う

以上のようにチェックしながら配線するので、ここでは**テスター**は必須です。なんといってもテスターは電子工作の必須アイテムなので早めに購入しておきましょう。針のメーターが付いたアナログテスターは古風でいいですが、今の世の中やはりデジタルテスターでしょう。安いものでしたら 6 ～ 7,000 円ていどで買えます。直流、交流の電圧、電流、そして抵抗値など一通りなんでも測れ、値も液晶で直読できます。アナログと違って「測定レンジ」が自動なものも多く、何を測るかを選択して、あとはプローブを当てるだけで測れます。プラスマイナスを逆に当てても、表示値にマイナスが付くだけです。私も長年アナログテスターを使ってきま

写真 2.34 ●デジタルテスター

したが、やはりこのデジタルの便利さには負けます。現在はもっぱらデジタルです。

それから、写真 2.35 のような**みのむしクリップ**も買っておきましょう。いろいろな色のものが束になって売られています。テスターのプローブから、回路の測定ポイントまであらかじめみのむしクリップで接続しておき、メーターを見ながら電源を入れる、などということをよくやります。それだけでなく、このクリップは実験途上に何かとよく使うアイテムです。

写真 2.35 ●みのむしクリップ

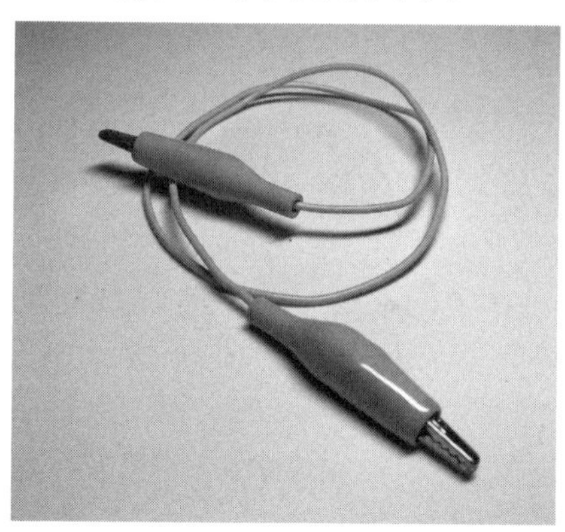

● 2.8.2　配線する

それでは、以上の事柄に基づいて実際に配線をして行きましょう。

(1) AC 電源周り

まず、AC 電源から、スイッチ、ヒューズ、パイロットランプを経て、電源トランスの 1 次側までを配線します。本機では、真空管の B 電源用（真空管のプレートへ供給するプラスの高圧を B 電源と言います）の 200V を作るトランスと、真空管のヒーターの 6.3V を作るヒータートランスの 2 つを使っています。ここで、トランスの端子について説明しておきます。2 つのトランスは図 2.19 のように表記されています。0V、100V、110V となっている方が 1 次側で、日本の AC 電源は 100V なので、2 本の線を 0V と 100V のところにハンダ付けします。

0Vと100Vはどっちがどっちでも構いませんが、2つのトランスで揃えておいた方が後で分かりやすいでしょう。また、スイッチ、ヒューズ、パイロットランプの端子の極性はないので、どっちがどっちでも構いません。

ここまでできたら、よく配線をチェックします。そして、ACプラグはコンセントに差さずに、ヒューズホルダーにヒューズを入れ、電源スイッチをオンにして、ACプラグの両端の抵抗をテスターで測ります。このとき、1Ω以下のときはどこかがショートしていますのでチェックしてください。また、導通が無いときは、配線ミスか、ヒューズが入っていないか、スイッチが入っていないかです。チェックしてください。正常であれば10Ωていどになっているはずです。部品表指定のトランスでは10Ωでした。他のトランスの場合はいくらか値が異なります。

図2.19●トランスの端子

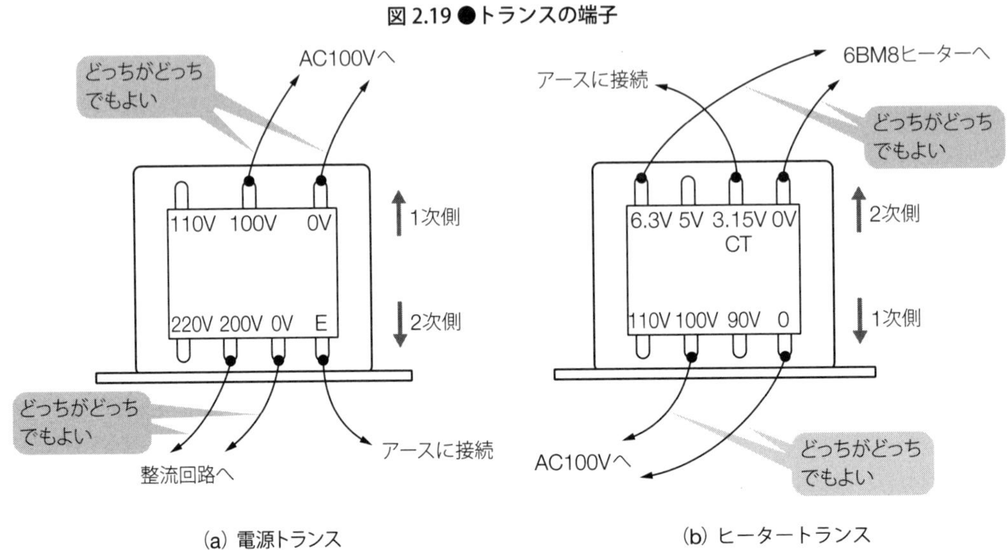

(a) 電源トランス　　(b) ヒータートランス

次に、ACプラグをコンセントに差し込みます。では、おもむろにスイッチをオンにしてみましょう。パイロットランプが点けば、ヒューズは飛んでいないということで、一応OKです。感電に気をつけて、トランスの2次側のAC電圧をテスターで測ってみてください。シャーシーは総アルミ製なので、テスターのプローブでショートさせないよう気をつけてください。それから、**安全のために、顔を近づけないようにした方が無難です**。万が一火花が飛んだりしたとき危険です。そういう意味ではメガネをかけている人の方が、目を防御できるのでこのときばかりは有利です。

さて、ここで、テスターのACレンジで、B電源用のトランスの2次側の0Vと200Vの間を測ってみてください。200Vよりちょっと高い210Vあたりの電圧になっていれば正常です。トランスの表示電圧は、所定の電流を流したときに出る電圧値で、このように電流を流さないときは1割前後高く出ます。同じように、ヒータートランスの2次側も測ってみて、6.3Vの1割り増しの7Vぐらいになっていれば正常です。火花が飛んだりするのはもちろん、ヒューズが切れるのは明らかに異常です。すぐにコンセントを抜いて、電源を切って、配線を調べましょう。

(2) ヒーター周り

次に配線するのはヒーターです。ヒータートランスの0Vと6.3Vを、2本の真空管の4ピン、5ピンに配線します。ここはけっこう大きな電流が流れるので、線材は太目のものを使った方が無難です。第1章でも説明したように、トランスからヒーターへ伸びる2本の線は、第1章の図1.13のようによじるようにしてください。よじることによって、磁束が打ち消しあってノイズを撒き散らす量が小さくなります。よじるのが無理だったら、最低限、行きと帰りの線を接近させて配線してください。図2.20（b）のように行きと帰りの線が大きくループを作っていたりすると、やはり一帯に磁束を撒き散らし、ハムを発生する恐れがあります。実際には、このようなパワーアンプではそれほど影響は無かったりするのですが、まあ、マナーだと思って、そういう習慣をつけるようにしましょう。それから、トランスの0Vと6.3Vの端子はどっちがどっちでも特に構いませんが、2本の真空管で、4ピンと5ピンは揃えるようにしましょう。線の色を変えるか、よじる前に印を付けておくか、よじってハンダ付けをする前にテスターで導通チェックするかして揃えてください。

図2.20●行きと帰りの線

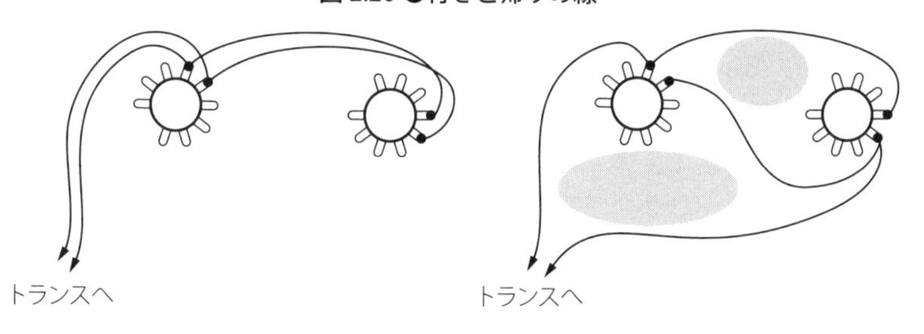

配線が終わったら、またコンセントを入れて、スイッチをオンにし、今度は真空管ソケットの4、5ピンにテスターのプローブを差し込んで電圧を測ります。先ほどと同じ7Vていどの電圧が出れば配線は正常です。電源を切って、真空管を2本とも差し込んで、また電源スイッチを入れてみましょう。しばらくして真空管のヒーターが橙色に点灯するはずです。ここでも、ヒューズが切れるのは異常です。また、真空管のヒーターが橙色を通り越して、真っ白にこうこうと輝くような場合も、配線ミスでヒーター電圧が過剰になっている可能性があり、これも異常です。ヒーターが点灯した状態で、ヒーターの電圧を測ってみましょう。6.3Vあたりになっていれば正常です。

(3) B電源部

最後に、シリコンダイオードの整流回路、電解コンデンサと抵抗でできた平滑回路部分を配線して、電源部を完成させます。電源トランスの2次側の0Vと200Vからシリコンダイオードのブリッジ整流回路へ行きますが、ここのトランス2次側端子もどっちがどっちでも構いません。ここで、くれぐれも注意が必要なのが、電解コンデンサの極性です。これを逆にすると、**大きな直流電流が流れ、しばらくして電解コンデンサが破壊します。最悪の場合、パンッ！というものすごい破裂音がして電解コンデンサが破裂し、中の電解液が周り中に飛び散る、という最悪の事態になります。**電解コンデンサの極性にはくれぐれも注意してください。あと、当然、シリコンダイオードの極性にも気をつけてください。これを逆にすると、電圧のプラスとマイナスが逆になるので、やはり電解コンデンサに逆電圧がかかり同じことが起こります。電解コンデンサとシリコンダイオードの極性の見方は第1章の図1.12にあります。

配線をチェックしたら、通電チェックです。真空管は抜いて、ACコンセントを入れ、スイッチを入れます。図2.21のEと、B_1およびB_2の間に感電しないように気をつけてテスターを入れ、直流レンジで測ります。みのむしクリップであらかじめテスターをつないでおき、おもむろにスイッチを入れて測ると安全です。B_1とB_2どちらもおよそ280Vから300Vぐらい出ていれば正常です。この段階ではまだ、真空管回路が無く、電流が流れないので、設計値（設計値は283Vです）よりかなり高めの電圧が出ます。ここで電圧が著しく違っていたり、マイナス電圧になっていたりしたら異常です。ヒューズが切れる、焦げ臭い臭いがする、煙が立ち上る、などというときも異常です。すぐに電源を抜いて、配線を点検します。

図2.21●通電チェック

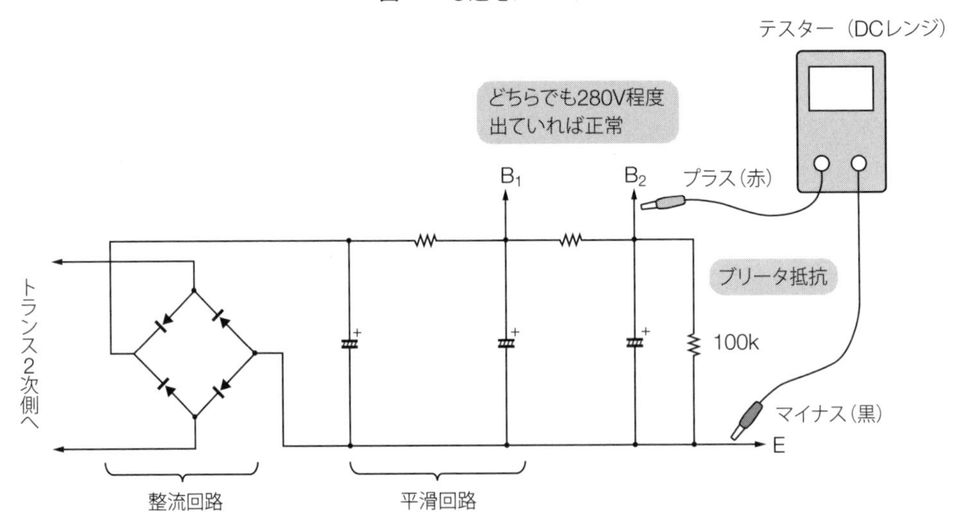

ここで、第1章でも述べた重要な注意事項です。100μFが2つ分のブロック電解コンデンサと47μFの電解コンデンサですが、通電した状態でおよそ280Vがかかっています。この280Vの電気はコンデンサに蓄電されており、電源スイッチを切っても放電させなければ、かなりの長時間そのまま残っています。この回路では、図2.21のように、47μFの電解コンデンサとパラ（並列）に100kΩの抵抗が入っていて、電源を切ると、各コンデンサの電気はこの抵抗を通って放電します。この抵抗をブリーダ抵抗と呼んでいます。この回路ですと、280Vの電圧

がほとんど感電しない 20V ぐらいの電圧まで落ちるのに 1 分ほどかかります。なので、電源を切ってから 1 分は待ってからでないと、プラス側に触れると感電します。余裕を持って数分待って頭を冷やして、できればテスターでコンデンサ両端の電圧を測って、それから作業を再開しましょう。このブリーダ抵抗が無い回路だと、電源を切って 1 時間たった後でも電気はかなり残ったままで、強烈に感電するので、くれぐれも注意してください。

こうした場合、回路に触る前に、図 2.22 のように 100kΩ ていどの抵抗をみのむしクリップでコンデンサの両端にパラにつなぎ、放電させてからにします。ちなみに、ここで 100kΩ の抵抗をはしょって直接プラスとマイナスを触れさせて放電したりすると、**ものすごい火花が飛んでクリップの鉄が一部溶解して飛び散り危険です**のでやめましょう。

図 2.22 ●コンデンサの放電

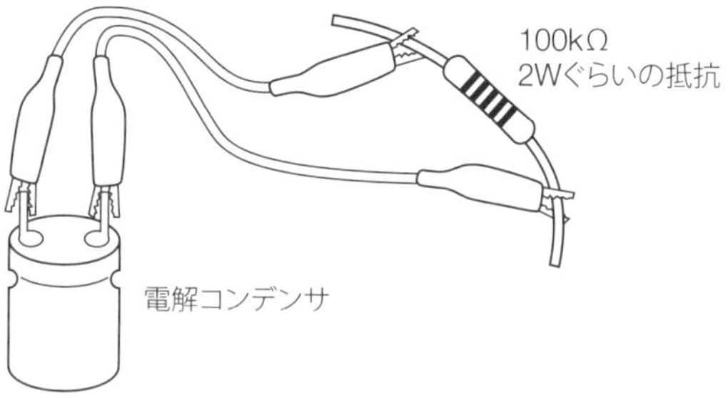

100kΩ
2Wぐらいの抵抗
電解コンデンサ

(a) この状態で1分ほど待つ

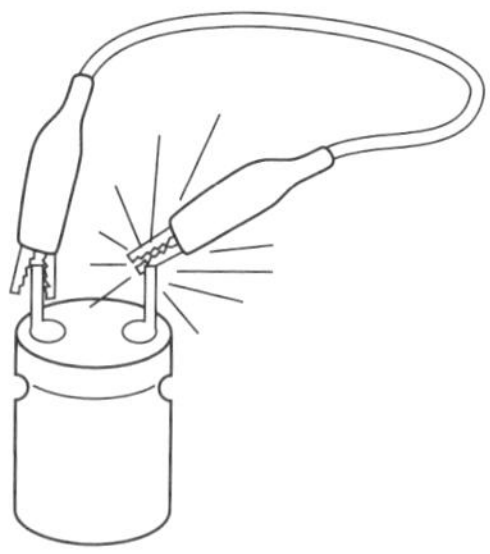

(b) 危険なので直接ショートしてはいけない

写真 2.36 ●電源周りの配線が終わったところ

Q&A コーナー

笑われそうですが、抵抗も放電管のような役割をするのでしょうか？

えーと、意表を突く質問ですね。質問にある「放電管」というのは、ネオン管とかそういう、空気中あるいは真空中を電気が流れる代物のことですよね？「放電」という言葉には次の2種類の意味があるようです。

①電極間にかかる電位差によって、間に存在する気体に絶縁破壊が生じ電子が放出され、電流が流れる現象。

②コンデンサや電池において、蓄積された電荷を失う現象。

ブリーダ抵抗による放電は②の意味で、単に電解コンデンサに溜まった電気がブリーダ抵抗を通して放電する、という現象を指します。一方、放電管の方は上述①です。抵抗素子の中で、上述①の意味での放電が起こっているわけではないので、そういう意味では抵抗と放電管は関係ないです。

(4) 増幅部

最後は、真空管周りの増幅部です。この増幅部も、順々に配線してはチェックというやり方もありますが、今回の回路はわりと単純なものなので、まあ、どこから配線してもいいと思います。ちなみに、チェックしながらのときは、普通、終段から初段に向かってやって行きます。ということで、ここでも、終段から初段へ向かって配線して行くことにしましょう。

写真 2.37 ●アース母線

配線の手順ですが、まず、写真2.37のように、両真空管ソケットの真ん中に立っているセンターピンどうしを結ぶ「アース母線」を先に張ってやります。ここでは0.5mmの錫メッキ線を2本よじってハンダメッキしたものを使いました。よじっただけで使わないで、必ず全体に渡ってハンダメッキをしてから使ってください。太くてコシのあるスズメッキ線なら1本で

も構いません。アース母線はその名の通り、アース（電源のマイナス側）を担う線です。アース母線は、必ずしも使わなくてもよいのですが、配線の見通しがよく、便利なのでよく使われます。

1つ目の注意点です。使用するときに熱くなる部品は、なるべく周りに空間を空けるようにします。ワット数の大きな抵抗は、すべて熱を持つので、他の部品との距離を離して通気をよくします。この回路で一番熱くなるのは、一番ワット数の大きな500Ω 10Wのセメント抵抗で、次に熱くなるのは5極管のカソードにつながっている470Ω 2Wのカソード抵抗です。ここは計算上、それぞれ2.4W、0.5Wぐらいの熱量を消費するので、抵抗によっては触れないほど熱くなります。同じ熱消費量でも、抵抗の図体が小さいほど表面温度は高くなります。500Ωのセメント抵抗を、別ラグ板を立てて離しているのはそのためで、熱くなる抵抗はリード線も短く切り詰めず余裕を持たせます。リード線を通じて熱が別の部品に伝わるためです。特に、電解コンデンサは、熱に弱く、高温状態で使用すると特性が劣化して早くだめになります。例えば、470Ωのカソード抵抗にパラ（並列）に入っている220μFの電解コンデンサは、パラだからといって抱き合わせてはいけません。電解コンデンサが抵抗で熱せられるからです。図2.11の実体配線図のように離して配線しているのはこのためです。

ボリュームからRCAピンジャックへの配線にはシールド線を使っています。シールド線は、ビニル線を、網状の金属で覆ったものです。網線をアースに落とすことで、芯線に外来のノイズが入り込むのを防ぎます。ちなみに、市販のオーディオケーブルなどは、すべてこのシールド線が使われています。信号が小さい部分で、あるていど引き回さなければいけない場合などによく使われます。シールド線の処理は第1章の図1.14のように行います。根元の部分はできれば、熱収縮チューブで覆った方がきれいです。熱収縮チューブは、ハンダごての根元のあたりで熱してやれば、すぐに縮んで、ぴったりとくっついてくれます。

さて、これで、すべて配線が済んだものとします。ゆったりしたシャーシーに組んでいるので、それほど厄介なところはないと思います。

写真2.38●すべての配線が終わったところ

2.9　火入れと音出し

火入れする前に、まずは配線を再度、チェックしましょう。前述のように、段階を追って配線チェックをしながら順に火入れするプロセスを経ていれば、それほど不安なことはないでしょう。配線チェックが終わったら、真空管を刺します。それで、入力端子にiPodやCDプレイヤーなどの音源をつないで、出力端子にスピーカーをつなぎます。ここで、真空管アンプの場合、スピーカー端子をオープンのまま電源を入れない方が無難です。スピーカーは何でもいいのでつないでおきましょう。あと、高価なスピーカーをいきなりつなぐのも止めた方が無難です。めったに無いこととは言え、万が一スピーカーを破壊してしまったとき、泣くに泣けません。

さて、ではコンセントを入れ、おもむろに電源スイッチを入れます。そうしたら、まずは、静かに観察です。**バシッと火花が飛ぶ、パイロットランプがつかない、ヒューズが飛ぶ、焦げ臭いにおいがして煙が立ち上る、真空管の中のヒーター以外の金属板が赤熱する、妙な音を立てる**、などなどの異常が無いかどうか見ます。もし、異常があった場合、即電源プラグを抜いて、配線をチェックしてください。

特に異常が無ければ、そうこうして十数秒たつと、真空管のヒーターが橙色に光り始めます。その間に、いくらかの音や臭いはあります。スイッチを入れた直後は、「ブィーーン」という音がトランスから聞こえたりします。あと、真空管のヒーターが加熱し始めると「パキッ、パキッ」という音が真空管から聞こえたりします。さらに、各部品に電流が流れ、熱を持ち、新しい部品特有の臭いが臭ってきたりします。また、真空管の管面の一部が青く光ることもあります。これらは異常ではありません。1分ほどたって様子が安定していればOKです。ここで、各部の電圧など測ってみるのが筋ですが、まあ、いいでしょう。さっそく音を出してみましょう。プレイヤーの再生ボタンを押して、音量ツマミを上げてみましょう。いかがでしょうか、配線さえ間違っていなければ、必ず鳴るはずです。

Q&Aコーナー

手持ちのスピーカーが5Ωとあるんですが、出力トランスの8Ωにつないでよいでしょうか？　あと、スピーカーに20Wと書いてありますが、出力は大丈夫なんでしょうか？

ホントは8Ωの方がいいですが、5Ωでも大丈夫です。もちろん厳密には違っているのですが、1/2から2倍ぐらい（つまりスピーカーが4Ωから16Ω）の間に入っていれば、まず、問題は起こらず、音の違いもほとんど分からないのが普通です。また、このアンプの出力はだいたい2Wなので（ステレオなので、左が2W、右が2Wで、2W+2W、と普通表記します）、スピーカーは2W以上のものなら大丈夫です。そのスピーカーは20Wと書かれているので、超余裕で大丈夫です。スピーカーに書かれている出力表記は20Wまで耐えられる、という意味です。
ちなみに、アンプの出力が2Wというのは、常に2W出ているわけじゃなくて、一番ボリュームを上げてガンガン鳴らしたとき2Wになります、という意味なので、仮に2W以下のスピーカーをつないだとしてもそれだけでスピーカーは壊れず、小さい音で聞いている限り大丈夫です。でかい音で聞き続けると、スピーカーのコイルが焼けて断線します。その前に、最大入力超えで使うと、きっと、物凄く歪んだひどい音がするので、分かるかもしれません。

2.10　悦に入った後チェック

第1章ではこの「悦に入る」というのは言いませんでしたが、それでも生まれて初めて作ったアンプから音楽が流れるだけで、音質がどうであれけっこう悦に入るものですよね？　自分の経験からも、そう思います。今回、私もこの、超オーソドックスな基本のアンプを組み上げ、音出ししてみました。このときばかりは、その昔、二十年以上のブランクを経て、電子工作復帰後、初めて真空管アンプを作り、音出ししたときの感動をまざまざと思い出しました。音源はそのときと同じ、ジミ・ヘンドリックスのメッセージ・オヴ・ラブです。プレイボタンを押して、ボリュームを上げて行くと、やはり、ジミのラブメッセージは朗々と鳴り響き、空気をつんざくようなギターの音も見事に表現されています。聞いていると、とても、何の変哲もない三十年以上前の古典回路と、普及管の6BM8から出る音とは思えない、という驚きでいっぱいになり、しばし聞き惚れてしまいました。

これだから自作アンプというのは止められないのでしょう。自分で苦労して作ったアンプで好きな音楽を聴くというのは、実に贅沢な趣味ですね。かなりしばらくの間は、音楽を聴くのが本当に好きになり、あれも、これも、といろんな音楽をとっかえひっかえ鳴らしてみる毎日です。それから、ここではiPodやスマホを音源にして真空管アンプを鳴らしましたが、デジタルとコンピュータの塊のような超ハイテクなマシンと、図体のでかい超アナログな真空管の組み合わせというのもいい感じです。iPodから出る音が心なしか温かみを持って聴こえるような気がしました。

さて、思う存分悦に入ったら、ちょっと正気に戻って、技術的なところをチェックすることをお勧めします。まずは、簡単なところで、各部の電圧をチェックしてみましょう。図2.23は私が製作したアンプの実測値です。これと比べて、プラスマイナス1～2割ぐらいの範囲に収まっていれば、だいたい正常動作と考えていいでしょう。あまりに食い違っているとき（例えば電圧が半分しか出ていない、とか）は、どこかが異常です。真空管というアナログデバイスは、わりといい加減なもので、電圧が半分でもあまり問題なく鳴ってしまうことも多く、音だけだと気が付かなかったりすることもあります。あるいは、異常動作のせいで特性が劣化しているのだけど、その劣化のせいでかえってある種の音楽の音に個性が加わり、良い音に感じてしまったり、自分で作ったアンプに対するひいきめはかなり重症なのが普通です（まあ、人情というものでしょう）。

図2.23●各部の直流電圧値

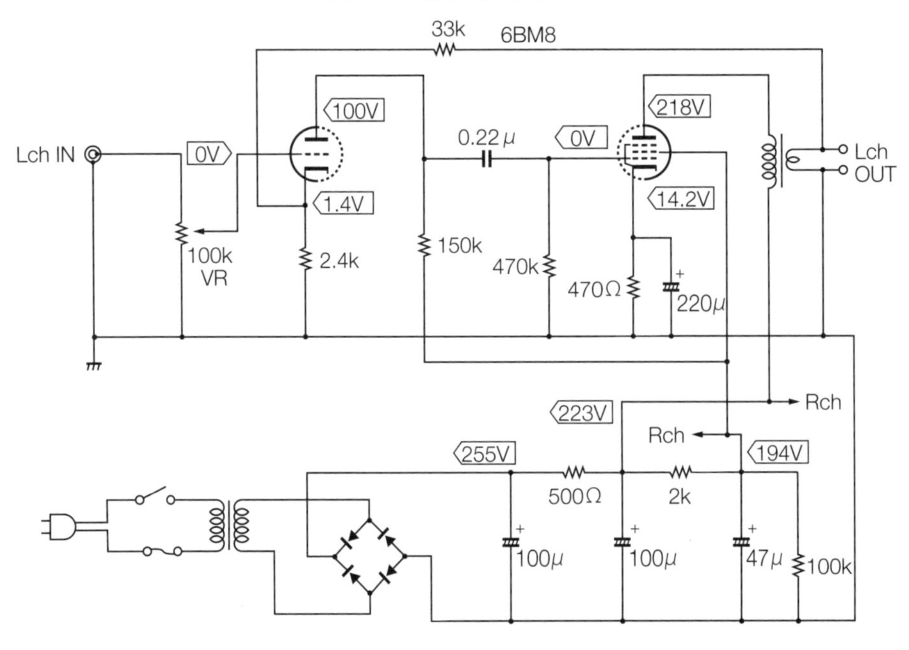

これら正常でない動作による特性劣化は、ボディブロウのように徐々に効いてきて、ずいぶん時間がたってから「どうも、オレのアンプはおかしいぞ」などと気が付き始めるものです。というわけで、最初のうちから特性を測定して、最低限の性能を押えておくことは大切なことです。アンプの諸特性の測定法は、第5章で述べますが、ここでは、私が製作したこの6BM8

シングルアンプの特性を図2.24にまとめて掲載しておきます。これを見ると、現代アンプの特性の完璧さに比べるとずいぶん落ちるものの、オーディオ機器としての性能はほぼ備えている、と言っていいと思います。

図2.24 ● 6BM8シングルステレオアンプの諸特性

最大出力	2W+2W
周波数特性	40Hz～20kHz（－3dB）
入力感度	0.6V
ダンピングファクター	2.0
残留ノイズ	1.2mV
負帰還量	5dB

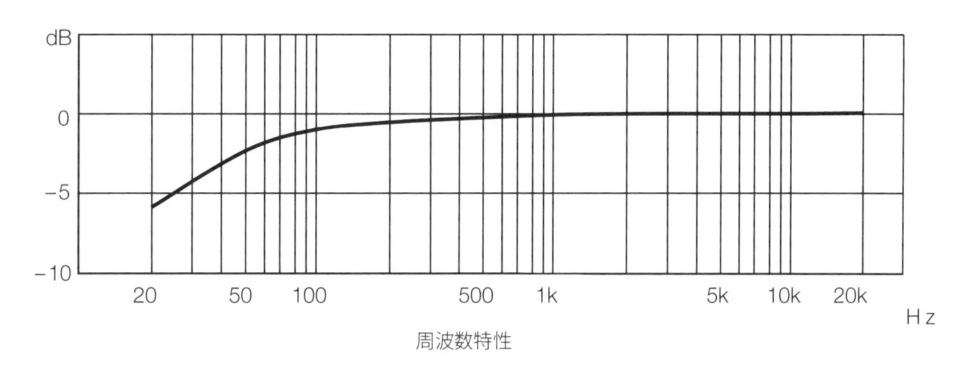

周波数特性

2.11　トラブルシューティング

このアンプは実体配線図通りに作っていれば、ほぼ必ずちゃんと鳴るはずです。真空管も含めて新品の部品を使っていれば、昨今の工業製品の信頼性の高さから言っても初期不良はほとんどないと思います。それでも、ちゃんと鳴らない、という場合、考えられる原因は次のようなものです。

(1) 配線間違い

(2) 配線忘れ

上記2つは、実体配線図あるいは回路図と配線を1つ1つ照合して、赤鉛筆かなにかで配線図に印を付けて行けば確実に見つかります。

(3) 部品の取り付け間違い

特に多いのがカラーコードの読み間違いによる抵抗の付け間違いです。そのほか、電解コンデンサとシリコンダイオードの極性、真空管のピン番号間違い、トランスの端子のつなぎ間違い、などがあります。

(4) ハンダ付け不良

これは、まず目視で怪しそうなのを探します。場合によって、リード線を引っ張ってみてグスグスになっていないかもチェックします。怪しかったら、ハンダ吸い取り線でハンダを除去して、もう一度落ち着いて新たにハンダを付け直します。

(5) シャーシーなどへの接触事故

目視で確認します。また、ハンダ屑や、シャーシー加工のときのアルミ屑が引っかかっているときもあります。

(6) 部品の不良

上記の項目がすべてOKで、それでもダメなときは、これを疑います。ハンダ付けが上手でないと、長時間コテを当て過ぎて部品が壊れていることがありえます。ただ、これは外してみないと分からないのがほとんどなのでけっこう厄介です。

以上は、最後の項目を除いて目視で分かるものなので、ていねいに、ひたすら見て行くことで解決するはずです。

次に、症状別にいくらか細かく説明することにしましょう。一言で「ちゃんと鳴らない」と言っても、いろいろなレベルがあり、ここでは、ほぼ重症な順に症状をあげてチェックのポイントを説明して行くことにしましょう。

● ヒューズが切れる

パイロットランプがつかないので分かります。管ヒューズは取り出して目視確認すれば切れているかどうか分かります。

ACプラグを差さずに、新しいヒューズを入れて、スイッチを入れ、ACプラグの両端子の間の抵抗をテスターで測ります。10Ωぐらいのオーダーなら正常で、1Ω以下などになっていたら、トランスの1次側までの部分が異常です。配線間違い、ショートなどを調べます。

これが大丈夫でしたら、次は、B電圧のポイント（図1.1のB_1とB_2）とシャーシーの間の抵抗を測ります。電解コンデンサなどの部品のせいで表示は安定しませんが、ショートしているかいないかを確認します。抵抗の指示が1Ω以下などになっていたら、どこかでショートしているのでチェックします。

これも大丈夫だった場合、シリコンダイオードの極性、電解コンデンサの極性をチェックし、さらに全体を通してチェックします。

● 煙が出る、焦げ臭い

この事態の場合、たいていが、スイッチを入れたとたんに、なんか焦げ臭く、そしてすぐに煙が上がり始める、という感じで、かなりあわてるほど展開が速いのが普通です。すぐにACプラグを抜けるようにして電源を入れるのも重要です。どの部品が焼けたのかは分かる場合もあるし、分からない場合もあります（電源を抜かずに焼き込めば分かりますが、止めましょう　笑）。抵抗の場合、表面が黒く焦げていることが多いので分かります。しかし、これがトランスだったりすると、まず分かりません。ということで、上記（1）と同じように、順々にチェックして行くほかないでしょう。

Q&Aコーナー

テスターで電圧を測っているときにやってしまいました、バチバチですー、壊したかも。あーダメです、再起不能になりました、抵抗が焦げてバチバチいってます。どこまで死んでしまったのかも見当がつかなくなりました。いやもうとにかく数ヶ所から一斉に火花が。B電源以降全滅の可能性ありです、これは困った…

大丈夫です、死にはしませんので、落ち着いてください。火花が出て煙が出て部品が焼け焦げたときのショックはホントに絶望感いっぱいですよね、分かります。しかし抵抗が燃えて切れてしまった、というのは、逆に抵抗がヒューズ替わりになってくれたわけなので、全滅は無いのが普通です。ショートしたのがB電源なら、燃えるのはまず抵抗で、電解コンデンサも、真空管も、出力トランスも、B電源のショートでは燃えないので、大丈夫です。まずは、深呼吸して、落ち着いてから、燃えた抵抗を交換して、配線を見直し、もう一度チャレンジしてみてください。

● **音が出ない、音が異常に小さい**

まず、電源を入れて、真空管のヒーターが点灯しているか見ます。点灯していなければ、ヒーター周りの配線をチェックします。

ヒーターも点灯しているのに音が出ない場合、まず、当たり前ですが、音源が入力に、スピーカーが出力にちゃんと接続され、音が入力されているかチェックします。ボリュームもまんべんなく回してチェックします。

これらに間違いがない場合、テスターでアースに対する各部の直流電圧を測定します。アースはシャーシーに接続されているので、テスターの黒い方をシャーシーにつなぎ、赤いプローブで測定して行きます。このとき、くれぐれもシャーシーや他の端子とショートさせないよう注意してください。自信がないときは、電源を切った状態で、みのむしクリップで測定ポイントにあらかじめつないでおき、電源を入れて測定するようにします。測定結果が図2.23に示した電圧のプラスマイナス1～2割ぐらいに収まっていれば正常です。異常の場合、特に異常な電圧が出ている周りの配線、部品の取り付けなどをチェックします。これでも音が出ないときは、全体をチェックします。それから、片側は正常に出ている、という場合、真空管を左右差し替えれば真空管の不良か否かをチェックできますが、すぐに差し替えることはせず、徹底的に全体チェックをした後にします。配線ミスなどで片側真空管を壊していた場合など、差し替えることでもう1本の真空管も壊してしまいます。この場合、普通直流電圧値が異常になるはずなので差し替える前に分かると思います。

● **ハムが出る**

本機のアンプでは、正常であれば、スピーカーの前1mぐらいではノイズはほとんど聞こえず、スピーカーに耳をつけて、ようやく「ジー」とか「ブーン」というハムが聞こえるていどのはずです。1m離れてもはっきり聞こえるのは、なんらかの異常です。

ヒータートランスのCT（センタータップ）からアースに行く配線を忘れると、「ジー」というハムが出ます。もし、ヒータートランスにCTの無いものを使ったときは、真空管のヒーターの4番ピンまたは5番ピンのどちらかを、どこへでもいいのでグランドにつないでください。これでジー音は消えるはずです。それでも出ているときは、電解コンデンサの極性などをチェックします。

左右でハムが異なる場合、真空管を差し替えてみてください。真空管によってはハムの多いものもあります。

ボリュームを上げて行くと「サー」という熱雑音っぽいノイズが聞こえるときは、音源そのもののノイズも疑ってみてください。

スピーカーを替えるとハムの音量が変わるのは、スピーカーの感度の違いによるもので、異常ではありません。

● 音が歪む

本機では、かなりうるさいぐらいの音量でない限り、音が歪んで聞こえることはないはずです。そんなに大きな音でないのに、明らかに歪んで聞こえるときは、なんらかの異常です。各部の直流電圧値を測って、真空管の動作点がおかしくないかチェックします。電圧が異常の場合、配線などをチェックします。

音源そのものの歪みも疑ってみてください。それから、スピーカーのコーン紙が破れているなど、スピーカーも疑ってみてください。

● スイッチを入れるとギャーとかピーとかいうものすごい音がする

これは原因は明らかで、負帰還のつなぎ方が逆になり正帰還になってしまい、発振している場合です。図2.25のように出力トランスの2次側の0と8Ωの端子の配線を逆にすると直ります。負帰還について詳しくは4.2.2項を見てください。また、発振については3.6.1項に詳しい説明があります。

これはアンプによりますが、この負帰還のつなぎが逆になったとき、音が非常に歪みっぽく、特に高音がギスギスしてノイズっぽいような感じになるときもあります。これは、発振して「ギャー」と音がするまで行かない、ギリギリの状態のときに起こります。音が明らかに汚いときは、この出力トランスの2次側を逆にすることを試してみてください。正

図2.25 ●負帰還のつなぎ方

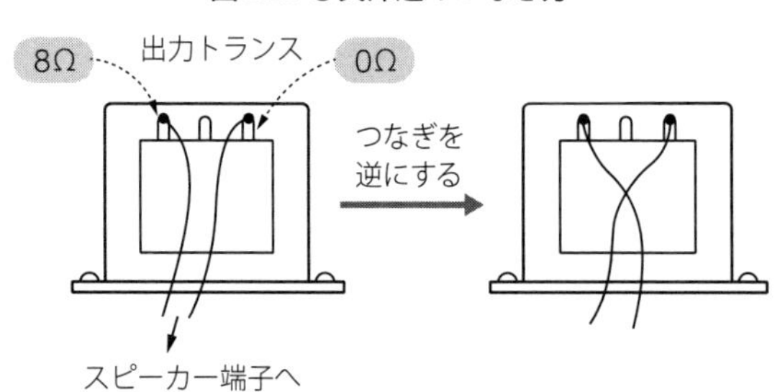

と逆の両方を試して、実際に鳴らしてみて音量が小さい方が負帰還で、正解の側です。

● **ボリュームの大小が逆**

これは、ボリュームの配線ミスです。図 2.26 のように配線を逆にします。

図 2.26 ●ボリュームの配線

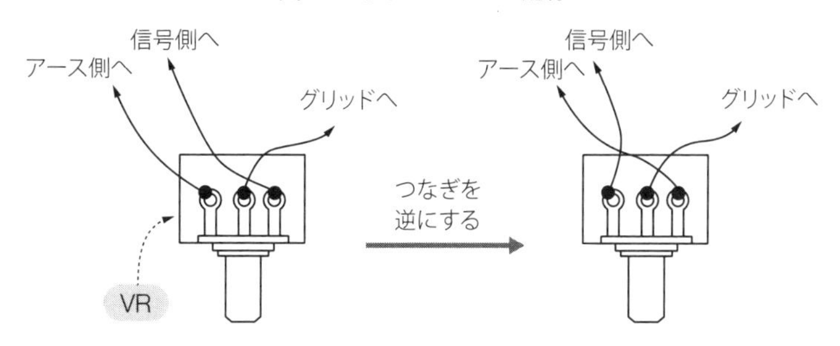

第3章 真空管アンプの原理

さて、ここでは、今度は真空管を使った増幅回路の原理について、なるべくやさしく解説しようと思います。電気回路の原理のお話しですので、ごく基本的な電気に関する知識はどうしても必要ですが、かなり初歩的な部分から説明を始めて行きましょう。第1章と第2章で述べた製作のノウハウだけでも、たしかにかなりの工作が行えますが、原理が分かってくると、またちょっと違った見方ができるようになり、楽しさも倍増すると思います。

3.1 まずは基本の電気知識

真空管の話しにいきなり入る前に、まずは、基本の基本に属する「電気」について簡単に説明しておきましょう。ここでは、なるべく直感的に「分かる」ように、教科書的な厳密さは抜きにして解説してみます。本書を読んで興味を持たれた方は、ぜひ、もっと専門的な本で勉強してみてください。

3.1.1 電気とは

例えば、図3.1のように電池のプラスとマイナスの両端に豆電球をつなげば、プラスからマイナスに向かって電流が流れ、電球が光ります。電池の両端に出ているのが「電圧」、導線と電球に流れているのが「電流」で、それぞれ単位はボルト（V）とアンペア（A）です。電圧が大きければ、電流もたくさん流れ、結果、電球が明るくなる、というのは感覚的にもうなずけるでしょう。

図 3.1 ●電圧と電流

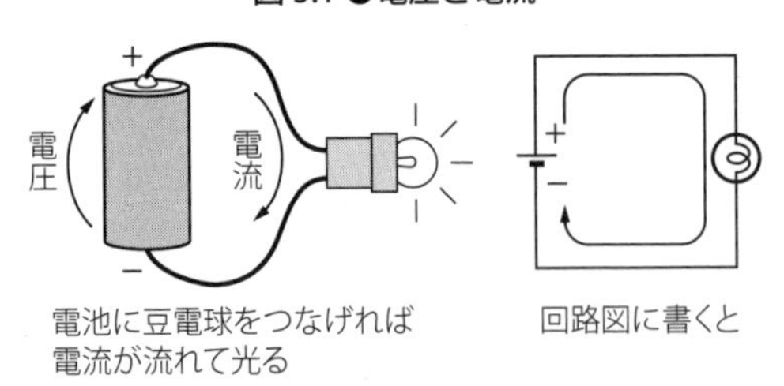

では、電流の流れている導線ならびに電球の中で、何が起こっているかというと、この中では、図 3.2 のようにマイナスの電気を持った「電子」が流れています。この電子は、自由電子といって、導体（電気を通す物体）の中で自由に動き回れる電子のことです。導体の両端に電圧をかけることで、この自由電子のマイナスがプラスと引き合って、マイナス側からプラス側へ移動して行くのです。このように、電子が流れる方向と、電流が流れる方向は逆になっています。歴史的な経緯によって、逆になってしまったようです。

図 3.2 ●電流と自由電子

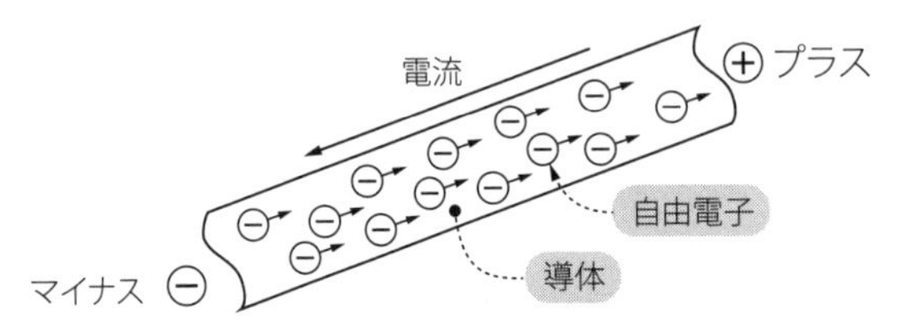

ちなみに、電気の伝わる速度は光速と同じですが、電子自体が光速で導体の中を移動しているのではありません。電子の平均移動速度は意外と遅く、普通はカメが歩くよりのろいです。なのになぜ光速で電気が伝わるかというと、導体の両端に電圧をかけたとたん、中の電子が一斉に動き出すからです。まあ、トコロテンの片側を押すと、瞬時に逆側から押し出されるのを連想してもいいでしょう（ちょっと違いますが）。

3.1.2　電気抵抗

電流というのは、1 秒間に、どれだけの数の電子が通過するかでその大きさが定義されています。たくさん電子が通過すれば電流値が大きいというわけです。さて、ここで「電気抵抗」というのは、この電子の通りにくさを表しています。「抵抗」という素子は、中に不純物が入っていて、電子が動きにくくなっていて、それで電流の通りを妨げるのです。そうすると、移動する電子の量も少なくなり、流れる電流の値が小さくなります。抵抗値が大きくなると電流は減る、というわけです。この電気抵抗の単位が「オーム」で、略号は Ω です。

3.1.3　オームの法則

これまでの説明で、電圧が大きくなればたくさん電流が流れ、抵抗が大きくなれば電流は減る、という関係が出てきました。実は、この抵抗 R（Ω）と電流 I（A）、そして電圧 E（V）

の関係は単純な比例関係になっていて、これが次の有名なオームの法則です。

$$I = \frac{E}{R} \tag{3.1}$$

例えば図3.3のように、10Vの電池に100Ωの抵抗をつなぐと、流れる電流は10/100 = 0.1Aです。

図 3.3 ●オームの法則

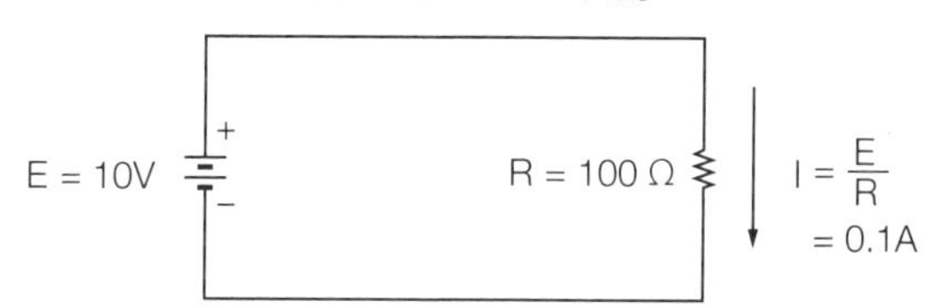

この式を別の書き方にすると、次のようになります。

$$E = IR \tag{3.2}$$

$$R = \frac{E}{I} \tag{3.3}$$

この3つの式は全部同じことですが、何はなくともこれだけは覚えておくとよいでしょう。極端な話し、真空管アンプの設計は、このオームの法則と、次に出てくるワット数の計算式だけあれば、なんとかできてしまったりするのです。

さて、ここまでの説明では、抵抗の両端に電圧をかけると E/R という大きさの電流が流れる、というものでした。これは言い方だけを変えると、図3.4のように、抵抗 R に電流 I を流すと、電流の向きと逆の電圧 IR を発生する、とも考えることができます。この考え方はわりといろんな局面で出てくるので、ニュアンスを覚えておきましょう。

図 3.4 ●オームの法則の別解釈

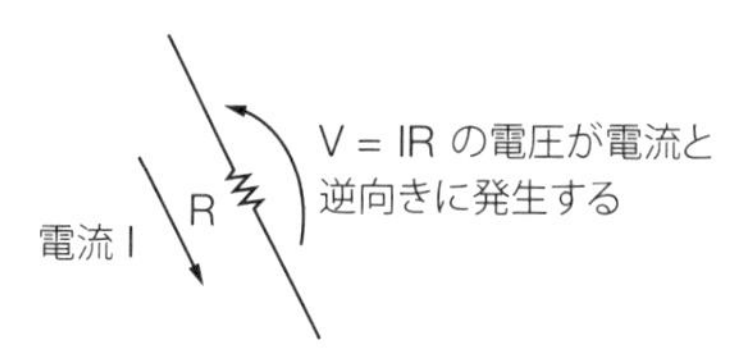

3.1.4　電力

電力というのはエネルギーです。電力の単位はワット（略号はW）です。電力 P（W）は、電圧 E（V）と電流 I（A）の単純な掛け算で計算できます。すなわち、

$$P = EI \tag{3.4}$$

です。例えば、図3.5のように、抵抗 R の両端に E の電圧がかかると、オームの法則から、流れる電流は E/R です。したがって、抵抗で消費される電力 P は、この電流 E/R に電圧 E を掛け算して、

図 3.5 ●抵抗と消費電力

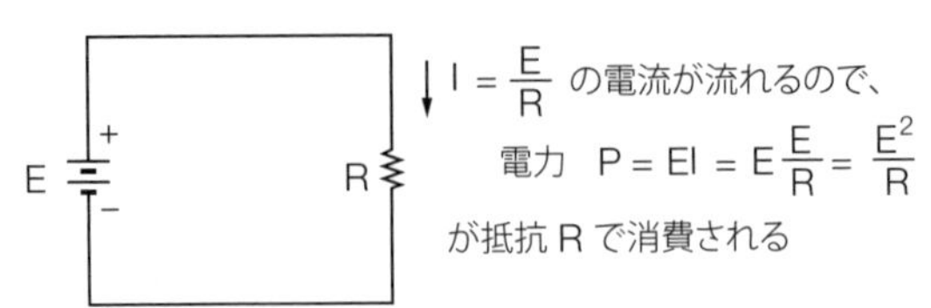

$$P = \frac{E^2}{R} \tag{3.5}$$

と計算できます。あるいは、抵抗にかかる電圧 E はオームの法則より IR になるので、(3.4) 式にこれを代入して、次の式でも電力を計算できます。

$$P = I^2 R \tag{3.6}$$

電力というのはエネルギーなので、このエネルギーは、熱になったり、光になったり、動力になったりして、要は外に対して仕事をします。単純な抵抗素子に電圧をかけて電力を発生させると、抵抗の場合はそのすべてが熱に変わります。１つの抵抗で消費される電力は上記のように簡単に計算できます。例えば、1kΩ の抵抗の両端に 10V の電圧がかかっている場合、

$$P = \frac{E^2}{R} = \frac{10 \times 10}{1000} = 0.1\mathrm{W} \tag{3.7}$$

と計算できます。第１章で、抵抗には指定ワット数がある、と説明しました。これは、この電力によって発生する熱で抵抗の温度が上昇して、その温度上昇に耐えられるだけのワット数を表したものです。当然ながら、図体の大きい素子ほど同じ熱量でも温度上昇が少ないので大きな電力に耐えられます。上記 0.1W であれば、およそ 1/8W（0.125W）ですが、抵抗の使用には余裕を持たなければならず、普通３倍ぐらいのワット数のものを使います。この場合、３倍で 0.3W になるので 1/4W (0.25W) ではちょっと足りず、1/2W のタイプを使うことになります。

抵抗では電力は熱になりますが、スピーカーではコーン紙を動かす動力に変換されて、これが音になります。スピーカーで消費される電力が大きいほど、でかい音がするわけです。これがアンプの出力で言うところのワット数です。

3.1.5　抵抗の合成

抵抗は、直列につないだり、並列につないだりすることで合成することができます。

図 3.6 ●抵抗の合成

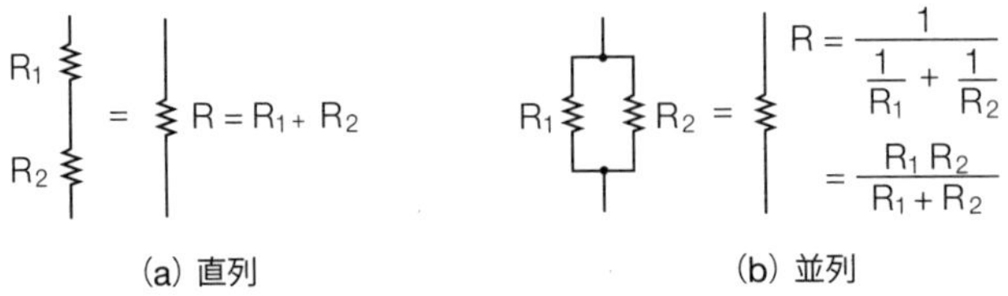

R_1, R_2 = $R = R_1 + R_2$

(a) 直列

R_1, R_2 = $R = \dfrac{1}{\dfrac{1}{R_1} + \dfrac{1}{R_2}} = \dfrac{R_1 R_2}{R_1 + R_2}$

(b) 並列

図 3.6（a）のように、抵抗 R_1 と抵抗 R_2 を直列につなぐと、その合成抵抗 R は、

$$R = R_1 + R_2 \tag{3.8}$$

になります。一方、（b）のように並列につなぐと、

$$R = \frac{R_1 R_2}{R_1 + R_2} \tag{3.9}$$

になります。例をあげましょう。2kΩ と 3kΩ の抵抗を直列にすると、

$$2 + 3 = 5\mathrm{k\Omega} \tag{3.10}$$

の抵抗になります。これが並列だと、

$$\frac{2 \times 3}{2 + 3} = 1.2\mathrm{k\Omega} \tag{3.11}$$

になります。直列にすると、必ず元の 2 つの抵抗より大きくなり、逆に並列にすると必ず小さくなります。この性質を使って、手持ちの限られた抵抗で、手持ちにない抵抗の値を作り出すことができます。

ではワット数はどうでしょう。同じ値の抵抗 2 本なら、直列にした場合も並列にした場合も、ワット数は単純な足し算になります。1kΩ 1W の抵抗を直列にすれば 2kΩ 2W に、並列にすれば 500Ω 2W になります。しかし、2 つの抵抗の値が変わるとワット数は単純な足し算にはなりません。各抵抗の値とその両端の電圧（または流れる電流）から各々計算して求めます。

3.1.6　直流と交流

直流は、プラスとマイナスが変わらない一方向の電気です。それに対して交流はプラスとマイナスが周期的に逆になるような電気を言います。乾電池の電気は直流、家庭のコンセントから出てくるのが交流です。直流は DC（Direct Current）、交流は AC（Altanative Current）と表記します。

図 3.7 のように AC の代表的なのはサインカーブをしており、1 秒に何回向きが逆になるかによって周波数というものがあります。単位は Hz（ヘルツ）で、1 秒間の反転の回数になります。家庭の電気は、関東では 50Hz、関西では 60Hz です。ご存知のように音の信号も交流で、人間の耳に聞こえる周波数はおよそ 20Hz ～ 20kHz です。

図 3.7 ●直流（DC）と交流（AC）

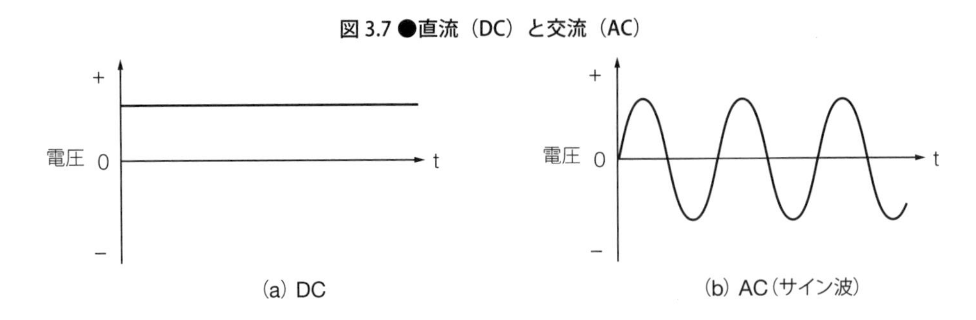

DC の電圧（あるいは電流）の表記には１種類しかありませんが、AC における電圧（以下、電圧で説明します）の表し方には何種類かあります。AC の電圧は、普通「実効値」と呼ばれる量で表されています。日本の家庭の AC は 100V ですが、図 3.8 のように、これはサインカーブの一番大きいところ（ピーク）が 100V なのではありません。このピークの値を「最大値」と呼びますが、実効値 V_{rms} と最大値 V_m には次の関係があります。

図 3.8 ● AC 100V の実効値、最大値、p-p 値

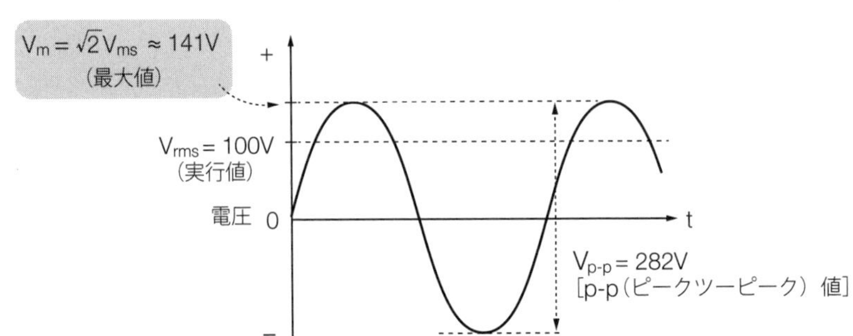

$$V_m = \sqrt{2}\,V_{rms} \approx 1.41\,V_{rms} \tag{3.12}$$

なので、家庭の AC の最大値は実は 141V あるのです。この実効値というのは、図 3.9 のように、同じ値の抵抗を AC と DC につないだときに、同じだけの電力を消費するときの DC の値なのです。また、プラスのピークの値とマイナスのピークの値との差を使うことも時々あり、これを「ピークツーピーク値」(p-p 値）と言います。AC 100V での p-p 値は 282V です。

図 3.9 ●交流の実効値の意味

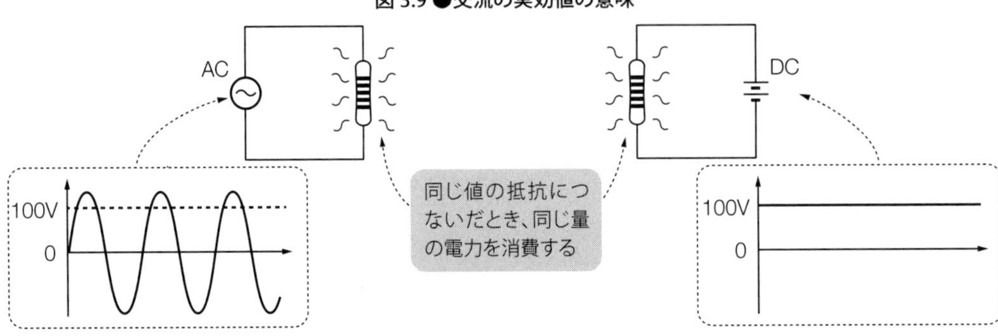

3.1.7 コンデンサについて

コンデンサは、交流を通して、直流を通さない素子です。その構造は、図3.10のようになっていて、2つの電極が接近して対面しています。こんな風に離れていれば直流は永久に通しそうもないのはすぐ分かるでしょう。

図3.10●コンデンサの構造

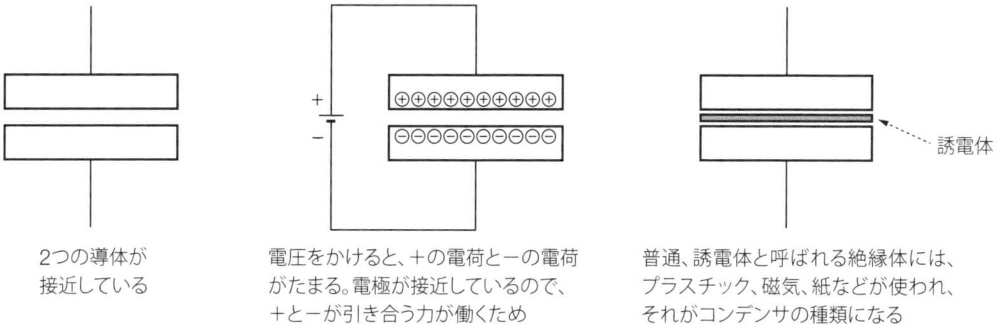

誘電体

2つの導体が接近している

電圧をかけると、＋の電荷と－の電荷がたまる。電極が接近しているので、＋と－が引き合う力が働くため

普通、誘電体と呼ばれる絶縁体には、プラスチック、磁気、紙などが使われ、それがコンデンサの種類になる

コンデンサに電圧をかけると、電極にプラスとマイナスの電荷が貯まります。貯まる電荷の量が多いほど、大きな容量のコンデンサです。こんなことからコンデンサは蓄電器と呼ばれています。

では、なぜ交流を通してしまうのでしょう？　交流の場合、図3.11のようにあるときの電圧の方向で充電され、次のサイクルで電圧のプラスマイナスが逆になると、電極に貯まった電荷が信号源に向かって流れ、そして今度は逆方向に蓄電する、ということを繰り返します。つまり、交流電流が流れているように見えるわけで、ということは、結果的に、交流はコンデンサを通過する、ということになるのです。

それから、図をよくよく見ると分かるのですが、入力の電圧変化と流れる電流の変化に1/4サイクル（90度位相とも言う）のずれが発生します。それはともかく、増幅回路では、この「直流は通さず交流は通す」という性質を利用して、さまざまなところに使われます。

コンデンサは直流をまったく通しませんが、交流に対しては一種の抵抗として働きます。一般に、交流に対する抵抗値を「インピーダンス」と呼び、以後もこの言葉を使いましょう。コンデンサでは、直流に近い低い周波数ほどインピーダンスが大きく、逆に高い周波数ではインピーダンスが小さくなります。コンデンサの値を C（F）とすると、インピーダンス Z（Ω）は、交流の周波数を f（Hz）とすると、

$$Z = \frac{1}{2\pi fC} \tag{3.13}$$

で計算できます。例えば、0.01μFのコンデンサは1kHzの交流に対しては、

$$Z = \frac{1}{2\pi \times 1000 \times 0.01 \times 10^{-6}} \approx 16\ \mathrm{k\Omega} \tag{3.14}$$

図 3.11 ●コンデンサに交流が流れる様子

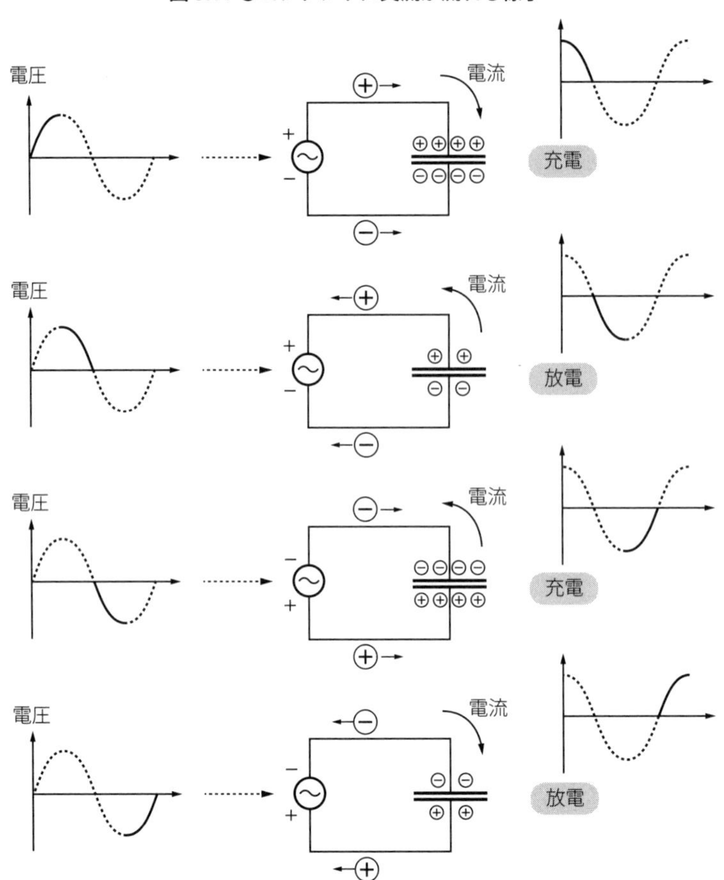

1サイクル分を図示したもの。電流の位相電圧に対して90°で進んでいる（サインカーブが 1/4サイクルにずれる）

という値になります。これが 10kHz だったら 1/10 の 1.6kΩ になります。

図 3.12 ●コンデンサの合成

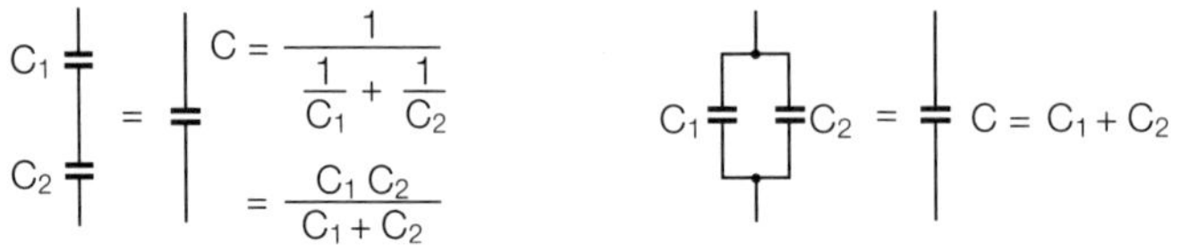

C_1, C_2 = $C = \dfrac{1}{\dfrac{1}{C_1} + \dfrac{1}{C_2}} = \dfrac{C_1 C_2}{C_1 + C_2}$

(a) 直列

C_1, C_2 = $C = C_1 + C_2$

(b) 並列

コンデンサも抵抗と同じように合成できますが、図 3.12 のように、その値は抵抗のときとちょうど逆になります。C_1 と C_2 のコンデンサを直列にすると合成容量 C は、

$$C = \frac{C_1 C_2}{C_1 + C_2} \tag{3.15}$$

になり、並列にすると、

$$C = C_1 + C_2 \tag{3.16}$$

になります。耐圧は、並列のときはすぐに分かると思いますが、2つのコンデンサの耐圧の低い方の値になります。直列のときは、容量が同じなら一見倍になりそうな気もしますが、実際には一概に言えず、低い方の耐圧だと思った方が安全です。

3.1.8 コイルについて

コイルは、ちょうどコンデンサと対になる素子で、その性質もちょうど逆で、直流は通して、交流は通しにくい素子です。その構造は、その名の通り導線をくるくる巻いたコイル状のものです。形はどうであれ、しょせんは導線ですのでDCはスカスカに通します。

では、なぜ交流を通しにくいのでしょう？　コイルに電流が流れると、図3.13のように、芯に当たる部分に磁力線というものが発生します。この磁力線には、いったん発生すると、その大きさを維持する、という性質があり、変化に対して抵抗するのです。電流の大きさと向きが常に変化する交流の場合、その変化を打ち消そうとして、導線に逆側の電圧が発生し（逆起電力と言います）、電流の流れを妨げるのです。というわけで交流は通りにくくなります。変化のスピードが激しいほど、すなわち周波数が高いほど、この傾向は強くなります。

図3.13●コイルの構造

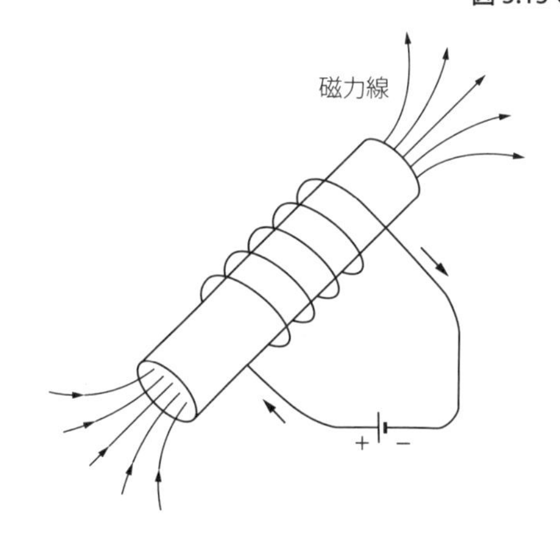

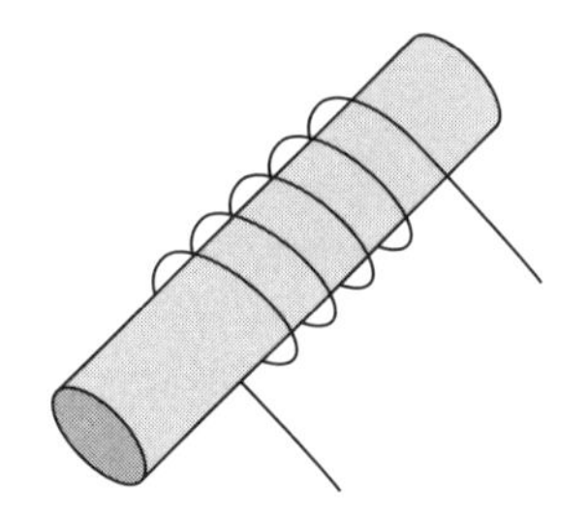

芯の部分に鉄やフェライトなどの磁性体を入れることも多い。これによりコイルの大きさ（インダクタンス）がアップする

コイルは、直流に対する抵抗はゼロ（実際は導線の電気抵抗があるのでゼロではなく小さな値）ですが、交流に対しては、コンデンサと同じように抵抗として働きます。コンデンサのときとは逆に、周波数が低いとインピーダンスが小さく、周波数が高いほどインピーダンスは大きくなります。コイルの単位はヘンリー（H）で、L（H）のコイルのインピーダンスZ（Ω）は、交流の周波数をf（Hz）とすると、

$$Z = 2\pi fL \tag{3.17}$$

で計算できます。例えば、5Hのコイルは1kHzの交流に対しては、

$$2\pi \times 1000 \times 5 \approx 31\ \mathrm{k\Omega} \tag{3.18}$$

という値になります。これが10kHzだったら10倍の310kΩになります。ちなみに、コイル

も合成できます。コイルの合成は抵抗のときの規則とまったく同じです。このコイルは、オーディオアンプの中ではそれほどは出てきません。コイルの一種であるトランスは定番部品ですが、コイルが単独で使われるのは電源回路のチョークコイルぐらいです。交流から直流に変換するとき、交流を通さずに、直流を通す性質を利用するのです。これらについては後で述べます。

3.1.9　トランスについて

トランスは、図3.14（a）のように、コアの周りに複数のコイルを巻いた素子です。1次側に交流電圧をかけると、コアに交流の磁力線が発生し、これが2次側に伝わり、2次側のコイルに交流電圧を発生させます。このようにトランスは、交流を伝達する働きをします。2次側のコイルはコアの磁力線の変化に応じた信号が出てくる原理なので、磁力線に変化の無い直流は通しません。

図3.14●トランスの構造と働き

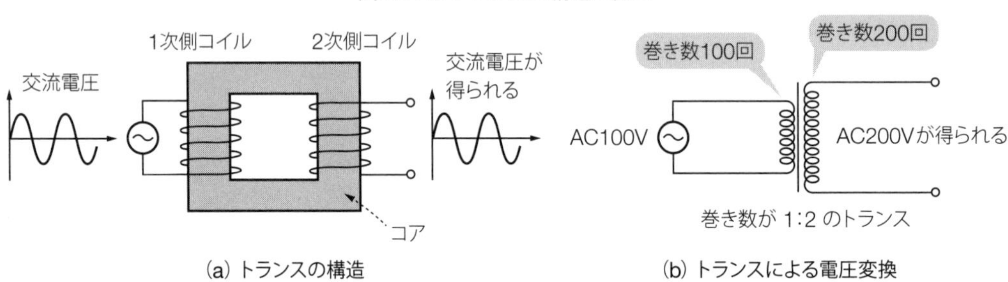

(a) トランスの構造　　(b) トランスによる電圧変換

ここで、2次側に出てくる電圧は、1次側のコイルの巻数と2次側のコイルの巻数の比に応じた値になります。例えば、(b) のように1次側の巻数が100回で、2次側が200回だったとすると、巻数比は1：2で、1次側に100Vの電圧をかけると2次側には2倍の200Vの電圧が現れます。このように、トランスは電圧値を変換する性質があるため変圧器とも呼ばれ、電源トランスはこの原理を応用したものです。

もう1つのトランスの重要な働きはインピーダンス変換です。いま、図3.15（a）のように巻き数比が $n:1$ のトランスがあり、その2次側に R の抵抗を接続したとします。すると、このインピーダンス R はトランスで変換され、1次側から見るとこれが Rn^2 になるのです。

図3.15●トランスのインピーダンス変換

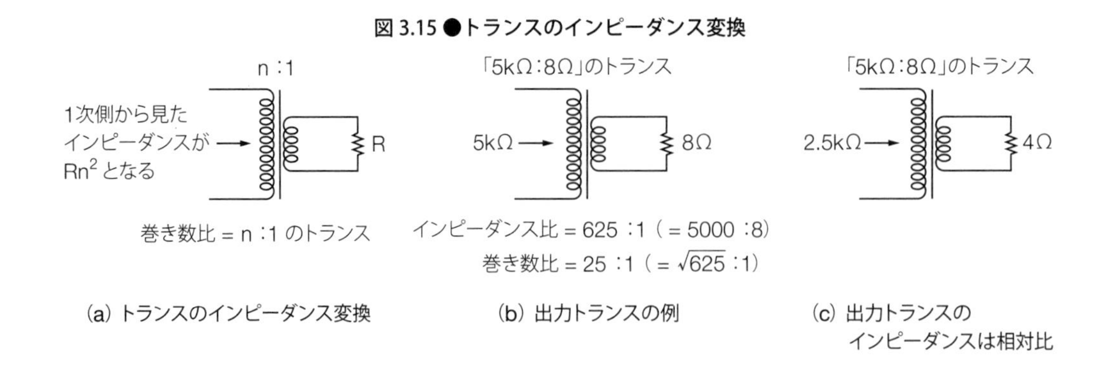

(a) トランスのインピーダンス変換　　(b) 出力トランスの例　　(c) 出力トランスのインピーダンスは相対比

1
2
3
4
5
6

この性質を使ったのが出力トランスです。例えば（b）の 5kΩ：8Ω のトランスは、インピーダンスが 1/625（＝8/5000）になるトランスで、巻き数比は 25：1（＝ $\sqrt{625}$ ：1）になっているのです。この関係は相対的なもので、（c）のように 2 次側に 4Ω の負荷を付けると 1 次側のインピーダンスは半分の 2.5kΩ になります。トランスには 5kΩ:8Ω と書かれていますが、この値以外では使えないというわけではなく、インピーダンスの比が決まっているだけなのです。ただし、とはいえ、トランスは表示の値で性能が出るように設計されているのでその付近（ものによるが 0.5 ～ 2 倍ていどなら大丈夫）で使うのが原則です。

3.1.10　最後に現実のアナログ素子について一言

これまでお話したアナログの基礎は、すべて理想的な状態でのお話しです。アナログの世界は、デジタルの世界のように 1 か 0 かが確定している世界ではないので、現実には「ゼロ」とか「無限大」とか「通さない」とかいうことはなく、必ず、それぞれ「ゼロではなく微小な量」、「無限大ではなくとても大きい値」「ごくわずかは通す」という事態になっています。

例えば、コンデンサは直流を通さない、と言いましたが、現実のコンデンサという部品の直流抵抗は無限大ではなく、かなり大きいですが抵抗値を持っていて、ごくわずかの直流を通します。こういった、本来の働きと異なる性質が、回路に悪さをする場合もあるし、ほとんど影響しないこともあります。アナログには「絶対」はない、と考えておいてください。また、それだからこそアナログ回路は面白い、ということにもなるのですが。

3.2　真空管の原理

さあ、それではようやく真空管の原理の説明に入ります。真空管の原理はとてもシンプルで、例えばトランジスタなどよりずっと分かりやすいと思います。しかしながら、追求して行けば、実に奥が深く、初心者からマニアまで、いろいろな楽しみ方が見出せるところが良いところでしょう。

3.2.1　2 極管

まずは、基本の 2 極管です。その名の通り電極が 2 本あるものです。2 極管の内部構造を模式的に示したのが図 3.16 です。というか、これはほとんど回路記号そのものですね。向かい合った 1 組の電極があり、上側の電極をプレート、下側をカソードと言います。そして、カソードの下に、ヒーター（フィラメント）と呼ばれる電熱線があります。これらすべてがガラス管に封じ込まれていて、中が真空になっています。ヒーターに電流を流して赤熱させると、カソードが熱せられ 700 度以上の高温になります。カソードには、2.1 節で説明した自由電子がたくさんありますが、これが高温のせいで動きがかなり活発になり、きっかけがあれば板から外に飛び出そうとしている状態になります。

図 3.16 ● 2 極管の構造

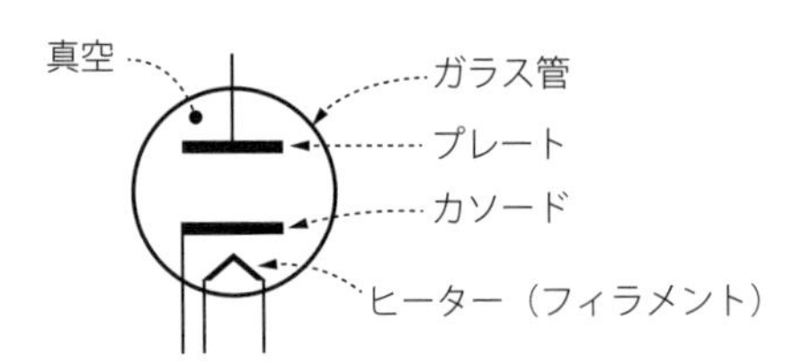

ここで、図 3.17（a）のように、カソードに対してプレートにプラスの電圧をかけてやります。すると、カソードの中の電子がプレートのプラスに引き付けられて、カソード板から空間中へ飛び出し、プレートへ吸い込まれて行きます。こうして、一定量の電子がカソードからプレートに向かって真空中を飛んで行き、電子の流れができ、結局、プレートからカソードに電流が流れたことになるのです。3.3.1 項で説明したように、電子の流れる方向と電流の方向は逆です。

図 3.17 ● 2 極管の原理

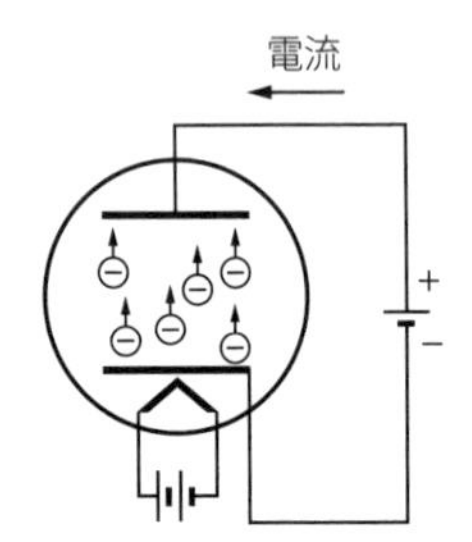

(a) プレートのプラスに自由電子が引きつけられ電流が流れる

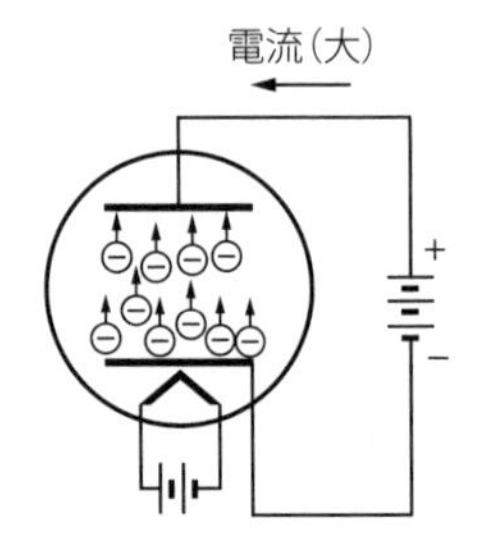

(b) プレートの電圧が高いほどたくさんの電流が流れる

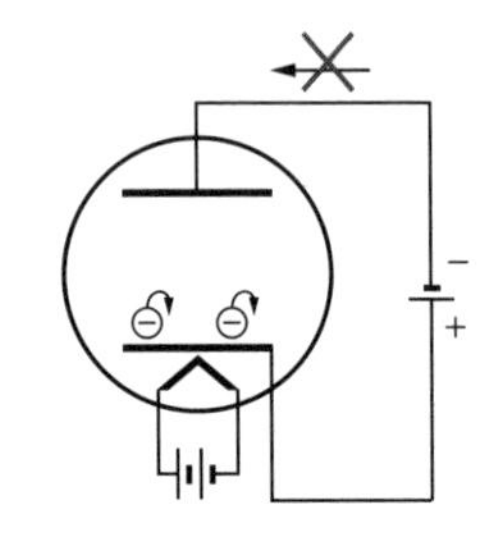

(c) プレートをマイナスにすると自由電子のマイナスと反発しあい、電流は流れない

（b）のようにプレートの電圧を上げるほど、たくさんの電子が飛び出し、たくさんの電流が流れるであろうことは、想像がつくと思います。では、次に、（c）のようにプレートの電位をカソードに対してマイナスにしてやります。すると、カソードの電子はプレートのマイナスと反発し合うせいで、空間中へ飛び出すことはなくなります。すなわち電流は流れません。

以上のことから、2 極管は、プレートからカソードへの一方向にしか電流を流さない素子であることが分かります。プレートの電圧 E_p に対する、プレートに流れ込む電流 I_p のグラフは、だいたい図 3.18 のようになります。

図 3.18 ● 2 極管のプレート電圧に対するプレート電流の変化

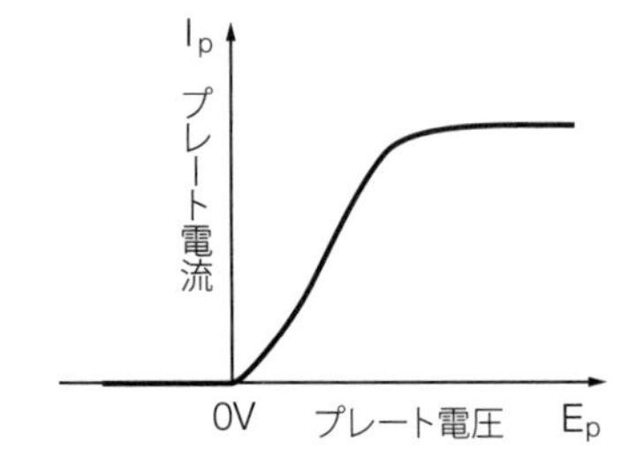

ある電圧までは、I_p は E_p に比例するようなカーブを描き、その電圧以上になると飛び出す電子の量が飽和するために、電流は一定以上増えなくなります。E_p がマイナスのときは I_p はゼロです。こういった、電気を一方向にだけ通すことを整流作用と言い、2極管は「整流管」とも呼ばれます。真空管アンプでは、整流管は主に、交流を直流にする整流回路で使われます。

同様の性質を半導体で実現したのが第1章のアンプで使用したシリコンダイオードで、大きさ、値段、消費電力どれをとっても整流管より優れているので、真空管アンプであっても整流はシリコンダイオードが主流です。しかし、整流管の方がいい、という考えもあり、意図的に整流管を使っている真空管アンプもあります。ちなみに、2極管には増幅作用はありません、増幅にはこの後に説明する3極管以上を使います。

ここまでで説明した2極管では、ヒーターとカソードは別々になっていました。これに対して、カソードのような板を特別に設けずに、図3.19（b）のようにヒーターから直接電子を放出させて動作するタイプもあります。こういった構造の球を「直熱管」と呼びます。これに対して(a)のようにカソードのあるタイプを「傍熱管」と呼びます。カソードが独立していると、ヒーターの電源が動作に影響しないので傍熱管の方が使いやすく、真空管の大半は傍熱管です。しかし、でかい図体の直熱管には独特の風格もあり、直熱管の方がいい、という人もいます。

図3.19●傍熱管と直熱管

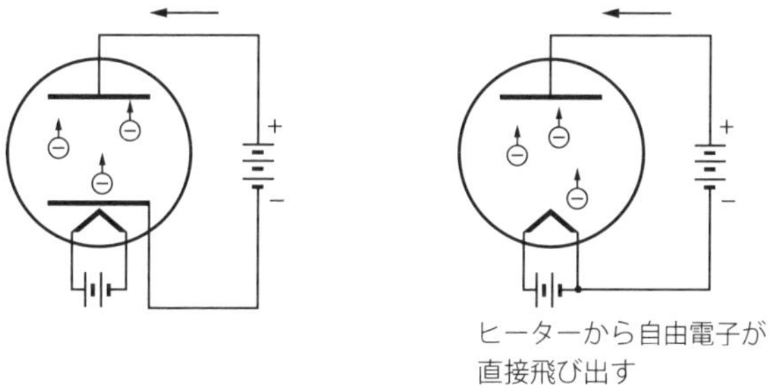

ヒーターから自由電子が直接飛び出す

(a) 傍熱管　　(b) 直熱管

写真3.1●真空管（5AR4）のゲッター（この球ではてっぺんの銀色になっている部分）

実際の真空管の内部の構造を見てみましょう。図3.20は傍熱形の整流管の例ですが、真ん中にらせん形に巻かれたヒーター、その周りをカソードが取り囲み、少し距離を置いてプレートが取り囲んだ形になっています。電極は下側にまとめられて出ています。電極の大きさ、ピン数などには大小いくつかの種類があります。これら種類については後ほど3.3節で説明します。

図3.20●傍熱形の整流管の内部構造

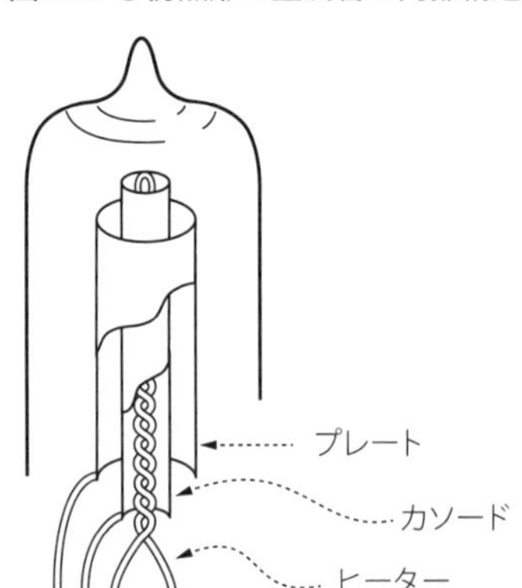

それから、真空管を外から見ると、写真3.1　のようにガラス管の内壁の一部が銀色に光っています。これは真上だったり、下の方だったりいろいろです。これはゲッターと呼ばれ、ガラス管内の余計なガスを吸着する物質が吹き付けられているのです。製造直後に管内に残っているガスを吸着するほか、長年使っているうちに電極などから放出されるガスが真空度を下げないように吸着する役割をします。なので、このゲッターが薄くなって半透明になっていたりしているときは、真空度が下がって特性が劣化している疑いがあることが、外から見て分かるのです。

● 3.2.2　3極管

3極管は、図3.21のように2極管のカソードとプレートの間に、網状のグリッドと呼ぶ電極を入れたものです。図3.22（a）のように、ヒーターに電流を流してカソードを熱し、プレートにプラスの電圧をかけると、先の2極管と同様に、カソードから電子が飛び出し、プレートへ流れ込み、結局、プレートからカソードに向かって電流が流れます。ここで、間にグリッドがあるのですが、グリッドはほとんどスカスカなので、電子の流れをほとんど邪魔しません。

図3.21●3極管の構造

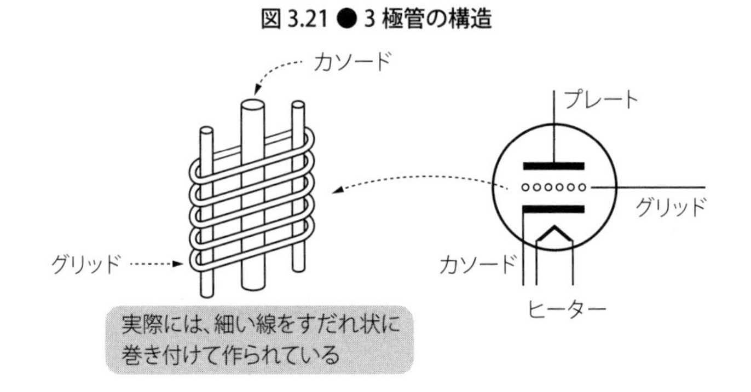

図 3.22 ● 3 極管の原理

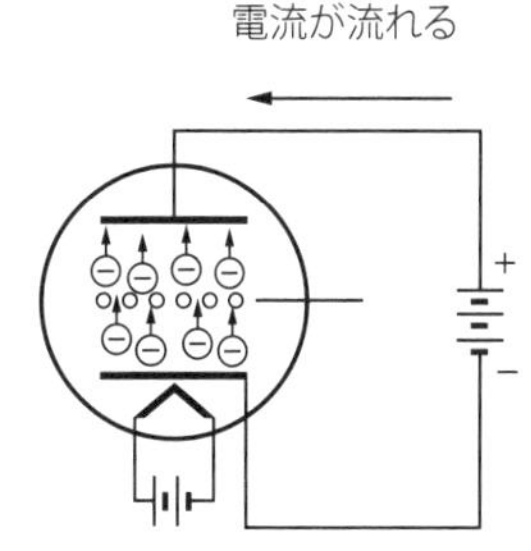

(a) グリッドに何もつながない場合

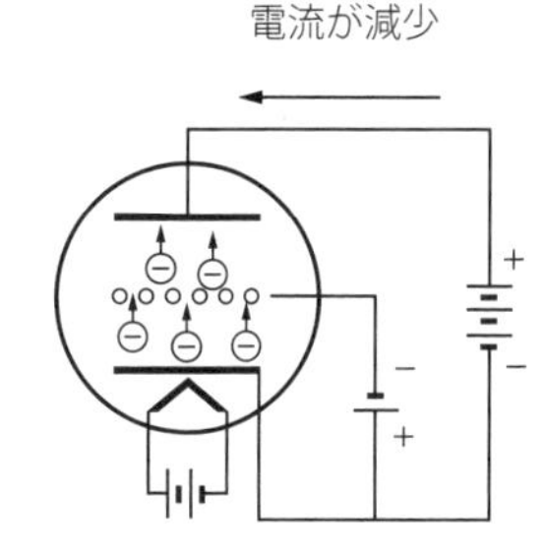

(b) グリッドに小さなマイナス電圧をかける

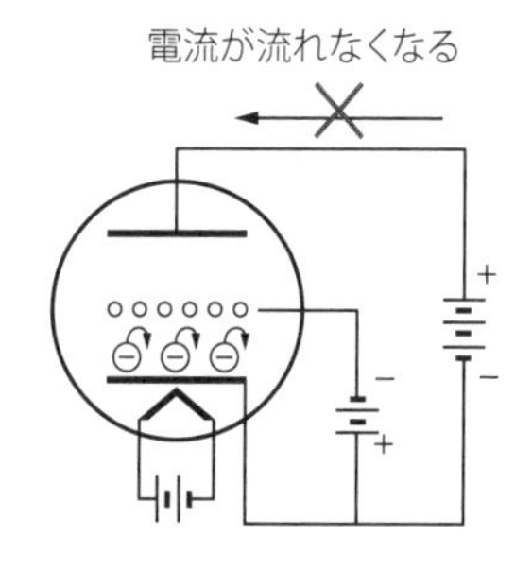

(c) グリッドのマイナス電圧を大きくする

では、ここで、(b) のようにグリッドにカソードに対して小さなマイナスの電圧をかけてみます。すると、カソードから飛び出す電子はグリッドのマイナスと反発して妨げられ、結果、プレートに流れ込む電子の量が少なくなります。グリッドのマイナスの電圧を大きくするほど反発が強くなり、プレートへ到達する電子が少なくなって行きます。グリッドのマイナス電圧があるところまで来ると、(c) のようにプレートへ到達する電子がゼロになります。

このように、グリッドにかけるマイナス電圧で、プレートに流れる電流をコントロールすることができるわけです。そういうことから、このグリッドをコントロールグリッドとも言います。グリッドはカソードに接近した位置にありますので、グリッドのマイナス電圧は小さくても、プレート電流をよく制御できます。それから、グリッドはマイナスですので、カソードから出た電子はグリッドには流れ込みません。すなわち、グリッドには電流がまったく流れないので、電圧さえかければいいのです。その小さな電圧で、大きなプレート電流を自在に制御できるので、これが増幅作用を持つことになります。小さな電圧で大きな電流を制御できると言っても、電圧と電流は違うんだから比較できないじゃないかと思うかもしれませんが、これについては、以降を読み進むと分かってくると思います。

それでは、2 極管と同じように、プレート電圧 E_p とプレート電流 I_p のグラフを描いてみましょう。グリッド電圧 E_g がゼロのときは、図 3.23 (a) のように先の 2 極管と同じような曲線

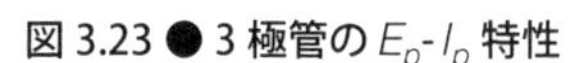
図 3.23 ● 3 極管の E_p-I_p 特性

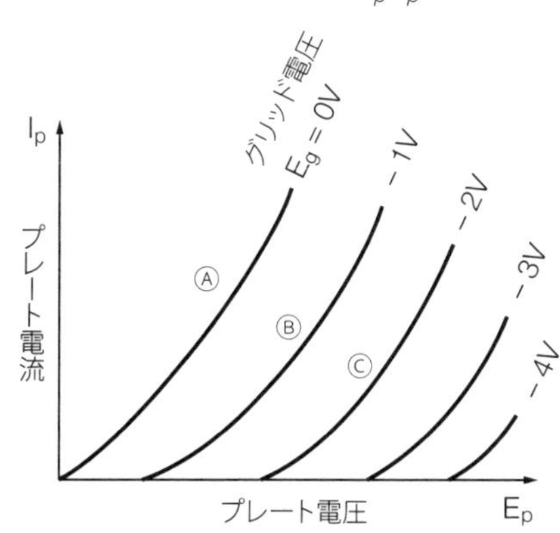

になります。ただし、ここでは I_p が飽和する領域までは描いていません。

ここで、例えばグリッドに –1V の電圧をかけて $E_g = -1\text{V}$ とすると、E_p をゼロからちょっと上げてもグリッドではね返され、I_p はしばらくの間流れません。しかし、ある電圧を越すと I_p が流れ始め、あとは先ほどと同じような曲線で I_p が流れて行きます（b）。さらに $E_g = -2\text{V}$ とすると、E_g が –1V のときよりも I_p が流れ始める電圧 E_p が高くなり、同様にそこを越えると同じような曲線で上がって行きます（c）。結局、図のような曲線群を描くことができます。真空管についてネットなどをあさってみると、この図が至るところで出てくるので、見覚えがある方もいるでしょう。これが有名な真空管の E_p-I_p 特性です。

さて、それでは、実際に 12AU7（第1章と第4章の製作例で使っている3極管です）を使って増幅の様子を調べてみましょう。図 3.24 のように、200V のプラス電源を用意し、プレートとプラス電源の間に 50kΩ の抵抗を入れた回路を考えましょう。この抵抗は負荷抵抗と呼ばれます。

図 3.24 ●プレート電流 I_p とプレート電圧 E_p

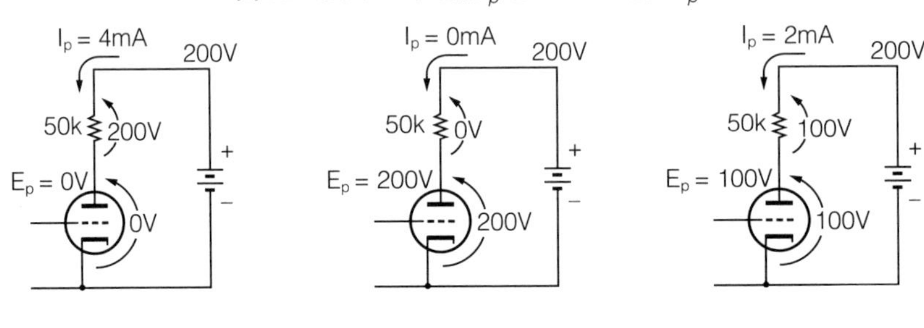

(a) Ip = 4mA のとき　(b) Ip = 0mA のとき　(c) Ip = 2mA のとき

では、プレートの電流 I_p と、プレートの電圧 E_p の変化を観察してみます。今、プレートに $I_p = 4\text{mA}$ の電流が流れたとすると、オームの法則より負荷抵抗の両端の電圧は、

$$IR = 4(\text{mA}) \times 50(\text{k}\Omega) = 200(\text{V}) \tag{3.19}$$

になります。電源電圧は 200V なので、この電圧はすべて抵抗の両端で使われてしまい、プレート電圧 E_p は 0V になります。そこで、この $I_p = 4\text{mA}$ と $E_p = 0\text{V}$ の点を図 3.25 のように E_p-I_p 特性のグラフにプロット（A 点）します。

次は、$I_p = 0\text{mA}$ のときですが、このときはやはりオームの法則より負荷抵抗の両端の電圧は、

$$IR = 0(\text{mA}) \times 50(\text{k}\Omega) = 0(\text{V}) \tag{3.20}$$

になります。ということは E_p は電源電圧そのままがかかり、$E_p = 200\text{V}$ になります。図にプロットすると B 点になります。

図 3.25 ●ロードライン(12AU7)

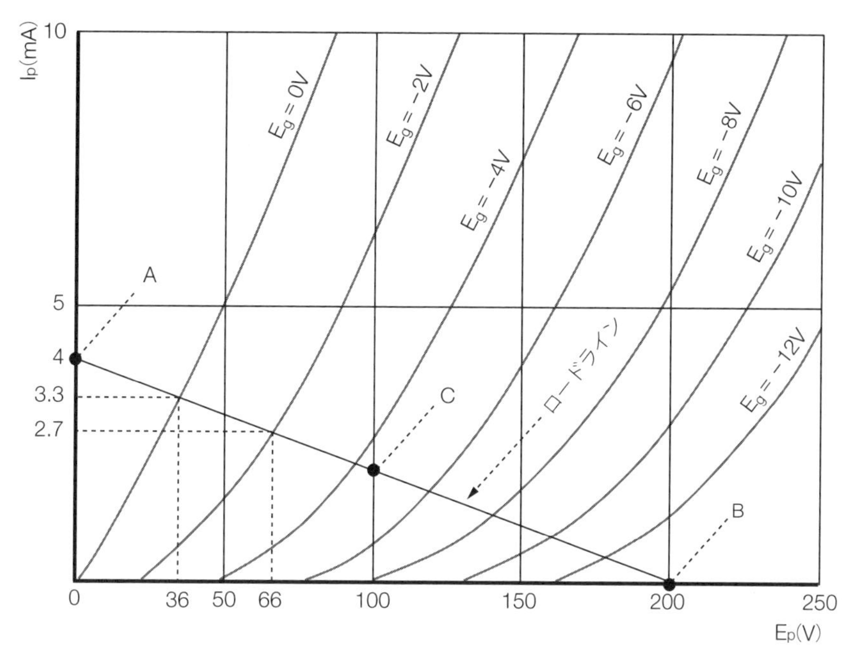

では、その途中はどうかというと、例えば $I_p = 1\text{mA}$ なら同様に計算して $E_p = 100\text{V}$ なので C 点になります。結局、この回路では、E_p と I_p は図中の線分の上に必ず乗っていることが分かります。この線を「ロードライン」と呼んでいます。上記のように、ロードラインは、電源電圧と負荷抵抗が決まれば 1 本引くことができます。

こうしてできた図を見ると、ロードラインと真空管の特性曲線にいくつかの交点ができます。これが、この回路での真空管の動作点になります。今、グリッド $E_g = 0\text{V}$ とすると、$E_p = 36\text{V}$、$I_p = 3.3\text{mA}$ と読めます。ではグリッドの電圧を 2V 下げて $E_g = -2\text{V}$ にしてみます。すると $E_p = 66\text{V}$、$I_p = 2.7\text{mA}$ と読めます。グリッド電圧が 2V 変化すると、プレート電圧が 30V 変化するのが分かるでしょう。要は、電圧の変化が 15 倍に増幅された、と考えられるわけです。この回路は、電圧を増幅する電圧増幅回路になっているのです。

では、今度は、グリッドに $E_g = -4\text{V}$ の電圧をかけます。グラフより、$E_p = 94\text{V}$ です。ここで、グリッドにかけている –4V の直流に、図 3.26 のような p-p 値が 4V の交流を重ね合わせた(重畳すると言います)入力を加えてみます。すると、ロードラインと特性曲線の交点から、プレートには図のように、ほぼ同じ形をした交流変化が現れます。この出力の交流はグラフから読むと p-p 値で 52V になっています。すなわち、p-p 値 4V の信号が、p-p 値 52V の信号に増幅されたわけで、その増幅率は 52/4 = 13 倍で、これを「電圧増幅率」と呼びます。ここで、グリッドにあらかじめかけているマイナスの電圧 $E_g = -4\text{V}$ を「バイアス」と呼びます。これが、3 極管で交流信号が電圧増幅される原理です。

図 3.26 ● 12AU7 による信号増幅

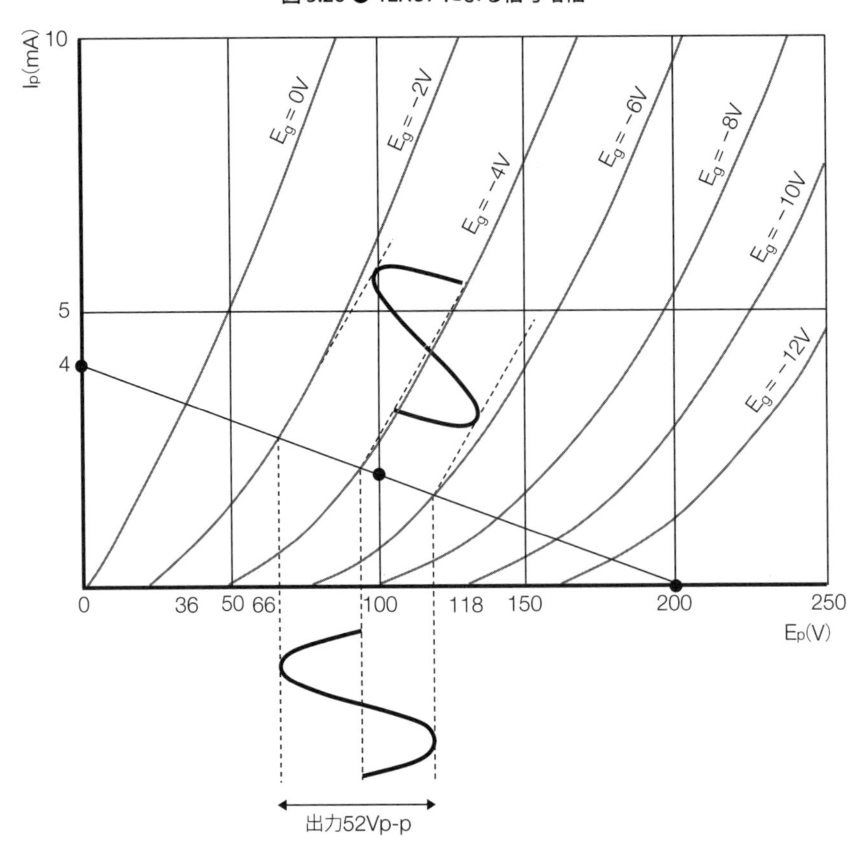

ちなみに、最初の検討では電圧が 15 倍に増幅されたのに、次のバイアスが –4V のときに電圧増幅が 13 倍と下がっているのは、真空管はバイアスによって電圧増幅率がいくらか変化する、ということを示しています。

それから、もう 1 つの重要な性質として信号の位相反転があります。図 3.26 をよく見ると分かりますが、グリッドにかける信号がプラスに振れると、プレート電圧は減少しています。そのため、グリッドの信号とプレートに現れる信号は図 3.27 のようにちょうど反転するのです。

ちなみに、ここまではグリッドに常にマイナスの電圧をかけていましたが、図 3.28 のようにグリッドにプラスの電圧をかけるとどうなるでしょう。グリッドにプラスの電圧をかけると、カソードから飛び出す電子の量は増えて、プレート電流は増えます。ただし、グリッドがプラスですので、いくら細い網とはいえ、グリッドにも電子が吸い込まれて行き、グリッドに電流が流れ出します。それに対して、グリッドの電圧がマイナスのときは電子はグリッドには吸い込まれず、グリッド電流は流れません。このように、グリッドが正の場合と負の場合ではがらりと事情が異なります。グリッドにプラスの電圧をかけて使うこともできますが、特殊な使い方と言っていいでしょう。

図 3.27 ●増幅回路 1 段で位相が反転する

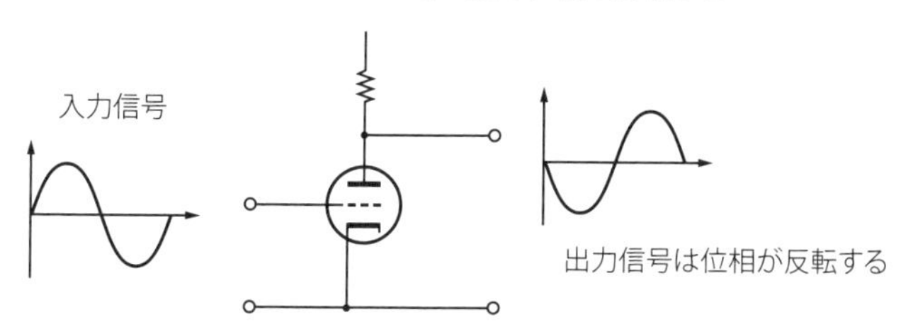

図 3.28 ●グリッドにプラスの電圧をかけたとき

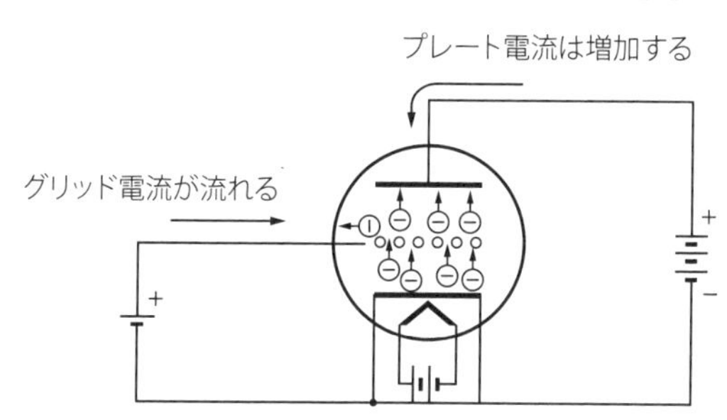

3.2.3 5 極管

5 極管は 3 極管の能率を上げるために考え出されたもので、図 3.29 のようにグリッドが 3 つあります。コントロールグリッドの働きは 3 極管と同じです。その上にスクリーングリッドというものがあり、ここにはプラスの電圧をかけます。すると、カソードから出てコントロールグリッドを通過した電子がスクリーングリッドによって加速されプレートへ飛んで行くため、より多くの電子がプレートへ到達し、能率が良くなるのです。ここまではいいのですが、加速されて高速になった電子がプレートにぶつかると、今度はプレートの中の自由電子が、飛んできた電子に弾き飛ばされ（2 次電子と言う）、それが今度はスクリーングリッドのプラスに引き寄せられ、スクリーングリッドの電流が増加してしまいます。結局、プレートの電流を増やしたいのにスクリーングリッドの電流が増加してしまうという羽目になるのです。そこで、プ

図 3.29 ● 5 極管の原理

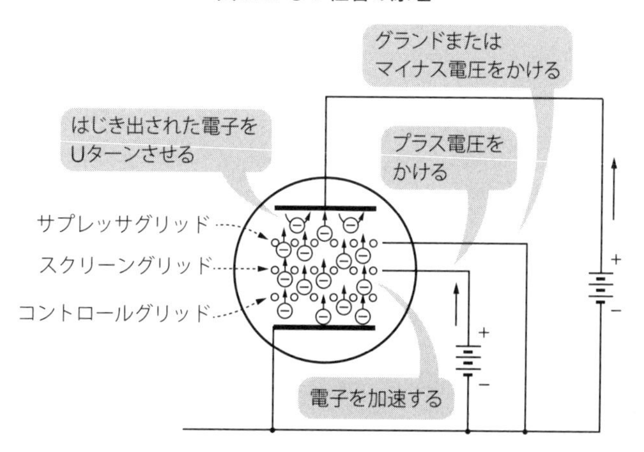

レートの近くに今度はサプレッサグリッドというものを入れ、ここをグランドに落とし（普通カソードにつなぐ。マイナスの電圧をかけることもある）、プレートからはじき出された電子をＵターンさせるのです。これによって、５極管は高能率に安定に動作するようになります。

それでは、プレート電圧 E_p とプレート電流 I_p のグラフはどうなるでしょう。５極管では、スクリーングリッドに常に高圧がかかっているので、図 3.30 のように、プレートの電圧をちょっと上げるだけで電子が流れ始め、あたかもすぐに飽和するかのようなカーブを描きます。グリッドにマイナス電圧をかけてもこの傾向は同じですが、電子の総量がマイナスの電圧のせいで減りますので、プレートの電流は減ります。結局、図のような曲線群になります。３極管のときとずいぶん形が違っていることがお分かりでしょう。以上の原理ですぐに想像できるように、スクリーングリッドの電圧によってこの特性はずいぶんと変わります。スクリーングリッドの電圧を下げて行くと、カーブの立ち上がりがなまって行き、３極管の曲線に似てきます。

図 3.30 ● 5 極管の E_p-I_p 特性

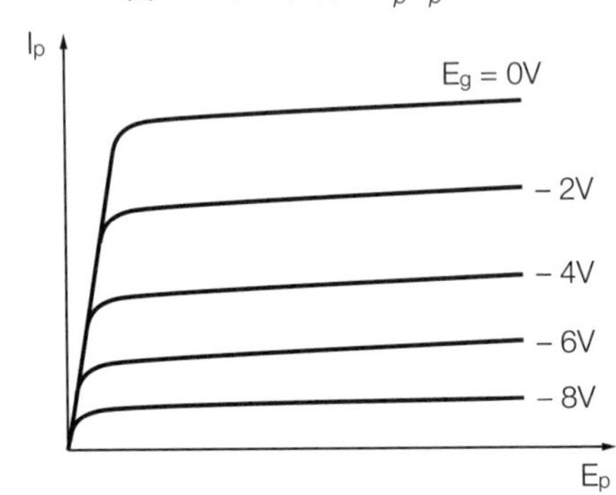

５極管の中には、サプレッサグリッドの代わりに、形状を工夫した電極を置き、電子の流れをビーム状にして効率を上げるものもあります。この特別な電極はビーム形成電極と呼ばれ、これは内部的にはカソードに接続されていて、外から見ると４極管です。このようなタイプをビーム管と呼んでいます。ビーム管は、普通の５極管よりさらに効率が良く、大電力の電力増幅によく使われます。

3.3　真空管の形

真空管の外見の説明をしましょう。真空管の形状はいくつかのタイプに分類されますが、そのガラス管の形、中の電極の構造などは、型名あるいは製造元ごとにすべて異なっていて、それぞれ自分だけの形を持っています。規格化されて、どれもこれも同じ、ということはなく、どれもが一種の工芸品の風格を持っています。このあたりにハマりだすと、骨董趣味にも似た真空管コレクターへの道を歩むことになります。まあ、真空管アンプに今現在はまっている人というのは多かれ少なかれ真空管そのものの形に惹かれたりしているものでしょう。昔、真空管しかなかった時代では、ぶざまな真空管は普通ケースの中に隠すようにしたものですが、今では真空管を露出させて、お雛様みたいにケースの上に並べて、眺めて悦に入る、というのが普通になりました。時代も変われば変わるものです。

3.3.1　形状

写真 3.2 ●真空管の形状いろいろ。左から MT 管（12AU7）、GT 管（5AR4）、ST 管（2A3）

真空管の形状には大きく分けて、MT 管、GT 管、ST 管の 3 種類があります。

MT 管はミニチュア管（MT は Miniature Tube の略）とも呼び、3 種の中では一番新しいタイプで、種類も一番多く、真空管では主流な形状です。写真 3.2 のような形をしていて、頭にツノがあり（排気管を閉じたものです）、ピンはガラスから直接出ています。ピンの数は 7 ピンと 9 ピンの 2 種類あります。したがって、ソケットも 2 種あり、それぞれ「MT7 ピンソケット」「MT9 ピンソケット」などと言います。

GT 管は、写真のように MT 管よりはだいぶ太くて、頭はまるくて、ベースがあります。ピンの真ん中にベースキーという棒が出ていて、ピンを正しい位置に入れるためのガイドの役割をします。ピンの数は８ピンのもの１種類だけです。ソケットも１種類だけで「US オクタル」、あるいは単に「US ソケット」と言います。また、このタイプには、管全体が金属でできたメタル管というものもあります。GT 管は MT 管より古く、その昔、GT 管のかなりの種類は MT 管に置き換えられた、という歴史があります。ただし、MT 管では小さ過ぎて適さない大きな電流が流れ、発熱の多い整流管や大出力管は、いまでも GT 管が使われています。

ST 管は GT 管よりさらに古いタイプで、写真のようにだるま型のガラス管で、ベースがあり、ガイドキーはありません。ピンの数には、４本、５本、６本、７本の４種類があります。ソケットはそれぞれ、UX ソケット、UY ソケット、UZ ソケット、UT ソケットという呼び名になります。ST 管は古くてほとんど使われないのですが、実は、高級オーディオ用として現在でも独自の地位を占めている電力増幅用の直熱３極管、300B、2A3 といった球が、この ST 管なのです。

写真 3.3 ●サブミニチュア管（5641）、右は比較のための MT 管（12AU7）

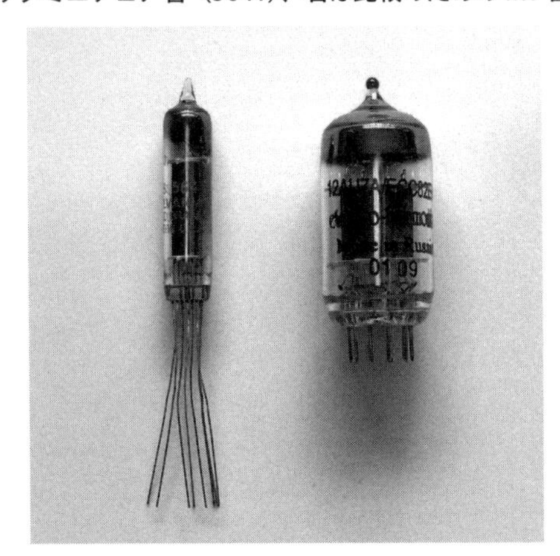

このほかに面白いところで、サブミニチュア管という、すごく小さな真空管もあります。写真3.3のように小指より細い小さなガラス管で、ピンではなくリード線が直接出ています。昔は、このサブミニチュア管を使って、ポータブルラジオなどが作られていたようですが、主流になる前にトランジスタに取って代わられたようです。今現在なら、こんなのを使ってみるのもオシャレかもしれませんね。

3.3.2　ピン配置

どのタイプの真空管でも、ピンは裏面から見て時計回りに1から順にピン番号が付けられています。真空管のマニュアルに載っているピンアサイン（どのピンが何の電極かを示す）は、図3.31のようになっています。ここで使われる略号のプレート（P）、カソード（K）、グリッド（G）、ヒーター（H）については、2.1節の（1）項で説明した通りです。真空管によっては、このほかに、NC、IC、Sといったものがあります。NCはNo Connectionで、内部的に何にもつながっていないピンです。したがって、このピンを配線の中継端子のように使いたくなりますが、内部の電極の支持などに使われていることなどもあり、そういう使い方は止めておいた方が無難です。ICはInner Connectionで内部的に使用しているピンです。配線の中継などには使えません。Sはシールドですので、グランドにつなぎます。

図3.31●真空管のピンアサイン（6BQ5の例）

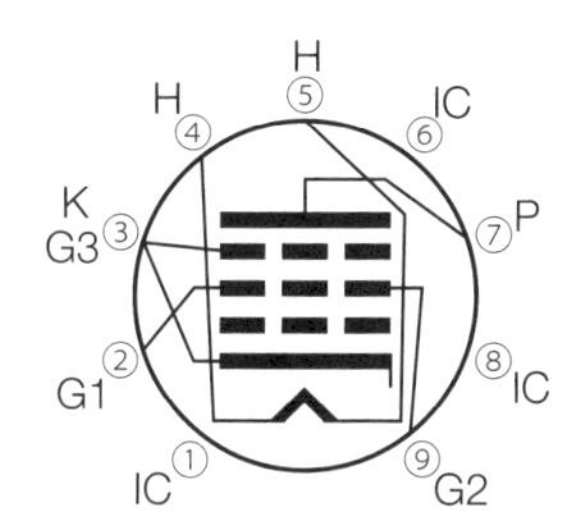

MT管の真空管ソケットには図3.32のように、中央にセンターピンというものがあります。このピンをグランドに落とすことで、対面しているピンどうしが静電結合して高周波信号が入り込み、発振したりするのを防ぐためにあります。ゲインの高い真空管、高周波回路などでは必ずグランドに落とします。本書で扱うオーディオアンプでは、信号は低周波で、またパワーアンプならばゲインもそう高くなく、グランドに落とさなくとも大丈夫だったりしますが、マナーだと思ってグランドに落としておくようにしましょう。

図3.32●MT管ソケットのセンタピン

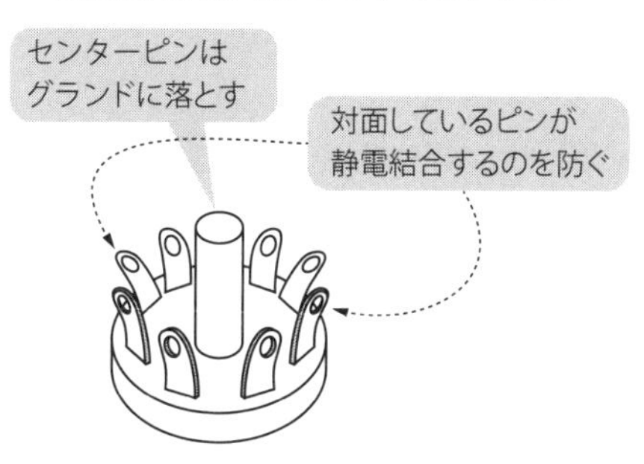

3.4　増幅回路の原理

真空管の原理が分かったところで、真空管を使った実際の増幅回路について説明しましょう。実は、増幅回路の種類はかなりたくさんあります。真空管がその昔、増幅素子の主流から外れてからも、世の中から完全に姿を消したわけではなく熱心な愛好家たちによって、その回路技術は発展し続けてきたので、そのバリエーションの豊富さはなおさらです。特に、トランジスタなどの半導体と真空管を一緒に使った回路はハイブリッド方式などと呼ばれ、昔の真空管しかなかったころにはありえなかった回路と言えます。

ここでは、初心者向きということで、古くから使われてきた古典的な増幅回路について解説します。そのほかの回路に興味がある方は、いろいろな本が出版されていますし、インターネット上にもたくさん見つかりますので、ぜひ研究してみてください。

3.4.1　電圧増幅回路

まずは電圧増幅ですが、オーディオでは電圧増幅には 3 極管を使うことが多いので、ここでも 3 極管で説明します。もちろん 5 極管でも電圧増幅はできますが、スクリーングリッドの分だけ回路も増えますし、3 極管の方が便利です。電圧増幅用とうたわれた 3 極管の種類は数多く、入手も楽です。オーディオでは、5 極管はどちらかというと後の方で説明する電力増幅で使われることが多いのです。ちなみに、実は、高周波の電圧増幅には 5 極管がよく使われます。これは、プレートとグリッドの間に入った 2 枚のグリッドがシールドの役割をし、発振に強いという理由からです。

3.4.2　固定バイアス増幅回路

3.2.2 項の 3 極管の原理のところで説明したように、真空管はグリッドにマイナスの直流電圧をかけ、それに信号が重畳するような形で入力してやることで信号を増幅します。この、グリッドにかける電圧をバイアスと呼びますが、例えばこのバイアスを普通の乾電池で供給してやる図 3.33 のような回路が考えられます。このようにマイナスのバイアス電圧を外部から供給してやる回路を固定バイアスと呼んでいます。ちなみに図の回路は実際にこのまま組めば動作する回路です。

図 3.33 ●固定バイアスによる電圧増幅回路

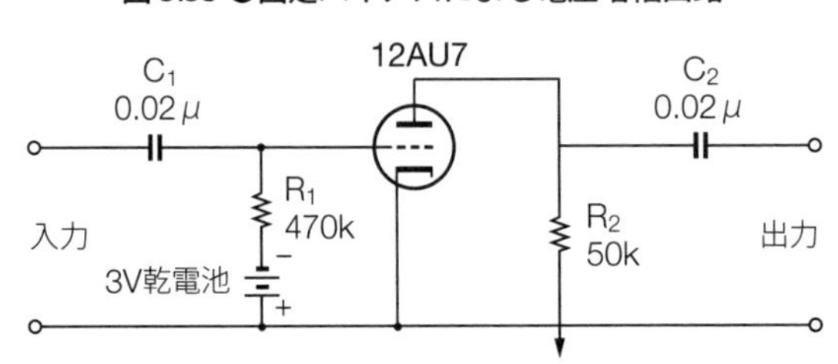

これからときどきC電源、B電源という言葉が出てきますが、C電源はグリッドバイアス用の電源、B電源はプレート用の電源のことです。ちなみにA電源というのもあり、これはヒーター点灯用の電源です。これらの3種の電源は、真空管の黎明期、AC電源から整流して作るのではなく（AC商用電源自体が普及していなかった）、図3.34のように電源にバッテリーを使っていたころに付けられた名前です。

図3.34●真空管の電源の名称

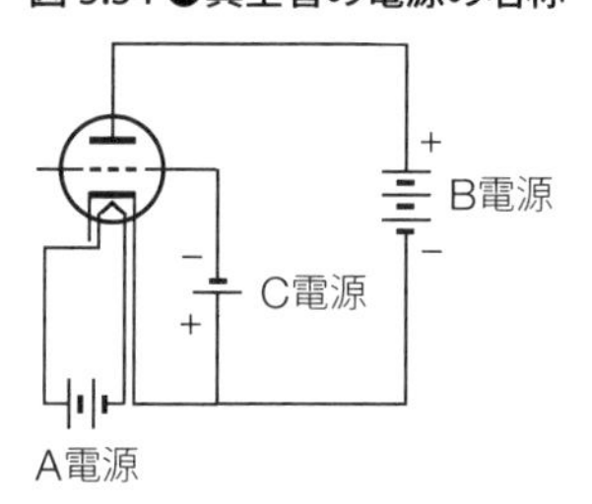

では回路の説明をしましょう。まず、コンデンサ C_1 は前段からの直流をカットし、C_2 は次段との直流をカットする役割をします。この2つのコンデンサによって、この増幅回路を独立して設計できるのです。R_2 は増幅の原理のところでも出てきた負荷抵抗です。この抵抗の両端に増幅された出力信号が出てきます。では、R_1 は何のためにあるのでしょう。もし、この R_1 が無い図3.35（a）のような回路を考えたとします。実は、電源（ここでは乾電池）の持っている抵抗はゼロです。なので、この回路は信号（交流）から見ると入力とグランドがショートした（b）のような回路になってしまうのです。これではグリッドとカソードの間に信号が加わりません。したがって、ここに抵抗を入れ信号が伝わるようにするのです。この R_1 はグリッド抵抗と呼びます。

図3.35●グリッドリーク抵抗の働き

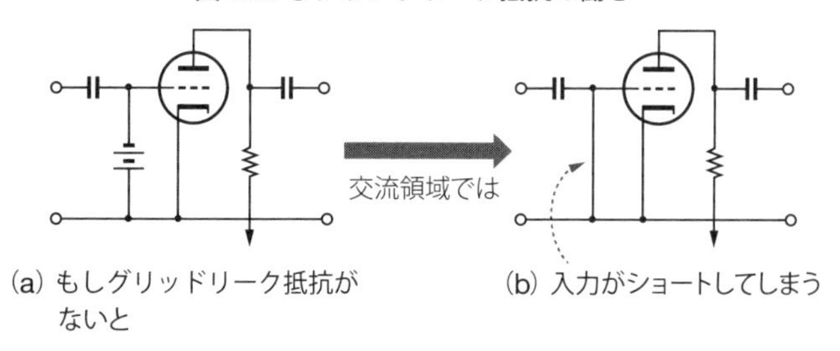

また、この回路では図3.36のように、入力側は C_1 でブロックされているし、グリッドにも電流は流れないので、電池と R_1 には電流は流れません。R_1 に電流が流れないのでオームの法則より R_1 による電圧降下もゼロで、電池の –3V の電圧はそのままバイアス電圧としてグリッドにかかります。

図 3.36 ●固定バイアスにおけるバイアス電圧の様子

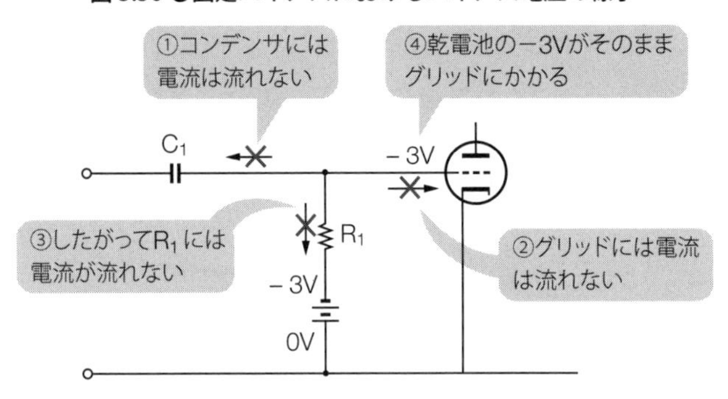

さて、このようにバイアスを乾電池でかけることもできますが、いくら電池に電流が流れないからといっても、自然放電というのもありますし、少しずつ電圧が下がって行き、バイアスがずれてしまいます。したがって、このバイアスのマイナス電圧も、AC 100V から電源回路によって作り出し、供給するのが普通です。このとき、回路は図 3.37 のようになります。

図 3.37 ● C 電源に電源回路を使った固定バイアス

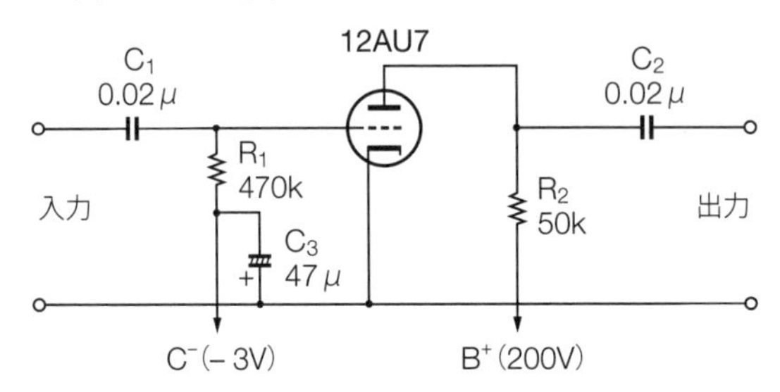

ここで C_3 ですが、実はこれは無くとも動作します。というのは、先に言ったように電源の抵抗はゼロですので（もちろん理想的には、です）構わないわけです。しかし、電源回路からバイアスの電源を取る場合、実際の回路は図 3.38 のようになっていて、入力信号が流れる経路は相当の大回りになり、その間でなんらかのノイズなどを拾ったり、ということがありえます。そこで C_3 を入れて、交流成分（信号）のショートカットを作ってやるのです。そうした

図 3.38 ●バイパスコンデンサが無いときに入力信号が流れる経路

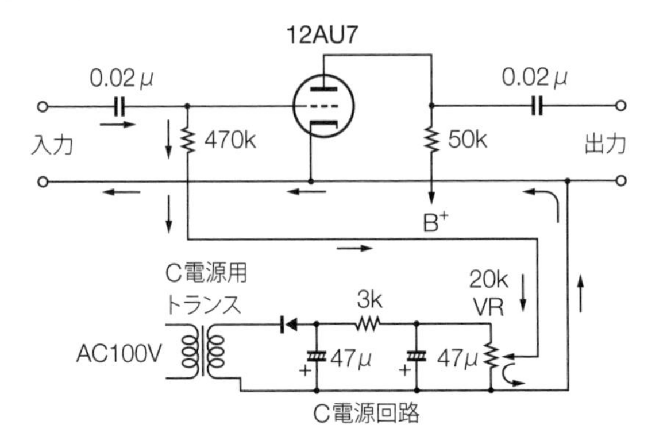

ことから、このコンデンサをバイパスコンデンサと呼びます。バイパスとして使うのですから当然、配線するときも入力回路の近くに配線しなくてはいけません。

以上が固定バイアスによる電圧増幅回路です。固定バイアスのいいところは、

- 増幅回路の部品点数が少ない。

逆に悪いところは、

- C電源用の回路が必要なので、電源回路が複雑になる。
- 使う真空管によってC電源を調整しなければいけない。
- 安定性にいくらか問題がある。

といったところです。実際の電圧増幅回路にこの固定バイアスが使われることは少なく、次に説明する自己バイアス回路を使うことが多いです。

3.4.3　自己バイアス増幅回路

自己バイアスの回路は図3.39の通りです。固定バイアスのようにC電源の供給はなく、代わりに、カソードのところに抵抗とコンデンサが入っているところが特徴です。

図3.39●自己バイアス回路

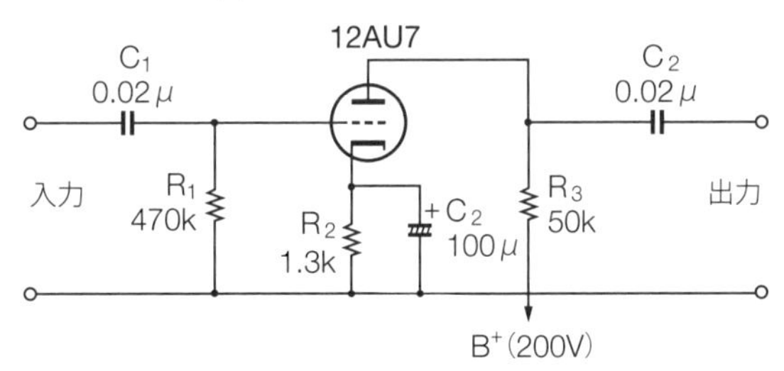

図3.40で原理の説明をしましょう。プレートに流れ込む電流は、そのままカソードから流れ出し、R_2を通ってグランドへ行きます。今、プレート電流をI_pとすると、R_2の両端には図の向きにR_2I_pという電圧が発生します。この図の例では、1.3kΩの抵抗に2.3mAの電流が流れるので、カソードのところの電位は3Vになります。一方、グリッドですが、グリッドはR_1を通してグランドにつながっています。先の説明のようにこのR_1には電流は流れないので、その両端の電圧は0Vです。R_1の一端はグランドにつながっているので、結局、グリッドの電位は0Vになります。

図 3.40 ●自己バイアスの原理

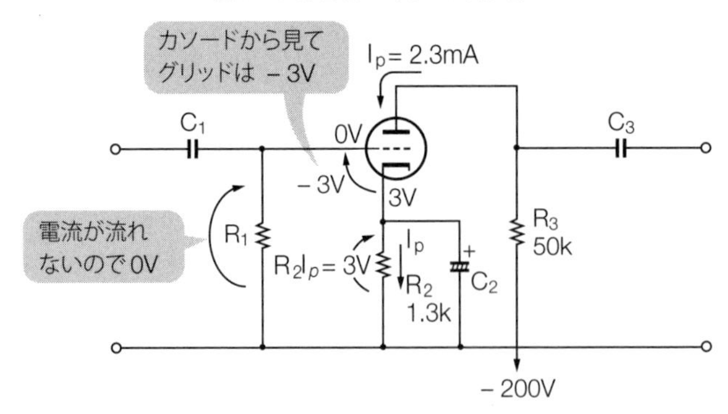

ここで、カソードに対するグリッドの電位は何Ｖでしょうか。カソードをゼロとすると、グリッドは相対的に –3V になりますよね。したがって、この回路においてもグリッドバイアスが –3V かかることになるのです。

ちなみに、C_2 はコンデンサなので直流の場合は無いものとみなすことができ、以上の事情には関係しません。こういった回路を考えるときは「直流での回路」と「交流での回路」に分けて考えると便利です。このとき、コンデンサは直流回路では無いものとみなし、交流回路では短絡している（あるいは小さな抵抗）ものとみなします。ここには出てきていませんが、コイルは逆で、直流では短絡、交流では無いもの（あるいは大き目の抵抗）とみなして考えます。抵抗は直流でも交流でも同じです。

これで、この回路でもグリッドにマイナスのバイアスがかかることが分かりました。このようにバイアスを外部から供給するのではなく、自分で作り出すことから「自己バイアス」と呼ばれるのです。また、カソードに抵抗を入れてバイアスを作るので「カソードバイアス」と呼んだりもします。

それでは、C_2 の役目はなんでしょう。これは、交流成分を R_2 に流さず素通しさせるためにありますので、やはりバイパスコンデンサと呼びます。この C_2 が無くても回路は動作しますが、その電圧増幅率は R_2 が大きくなるほど小さくなってしまいます。理由は少し難しいですが、真空管で増幅されたプレート信号電流がそのまま R_2 に流れ、R_2 の両端に信号電圧を発生し、そのせいでカソードに対してグリッドにかかる信号電圧が相対的に小さくなってしまうためです。これを電流帰還と呼んでいて、意図的に使うこともありますが、普通は C_2 を入れて大きな増幅率を確保します。

固定バイアスに比べて、自己バイアスの大きな特長は、安定性がいいということです。では安定性とは何でしょう。例えば、電源を入れると真空管は熱くなってきますが、そうすると熱によって特性がいくらか変化して行きます。商用の電源電圧が変動することもあります。あるいは経年変化で特性が変わることもあります。同じ型式の真空管でも１本１本特性にばらつきもあります。こういった、設計と異なる特性に対しても動作点があまり狂わず、安定に動作する回路を安定性が高い、と言います。

では、なぜ自己バイアスは安定性がよいのでしょう。今、なんらかの理由で、プレート電流2.3mAが少し増えて2.5mAになったとします。すると $R_2 = 1.3\mathrm{k}\Omega$ の両端の電圧はオームの法則から $1.3 \times 2.5 = 3.25\mathrm{V}$ になり、カソードの電位が上がります。グリッドから見ると、バイアスが $-3\mathrm{V}$ から $-3.25\mathrm{V}$ になったことになります。バイアスのマイナスの電圧が大きくなることを「バイアスが深くなる（逆は浅くなる）」と言います。

3.2.2項の E_p-I_p 曲線を思い出してください。図3.41のようにバイアスが深くなるとプレート電流は下がる方向になります。しがたって、先の増加したプレート電流を減らす方向に働き、結局、もろもろの条件が一致する動作点に戻され、動作点はそれほど変化しないで落ち着いてしまうのです。

図3.41 ●バイアス電圧とプレート電流

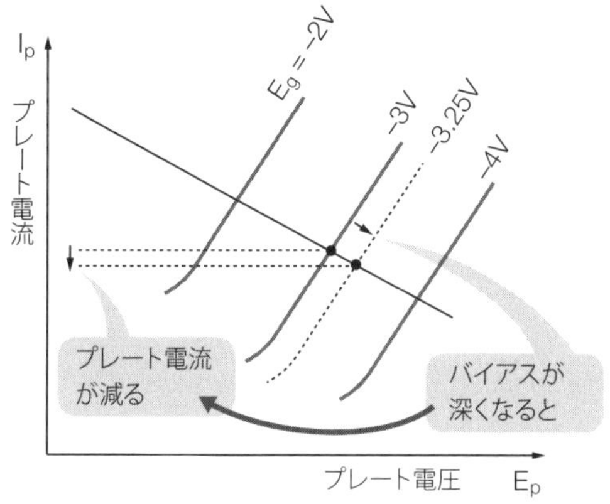

自己バイアスのいいところは、

- C電源回路が必要ない。
- 無調整である。
- 安定性に優れている。

逆に欠点は、

- 増幅回路の部品点数が多い。

といったところです。固定バイアスに比べて長所が多く、実際のアンプでもこの自己バイアスが主流です。では、固定バイアスがまるで使われないかというとそんなこともなく、大出力の出力管のバイアスによく使われます。

3.4.4　電力増幅回路

電力増幅はアンプの場合、普通は終段のスピーカーを鳴らすところで使われます。実は、真空管アンプでは、終段以外の部分ではほとんどの場合が電圧増幅だけで間に合います。というのは、これまで説明したように、真空管のグリッドには電流が流れませんので、入力には電圧だけをかければ十分で、電力は必要ないのです。もっとも、実際には、電圧増幅の回路を見ると入り口にグリッド抵抗が入っていて、ここに電流が流れます。ただし、このグリッド抵抗には普通500kΩ～1MΩという大きな抵抗を使いますので、電流は流れてもほんのわずかです。逆に、この抵抗を例えば10kΩとかに小さくしてしまうと、電流が多く流れ、前段の増幅回路ではいくらか電力を供給できるように設計しなければいけなくなります。

電力増幅といっても、電圧増幅とまったく異なる回路や原理を使うかというと、別にそんなことはなく、ほとんど同じです。電圧増幅回路でも、小さいですが電力増幅をしています。要は、負荷抵抗で発生する信号電力が大きければ電力増幅なのです。例えば、先の電圧増幅回路でも、50kΩの負荷抵抗に20Vの信号が出てくれば、とても小さいですが8mWの電力になります。もっとも、この場合、電力はほとんど負荷抵抗で消費されてしまい、電力増幅をした意味があまりありません。

スピーカーを鳴らす電力増幅回路で代表的なのは、シングルとプッシュプルです。シングルは、前述の電圧増幅の回路と基本的には同じです。これに対してプッシュプルは真空管を2つ使い、動作方式も異なっています。それでは順に説明して行きましょう。

3.4.5　3極管シングル電力増幅

図3.42に、3極管を使ったシングルの電力増幅回路を示します。バイアスの方式は自己バイアスです。固定バイアスだったら図3.43のようになります。ちなみにここで使っている真空管6EM7は双3極管で、電圧増幅用と電力増幅用の2つの3極管が入った、元々はテレビ用の球です。

図3.42●3極管シングル電力増幅（自己バイアス）

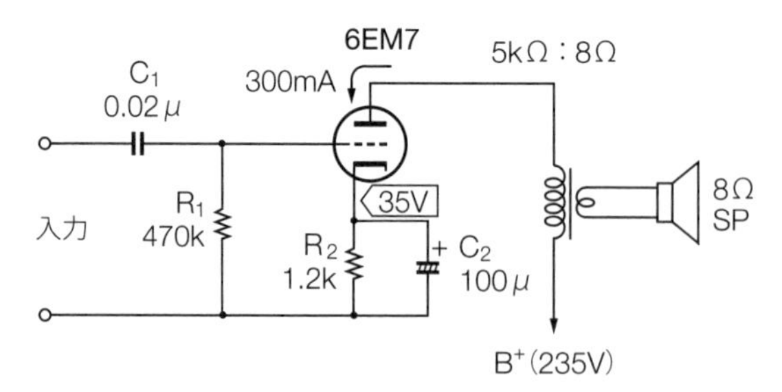

図3.43●3極管シングル電力増幅（固定バイアス）

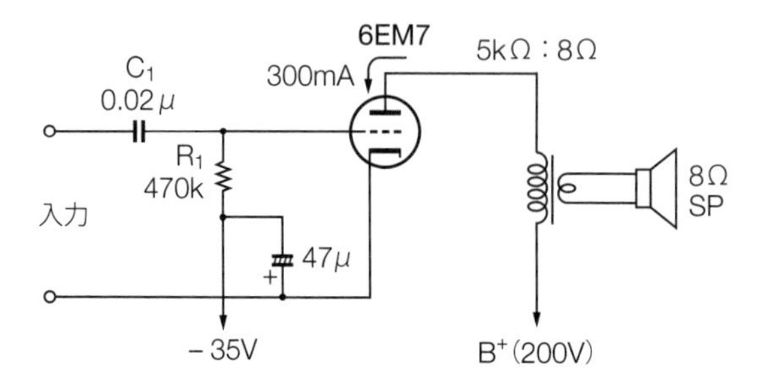

さて、ここで、電圧増幅と決定的に違うのが、負荷抵抗の代わりにトランスが入っていることです。例えば、3W の出力のアンプでしたら、このトランスの 1 次側に 3W の信号電力が発生している、ということになります。ところで、実は、この 1 次側のコイルそのものは電力を消費しません。理由は難しくなりますが、コイルに交流を流すと、電流と電圧の位相がずれるせいで、実質的な電力を発生しないのです。では、この 1 次側の電力はどこへ行くかというと、そのままトランスのコアを伝わって 2 次側へ行きます。2 次側もコイルなので電力は消費しません。それで、結局どうなるかというと、2 次側につながったスピーカーで最終的に 3W の電力が消費されるのです。それで、3W 分の音圧になるというわけです（実際は、トランスもいくらか電力を消費して熱になるし、スピーカーも同じく発熱するので、3W 分すべて音にはなりません）。

というわけで、トランスの 1 次側で大きな電力を発生させなければならないわけで、そのために電力増幅回路では、負荷（トランスの 1 次側のコイル）の両端に大きな信号電圧と大きな信号電流を発生させるようになっています。例えば、図 3.43 の 6EM7 の電力増幅回路はおよそ 1.8W の出力が得られますが、最大出力時にはトランスの 1 次側にはおよそ 270Vp-p の電圧と 54mAp-p の電流が発生しています。このように大きな信号を発生させるためには、当然、真空管に高い電圧をかけて、たくさんの電流を流しておかなくてはいけません。図 3.43 の回路では、信号がない状態でプレート電流が 30mA も流れています。さきほどの電圧増幅回路ではたった 2.3mA でしたから、ずいぶんと大きい値です。

このように、電力増幅回路の一番の違いは、たくさん電流を流すような動作点だ、ということです。もちろん、電圧増幅回路のときよりプレートにかける電圧をより高圧にすることも多いです。このように、電力増幅用の真空管には高圧をかけ、大きな電流を流しますので、それに耐えられるような構造でなくてはいけません。電力増幅用とうたわれた真空管の図体が往々にしてでかいのも、そのためです。

3.4.6 5 極管シングル電力増幅

電力増幅用の 5 極管（ビーム管は 5 極管と特性が同じなのでここでは 5 極管でくくって説明します）の種類は多くて、6L6GC や 6V6GT、6BQ5、6CA7、KT88 などなどたくさんのポピュラーな球があり、よりどりみどりです。逆に、電力増幅用の 3 極管は、前にちょっと紹介したオーディオ用の 300B、2A3 が有名ですが、5 極管に比べるとずっと選択肢は少ないのです。5 極管の方が 3 極管より能率が良く、大きな出力が取り出せるため、電力増幅用の 5 極管が数多く作られ、それでこのようなことになったようです。

しかし、これは後ほど第 4 章の 4.2.3 項でお話ししますが、実は、5 極管のパワーアンプは、オーディオ的に言うと、良い音で鳴らすにはけっこうなテクニックが必要なのです。それに比べて 3 極管は、シンプルな回路ですんなり作ってもわりと音が良いものになるので、初心者にはけっこうお勧めです。ただし、前述したように電力増幅用 3 極管は種類が少なく、バリエーションは限られます。このため、豊富な種類の 5 極管を 3 極管接続（プレートとスクリーングリッドを接続してしまう）という方法で3極管として用いる、などという方法もよく使われます。これについては第5章の作例で使っていますので、5.5.1項で詳しく説明します。

5極管によるシングルの電力増幅回路は図3.44（a）のようなものです。ここでは、自己バイアスを使っています。基本的に3極管と同じですが、スクリーングリッドの回路が追加になっています。あるいは、スクリーングリッド電圧を直接電源から取ってしまう（b）のような回路も使われます。

図3.44●5極管シングル電力増幅回路

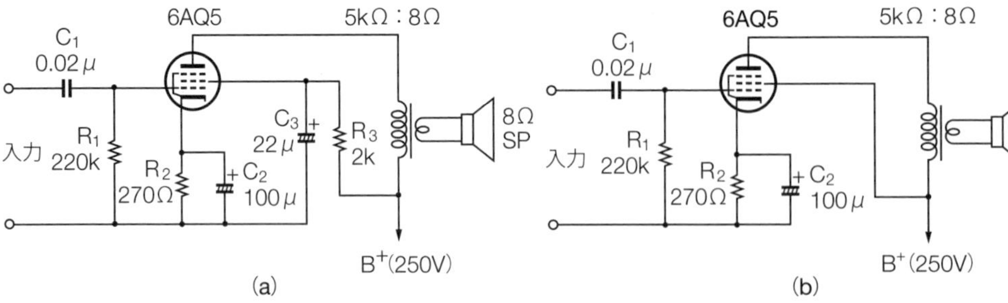

いずれにせよ、5極管の原理のところで説明したように、スクリーングリッドにはプラスの直流電圧をかけて使います。スクリーングリッドは、プレートと同じような位置にあってプレートと同じようにプラスの高電圧をかけるので、実は、スクリーングリッドはプレートと同じような作用をします。ただ、スクリーングリッドは網構造になっているので、ちょっとしたミニプレートのような感じの振る舞いをします。なので、スクリーングリッドにはプレートと同じように、図3.45のように直流に交流の信号が重畳したスクリーングリッド電流というものが流れます。ただし、その電流の大きさは、プレートの1/10とか、それぐらいの小さい量です。ここで、R_3にこの電流が流れると、これに比例した電圧降下が起こって、スクリーングリッドの電圧は入力信号と同じ交流で揺れることになります。これは、実は、プレートに流れる信号電流を減らす方向に働くため、出力が落ちてしまいます。C_3はこれを防ぐためのもので、交流信号だけをバイパスしてグランドに逃がしてしまい、スクリーングリッドの電圧がちゃんと直流になって、信号で揺れないようにするためのものです。

図3.45●スクリーングリッドに流れる電流

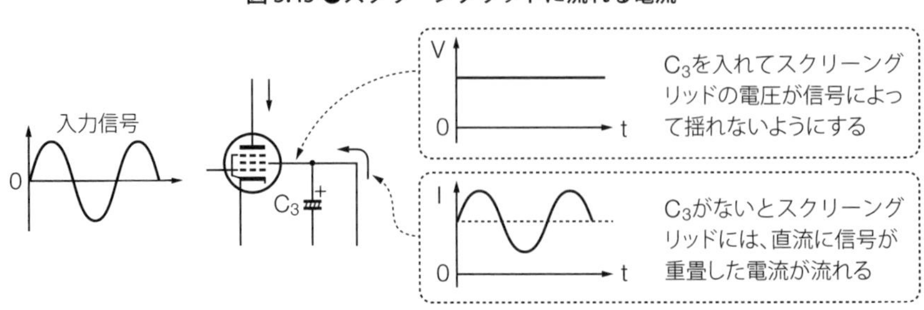

3.4.7 プッシュプル回路

シングルは回路が簡単ですが、出力をそれほど大きくはできません。最大出力は使う真空管で決まりますが、普通は10Wていどが限度になります。そこで開発されたのが、このプッシュプル回路で、同じ真空管を2本使い、1本でシングルで組んだときの2倍、あるいは2倍以上の出力を取り出すことができます。後でお話しますが、このプッシュプル回路には、単に出力が大きくなる、というだけでなく、いろいろな利点があり、古くからパワーアンプの回路としてもっとも多く使われてきました。

プッシュプル回路は図3.46のようなものです。プッシュプル回路にも固定バイアスと自己バイアスがあるのは同じで、ここでは自己バイアスになっています。

図3.46●プッシュプル回路の動作

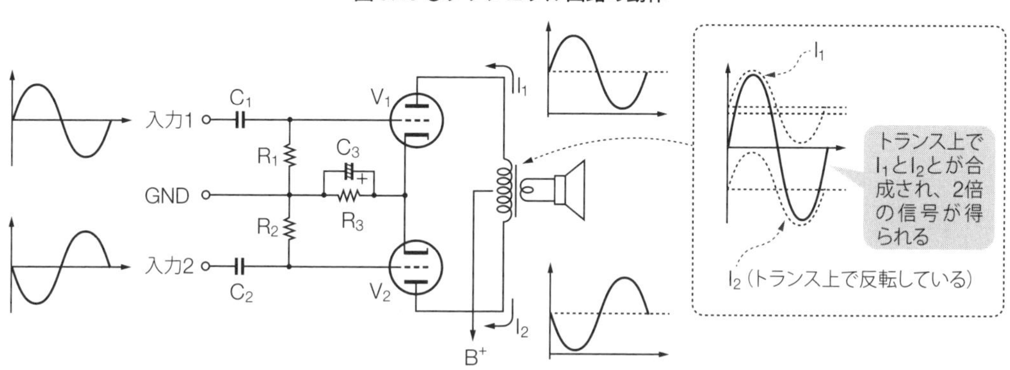

入力は2つあり、ここには、図のようにちょうど位相が逆になった信号を加えます。こうすると、上側のV_1で増幅されたプレート電流はI_1のようになり、下側のV_2で増幅されたプレート電流はI_2のようになり、これもちょうど逆相になります。この2つのI_1とI_2という電流が、トランスの1次側で図のように合成されて、ちょうどI_1およびI_2の信号の倍の大きさの信号になるのです。結果、トランスの2次側へ伝わる電力は2倍になって、この回路はシングルのときのちょうど2倍の出力が得られることになります。

3.4.8 A級、B級、AB級について

ここで、先に進む前に、バイアスのかけ方による真空管の動作の種類について説明しておきましょう。これまで、電圧増幅から電力増幅まで説明してきましたが、いずれも、図3.26のように、入力のサイン波がほぼそのままの形で出力に出てくるようにバイアスをかけて真空管を使っていました。この真空管の動作のさせ方をA級動作と呼びます。さて、この図では、E_p-I_p特性を使っていますが、以降の説明をしやすくするために、グリッド電圧に対するプレート電流の関係を表す図3.47のようなE_g-I_p特性で考えてみましょう。

図 3.47 ● E_g-I_p 特性と A 級動作

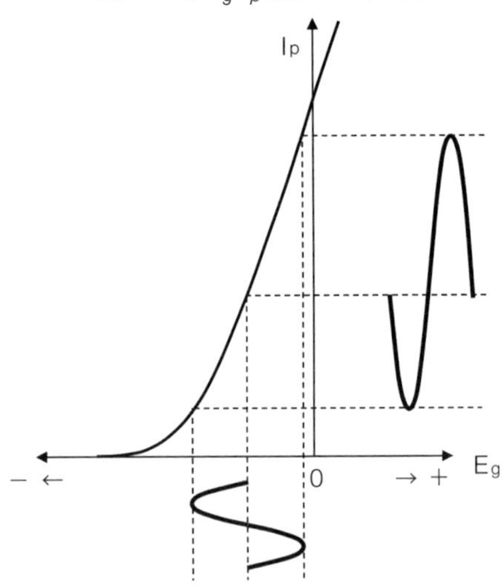

グリッドのマイナス電圧を小さくして（バイアスを浅くして）行くとプレート電流は増えて行くので、曲線は右上がりです。以前にも触れましたが、グリッドがプラスになっても図のようにプレート電流は増えて行きます。ただし、グリッド電流が流れるので、この領域は普通は使いません。一方、グリッドのマイナス電圧を大きくして（バイアスを深くして）行くと、プレート電流は減って行き、あるところから先はプレート電流がゼロになります。これを「カットオフ」と呼んでいます。先の A 級動作は、図のように、E_g-I_p 特性の中で、なるべく直線に近い部分を使って歪みの小さい信号増幅をしていることが分かります。

さて、ここで、バイアスのマイナス電圧を大きくして（バイアスを深くして）、図 3.48 のような点にまで持ってきたとします。すると、図のように、入力信号の負の方向の部分はカットオフにかかってしまい、出力にはほとんどサイン波の正の半分しか出てこなくなります。この動作を B 級動作と呼びます。ちなみに、さらにバイアスを深くすると、図 3.49 のようになり

図 3.48 ● B 級動作

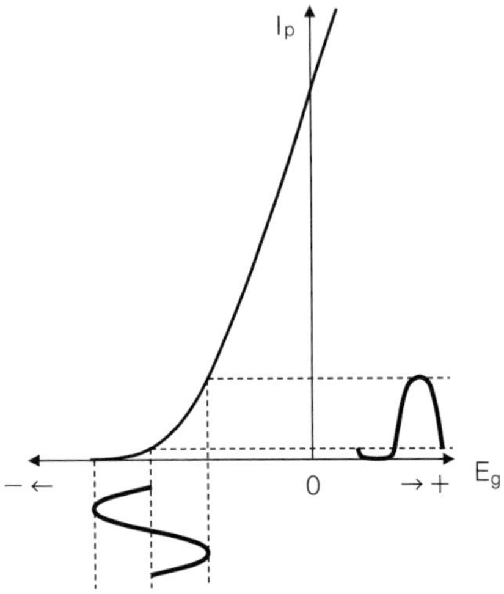

図 3.49 ● C 級動作

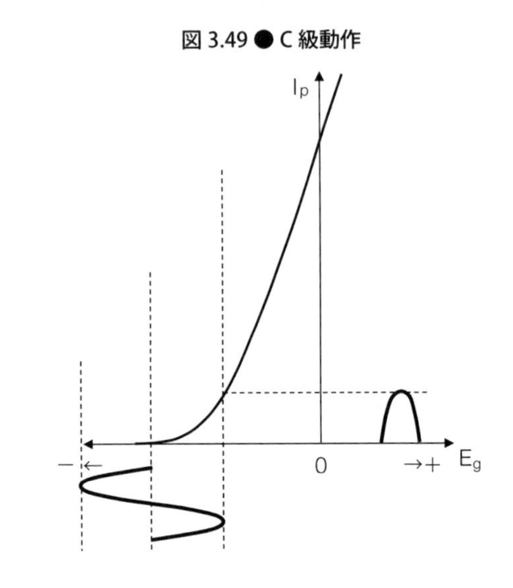

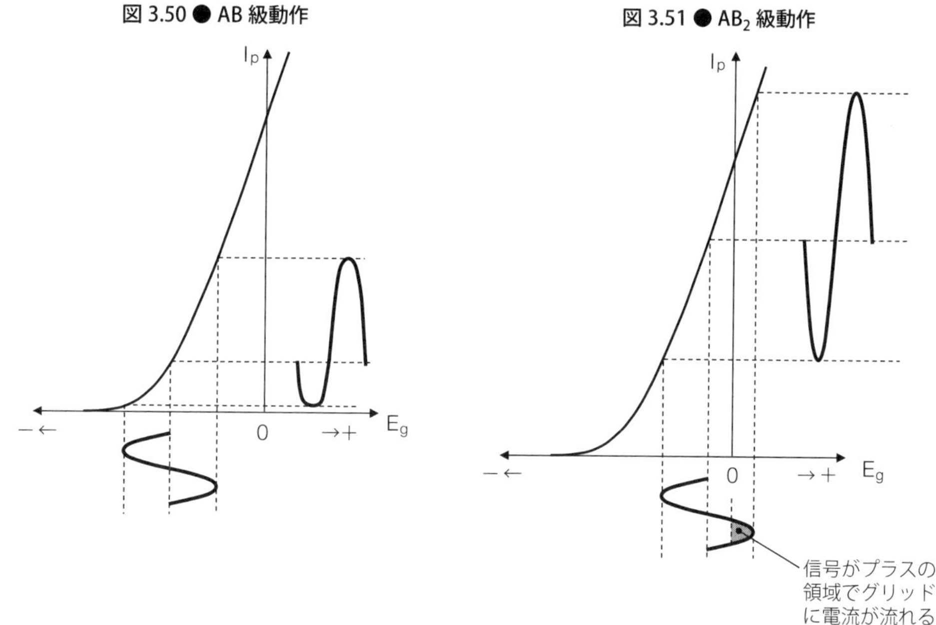

図 3.50 ● AB 級動作

図 3.51 ● AB_2 級動作

ますが、これはC級動作と呼びます。それから、A級とB級の間あたりにバイアスを設定すると、図3.50のようになりますが、これはAB級動作と呼ばれます。AB級では、入力のサイン波の負の部分がつぶれたような出力波形になります。

これら、B級、C級、AB級は、入力のサイン波の形がいちじるしく歪んで出てくるので、そのままでオーディオアンプに使うことはできません。したがって、オーディオ用のシングル増幅器ではA級以外は使いものにならないのです。

それから、ときどき、例えばAB_2級などと、2という添え字が付いている表現を見ることがあります。これは、図3.51のように、グリッドの電位がプラスになる領域まで使う動作のことを言います。グリッドが正になってグリッド電流が流れてもちゃんとした信号増幅がされるように設計されている、という意味です。一方、これまでのように、グリッドが負の領域だけ使う動作（実際には0Vではなく、約−0.7Vよりマイナスの領域を使うのが普通です）には添字1が付いて、例えばAB_1級と書きます。省略されているときは普通は“1”です。

3.4.9　B級およびAB級プッシュプル回路

シングルでは使えなかったB級とAB級ですが、これをプッシュプル回路で使うとちゃんとオーディオ用の増幅をすることができます。

図3.52は、B級の動作点でプッシュプル回路を使った場合です。真空管V_1でサイン波の正のサイクルを、真空管V_2でサイン波の負のサイクルを増幅して、それらが出力トランスで合成され、出力ではちゃんとサイン波が再生されるのです。これをB級プッシュプルと呼びます。また、AB級の場合は図3.53のようになります。負の側が歪んでいるのですが、V_1とV_2の出力がちょうど上下で対称の形になっているため、やはりトランスで合成すると、上下非対称な

歪みが打ち消されて、出力にはきれいなサイン波が得られます。これをAB級プッシュプルと呼んでいます。

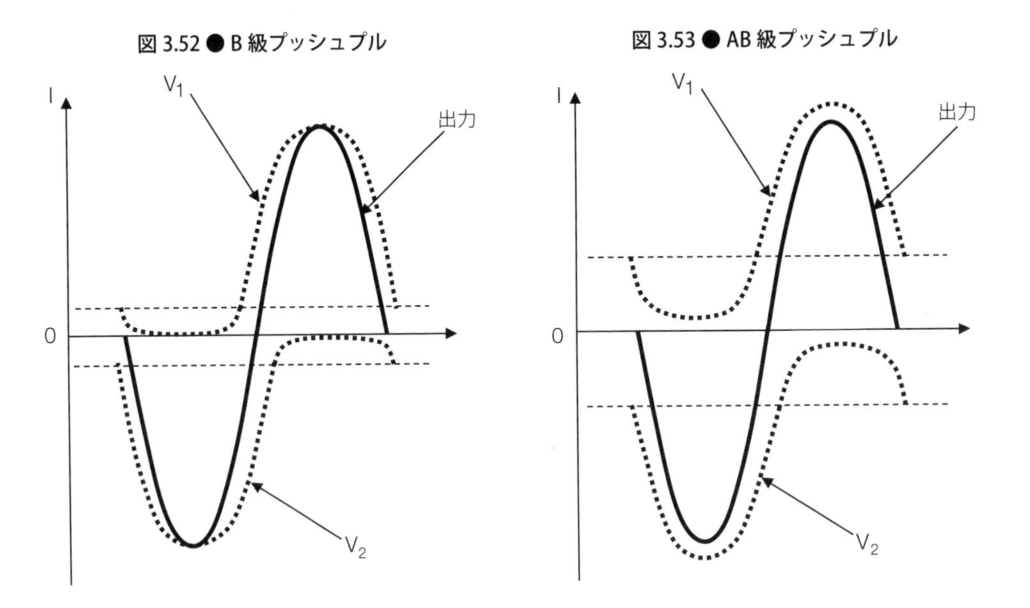

図3.52●B級プッシュプル

図3.53●AB級プッシュプル

実際には、B級プッシュプルは、波形の接合がシビアで、よほどきれいに V_1 と V_2 の特性が合っていないと、接合部分に歪みが生じるため、オーディオアンプにはあまり使われません。AB級は、合成がそれほどシビアでない（動作点がB級に近いほどシビアで、A級に近いほど歪みは減る）ので、かなり歪みが少ない増幅ができ、オーディオ用として使われるのは、このAB級の方です。もちろんA級動作でプッシュプルにすることもでき、これはA級プッシュプルと呼びます。なお、C級は、プッシュプルで合成しても元のサイン波は得られないのでオーディオ用には使えません。同調回路を持った高周波増幅などに使われることがあります。

ここで、A級、AB級、B級の能率について考えてみましょう。能率というのは、電源回路から供給した電力が、どれだけ所望の信号電力として使われたか、ということを意味します。例えば、電源から10W供給しているのに、信号出力が1Wしか得られなければ能率は10%です。電源から供給した残り90%は、望みの信号電力には使われず、熱として捨てられてしまったということになります。

さて、まずA級増幅器について考えてみましょう。図3.47のように、A級増幅では、信号が無いとき（無信号時と言います）でもかなりの量のプレート電流が流れています。この電流は真空管のプレートからカソードへ流れて行き、真空管内で電力を発生し、すべて熱となって真空管を過熱させて終わってしまいます。この熱は、プレート電圧にプレート電流を掛け算した電力で、これをプレート損失と呼びます。図3.43の例ですと、30mAの電流でプレート電圧が200Vですので、6Wもの電力が消費されます。実は、電力増幅用の真空管というのは、このプレート損失をどれぐらい許容できるかで、その発揮できる最大出力値が決まると言っていいのです。

これがAB級になると、無信号時のプレート電流はA級より減るため、プレート損失は小さくなります。そしてB級では、無信号時にプレート電流は流れませんので、プレート損失はゼロになります。B級では、信号が加えられたときだけ電力を発生し、無信号時には電力を消費しないので、A級よりはるかに能率が良いのです。AB級はA級とB級の間になります。ということで、シングル増幅器はA級しかありませんので、能率は一番悪く、プッシュプル増幅器は、シングルより能率が良い、と言えるのです。

プッシュプル増幅回路の最大出力ですが、A級の場合は前にも説明した通り、V_1 と V_2 による2つの信号出力が単純に加え合わされるので、その出力はシングルのときのちょうど2倍になります。図3.52や図3.53を見ると、AB級でもB級でも単純に出力が2倍になっているだけに見えますが、実はこれらでは2倍以上、時には3倍ぐらいの出力も取り出せます。というのは、先に説明したように、AB級やB級は能率が良く、A級のように無信号でもかなりのプレート損失がかかるのとは違い、全体として真空管にかかる電力負担が小さくなります。そのせいで、同じ真空管を使っていても、A級のときよりもAB級あるいはB級の方では、動作点を高く取っても大丈夫なのです。その結果、同じ真空管でも2倍以上の出力が出せることになるのです。B級に近くなるほど出力は増えて行きます。

3.4.10　プッシュプルの利点

プッシュプル回路には以下のようにいくつかの利点があります。

(1) 大電力が取り出せる

これは前に説明した通りです。

(2) 歪みが少ない

真空管の入力と出力の関係は、図3.54の E_g-I_p 特性を見ても分かるように、直線的ではなく曲線を描いています。したがって、入力にサイン波を入れても、出力では、それが必ず歪んで出てきます。図のように入出力が小さいときは、ほぼ直線とみなせる領域を使い、歪みはそれほどでもありません。しかし、大出力のときはこの曲線をいっぱいいっぱいで使うので、どうしても出力波はかなり歪んだものになります。

真空管の特性では普通、図のように下側の少しつぶれた2次歪みと呼ばれる歪みを生じます。シングルでは、この2次歪みがそのまま出力となるわけです。ところが、プッシュプルでは2本の真空管の出力を逆相で合成するので、上下非対称な歪みは合成するときに打ち消されてしまい、出力に出てこないのです。そのため、歪みはシングルのときよりだいぶ減ります。

図 3.54 ● A 級増幅における信号歪み

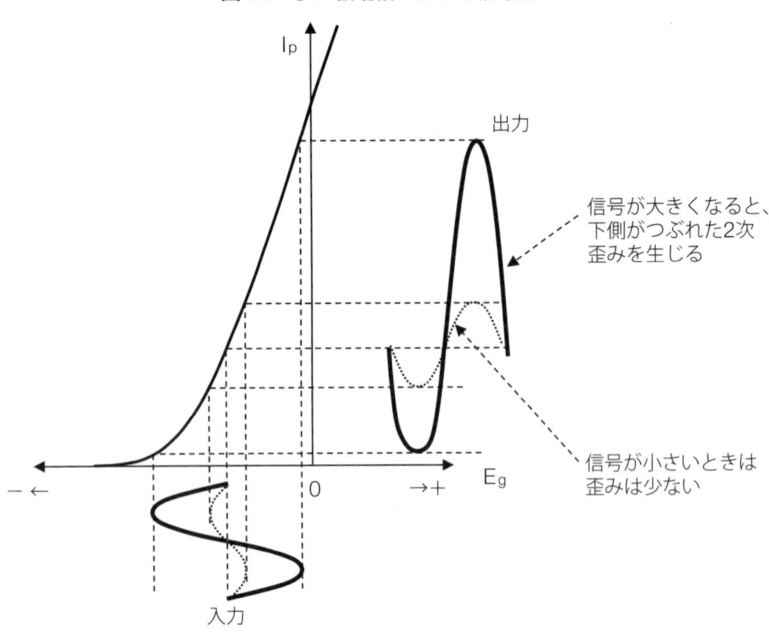

(3) 比較的小さな出力トランスでも低音が出る

シングルはA級なので、信号があっても無くても常にトランスの1次側にかなりの大きさの直流が流れています。実は、トランスに直流を流すと、コアの直流磁化というものが起こり、低い周波数の信号が通りにくくなるのです。これを防ぐために、シングル用のトランスは普通コアに工夫をして直流による磁化が起こりにくくなるように作られています。このため、いきおい、十分な低域特性を得るためにコアボリューム（コアの体積）は大きくなり、重くなり、高価になります。

一方、プッシュプルでは、プレートに流れる直流は、1次側の中点に対して、上側と下側で逆向きになっていますので、上と下とで磁気が打ち消されて、結果的にトランスの直流磁化は起こらなくなります。そのため、コアボリュームが小さくても低域の特性が良好になるのです。

(4) ハムに強い

電源回路から来るB電源は、トランスの中点から入ってきます。このB電源に取りきれない電源ACのハムが乗っていたとしても、トランスの上下で同相の信号なので、結局打ち消されハムは出力に出てきません。スクリーングリッドから進入するハムも、入力から進入するハムも、V_1 と V_2 で同相のものは出力トランスで打ち消され、出力には現れません。その結果、シングルに比べてハムは減ります。

以上のようにプッシュプルには利点がたくさんあり、例えば昔の市販の真空管アンプなどではこのプッシュプルのものがほとんどでした。そして、シングルは回路がシンプルなので、簡易型アンプや、どちらかというとアマチュア向きという感じでした。ただ、現代では、シングルは、良い部品を揃えてうまく作るとプッシュプルにはない清楚で素直な音がする、などと言われることもあり、根強い人気があります。

3.4.11 結合回路

実際のアンプでは、以上で説明した増幅回路を多段につないで全体の利得（ゲイン）をかせぎます。ここでは、増幅回路どうしを接続する結合回路についていくつかご紹介しましょう。

(1) 抵抗容量結合（RC 結合）

まず、一番よく使われるのがこの RC 結合です。図 3.55 のように、増幅回路どうしをコンデンサでつないで、直流的に分離します。1 つの真空管増幅回路が直流的に分離されているので、少なくとも直流については 1 本の真空管だけを考えればよく、動作点の設定の幅も広いし、設計が楽です。ただし、交流についてはコンデンサは無いものとみなせるため（コンデンサの容量が十分大きい場合）、次段の回路が影響します。しかし、これとて、次段の入力に入っているグリッド抵抗が大きければ影響はあまり無く、普通は気にしなくても大丈夫です。

図 3.55 ●抵抗容量（RC）結合回路

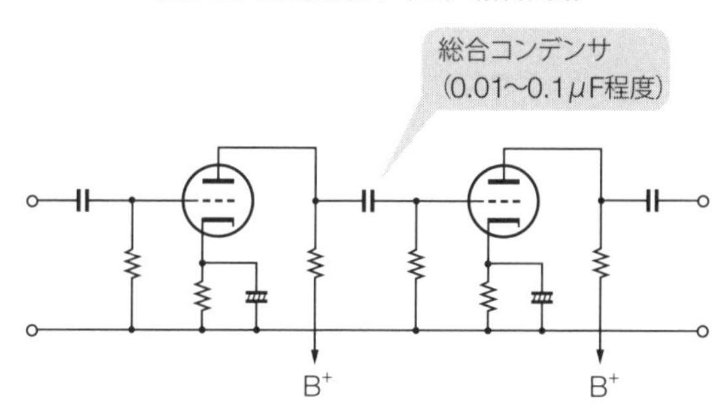

一方、この RC 結合では、信号はコンデンサを通って次段へ行きます。コンデンサは周波数が高い信号ほどよく通し、低い周波数は通しにくいので、コンデンサの容量を十分大きくしないと信号の低域が減衰してしまうので注意が必要です。どのくらいの値が必要かは、主に次段のグリッド抵抗との兼ね合いで決まります。オーダーとしては、普通、0.01μF ～ 0.1μF ぐらいが多く使われます。

(2) 直結

これは、図 3.56 のように、コンデンサを使わずに、次段と直接接続してしまうものです。この場合、2 本の真空管の動作点は互いに影響し合いますので、適正に設計するのは RC 結合よりずっと難しくなります。1 段目のプレートの電圧が、そこそこに高い電圧で、これがそのまま 2 段目のグリッドにかかり、その状態で 2 段目の真空管を適正な動作点に持ってくることになります。そうなると 2 段目のカソードの電位をかなり上げてやる必要があり、そのせいで、2 段目の事実上の B 電圧がその分小さくなります。結果、2 段目のプレートの動作幅が小さくなり、あまり大きな信号を出力することができなくなります。そんなわけで、真空管では直結は2段まででとめておくのが普通です。

図 3.56 ●直結回路

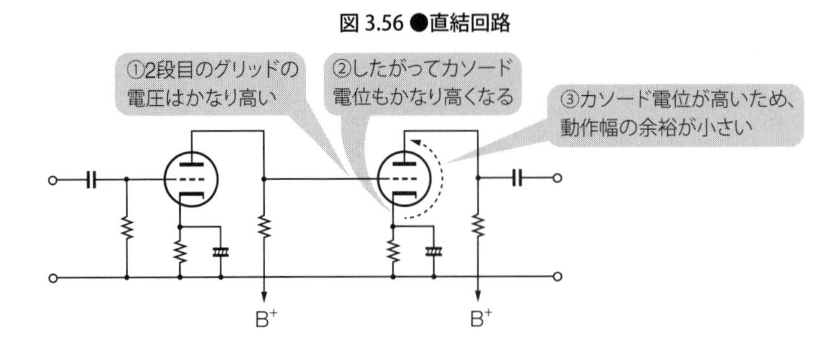

それから、直結では、電源を入れた直後、真空管がまだ温まっていないときの直流バランスの狂いが問題になることもあります。真空管が温まり通常動作するまでの間の十数秒の間に、最悪の場合、真空管に定格外の電圧、電流がかかり、寿命を短くすることもあります。このように、直結回路の直流設計はなにかと厄介ですが、段間のコンデンサが無いので、コンデンサによる周波数特性の劣化が皆無で、信号増幅としてみると理想的と言えます。

(3) トランス結合

トランス結合は、図3.57のようにトランスで各段を分離する方法で、今ではあまり使われません。真空管の出始めのころは、負荷抵抗に使う高抵抗が普及していないなどの理由でRC結合が安定に動作せず、このトランス結合が使われていたようです。その後、技術の進歩でかなりがRC結合に置き換わりました。

図 3.57 ●トランス結合

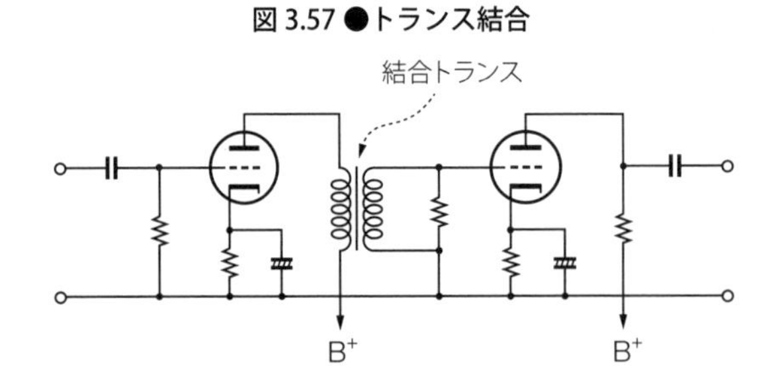

トランス結合でいいところは、B電圧が有効に使えるので動作点が広いことです。RC結合で負荷抵抗が入っていると、当然、電圧降下でプレート電圧は下がり、動作幅が狭くなりますが、トランスは直流抵抗が非常に小さいので、B電圧はそのままプレートにかかり、動作幅が広く取れるのです。それから、次段のグリッドに電流がいくらか流れても、トランスならばそれほど影響は無く、信号をグリッドが正になる領域まで振ってやることができます。

前に出てきたA_2級にするときなどはトランス結合が向いています。抵抗結合だと、普通A_2級にするとグリッドがプラスになった部分で信号は歪んでしまいます。あと、うまくやればトランスの1次側と2次側の巻き線比を使って、トランス単体で電圧増幅することもできます。

一方、トランス結合の欠点は、トランスによる信号の劣化です。トランスは、周波数特性や位相特性の劣化、そして歪みも発生するので、これでハイグレードなアンプを作るのはなかなか難しいのです。そのためには、段間トランス用に設計されたコアボリュームの大きな、重くて、高価なものが必要となり、手軽にいい音、というわけには行きません。ただ、アンプの音というのも不思議なもので、このトランス結合を使ったときに出る、他とは異なる音を求めて、好んでトランス結合を採用することもあります。

3.5 電源回路の原理

電源回路は、AC 電源から真空管用の直流を作り出すわけですが、まず、交流を整流回路で整流して、その後、これを平滑回路というもので、真っ平らな直流に整形する、というプロセスになります。最近は、ハイエンドのオーディオアンプでは特にこの電源回路の良さが結果を左右する、と言われたりしていて、たかが直流を作るだけとはいえ、けっこう追及される部分でもあります。

それでは、まず整流回路から説明しましょう。

3.5.1 整流回路いろいろ

ここでは、シリコンダイオードで整流する場合を考えましょう。図 3.58 に、100V：200V の電源トランスを使った場合の整流回路をいくつか示します。

まず、一番シンプルなのがダイオードを 1 本だけ使った（a）の半波整流です。この場合、出力には図のような形の脈流というものが現れます。（b）は両波整流というものです。ダイオードを 2 本使って、トランスも中点付きです。図のように、中点を基準にして逆相の交流がそれぞれのダイオードに加わるので、出力には、半波整流のように歯抜けではなく、ぎっしりつまった脈流が現れます。（c）はブリッジ整流と呼ばれ、両波整流の一種です。ダイオードを 4 本使って、両波整流をします。ブリッジ整流ではトランスの中点が不要なので、トランスの巻き線が節約できます。（d）は、ちょっと変わった回路で、半波倍電圧整流と呼ばれます。その名の通り、出力に倍の電圧が出てきます。トランスで昇圧せず、AC 100V をそのまま使って真空管に 200V 以上の高圧を供給する、ということができるので、トランスを使わない簡易的な回路で使われることがあります。本書でも第 1 章の段ボールアンプと第 3 章のミニアンプでこの回路を使っています。

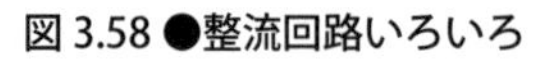

図 3.58 ●整流回路いろいろ

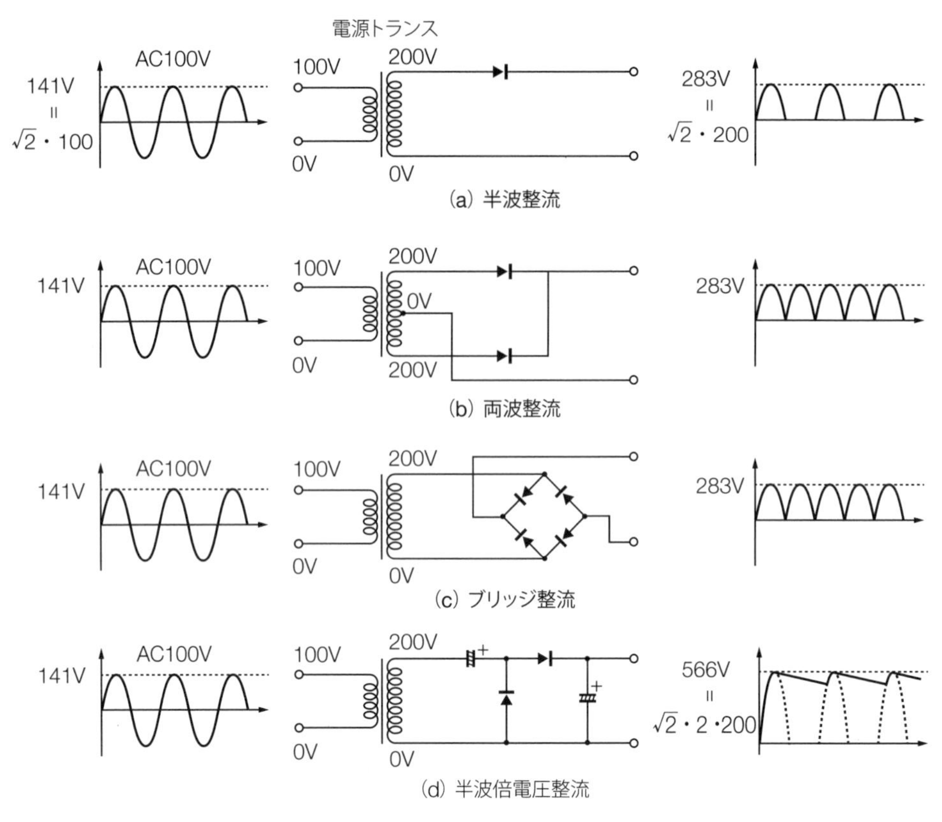

3.5.2 平滑回路

平滑回路は、整流回路から出てきた脈流を平坦にし、直流にする部分です。半波整流でのもっとも簡単な回路を図 3.59 に示します。

図 3.59 ●平滑回路の働き

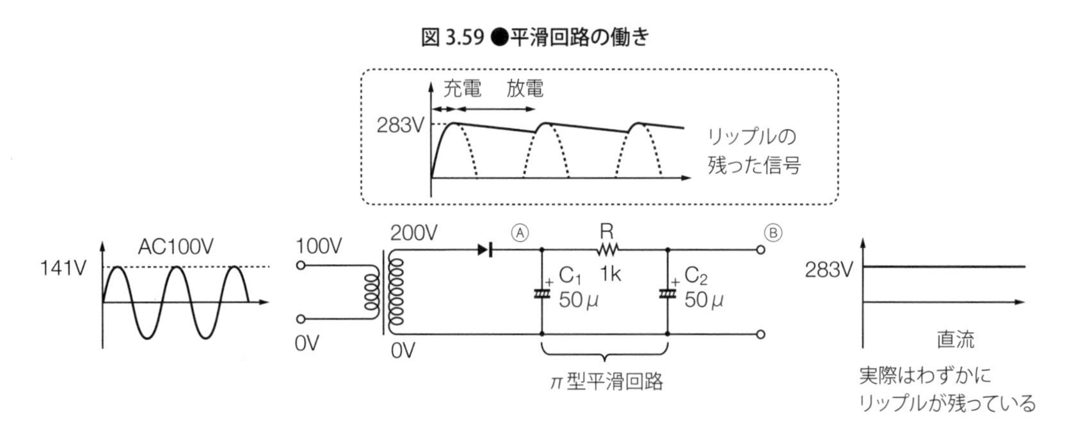

ダイオードの出力はすぐに大容量のコンデンサ C_1 に接続されています。すると、この部分で何が起こるかというと、図のように、脈流のピークまでの間にコンデンサに充電され、ピークが過ぎた後はコンデンサに充電された電気がゆっくり放電して減って行き、また脈流のピー

ク部分で充電され、ということを繰り返します。結果、図のAの部分には図のような波形が現われます。直流に近くなっていますが、まだ凹凸が残っています。この凹凸のことを「リップル」と呼びます。このリップルを含んだ直流信号が、こんどは抵抗 R を通って C_2 に加わり、最終的に出力Bの直流になります。この C_1 と R と C_2 の回路は、π の形をしていることから π 型の平滑回路と呼ばれます。この π 型の回路は必要に応じて図3.60のように連結させ、リップルをさらに除去し、最終的にきれいな直流にまで持って行きます。

図3.60 ●必要に応じて複数連結する

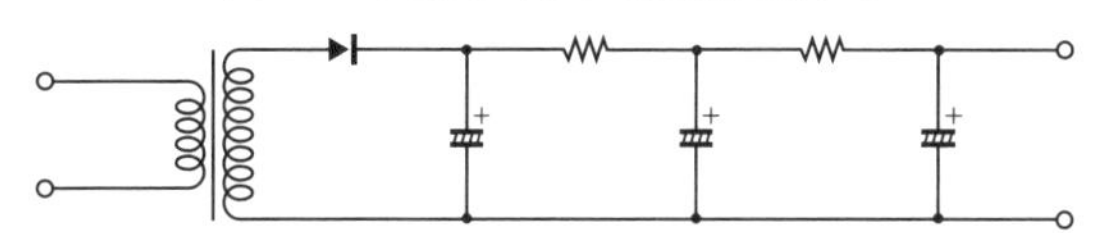

さて、この π 型の回路でなぜ平滑が行われるかですが、これについては、リップルを一種の交流信号として考えると分かりやすいです。整流回路の後の脈流に含まれるリップルの交流成分を考えてみます。図3.61のように、(b) の半波整流ではAC電源と同じ50Hz（関西では60Hz）、(c) の両波整流ではAC電源の倍の100Hzの成分が基本周波数になっていることが分かります。実際にはきれいなサインカーブではないので、これら基本周波数より高い周波数の信号が混ざった状態です。平滑回路というのは、この交流成分をコンデンサでグランドに逃がしてしまい、直流はグランドに落ちずに出力まで出て来る、そういう回路であると考えられます。

図3.61 ●整流後の波形の周波数成分

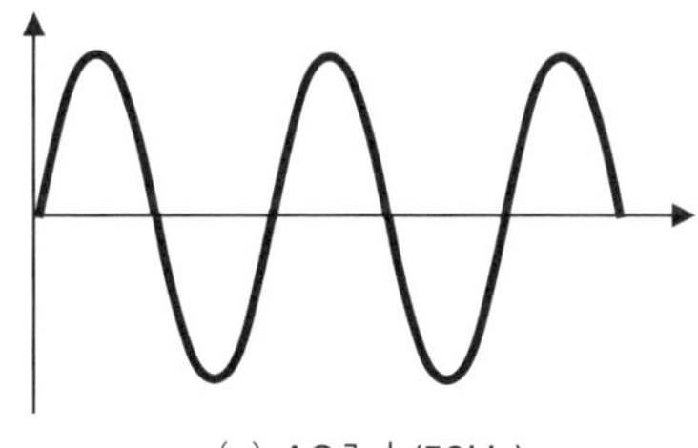

(a) AC入力(50Hz)

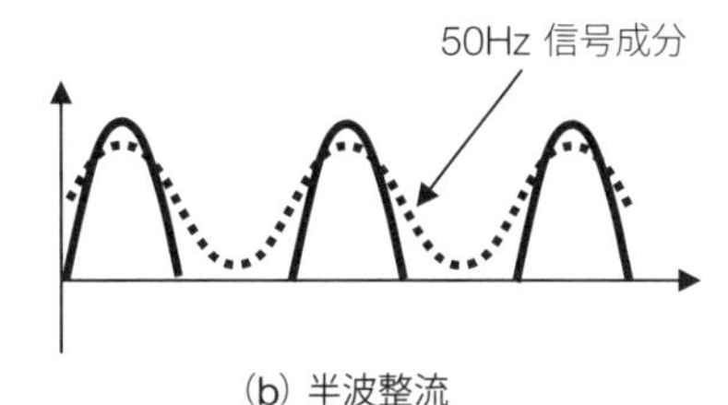

(b) 半波整流

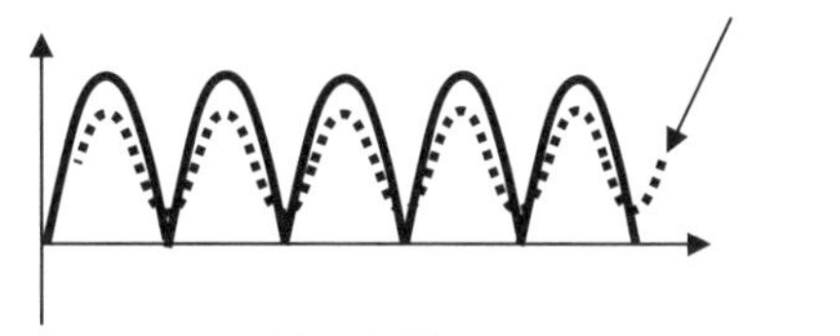

(c) 両派整流

では、図3.59の半波整流で考えてみましょう。リップル成分は50Hzです。3.1.7項で説明したようにコンデンサのインピーダンス（交流に対する抵抗分）は $1/(2\pi fC)$ で計算できます。ここでは、C_2 は50μFなので、インピーダンスを計算すると64Ωになります。R は1kΩなので、A点に加えられたリップル成分は、この R と C_2 で分圧されて小さくなります。その比は、

$$\frac{64}{1000+64} \approx 0.06 \tag{3.21}$$

で計算でき、出力ではリップル成分は約6%に減ることが分かります（実際には、信号の位相が回るためこの通りにはなりません。あくまで概算です）。リップルをこれより小さくしたければ、C_2の容量を増やすか、Rを大きくするかすればいいことも分かります。しかし、Rをあまり大きくすると、電圧降下によって出力のB電源の電圧が減少する上、電圧の変動率（この後で説明するレギュレーション）が悪くなるので限度があります。なので、普通C_2を大きくするか、π型を連結してリップルを減少させます。

さて、では両波整流ではどうなるでしょう。両波整流ではリップル成分の周波数は倍の100Hzです。前記と同じ計算をすると、コンデンサのインピーダンスが半分の32Ωになり、結果、リップルの量は半分の3%になります。同じ回路を使ってもリップル成分が小さくなることが分かります。したがって、整流回路は少々複雑になりますが、一般に両波整流の方が有利なので、両波整流を使うのが普通です。

このRの変わりにチョークコイルと呼ばれるコイルを使う図3.62のような回路もよく使います。チョークコイルは、直流分を通し、交流分には抵抗として働くので、電圧降下が少なく、その割にはリップル分をよくストップするので、ただの抵抗より効率的です。

図3.62●チョークコイルを使った平滑回路（両波整流）

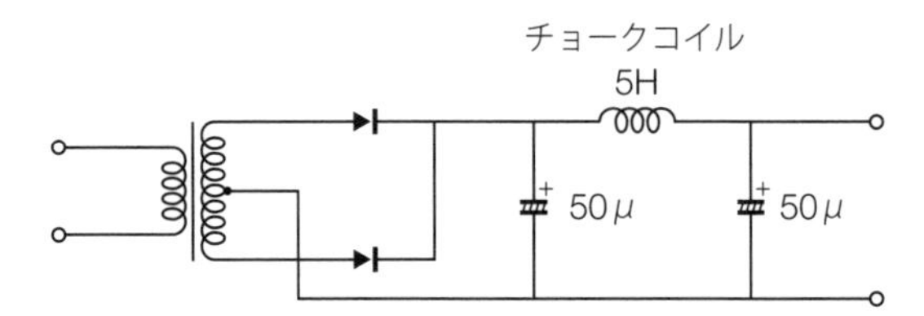

例えば5Hのチョークを使ったとして、その100Hzに対するインピーダンスは、

$$2\pi fL = 2\times 3.14\times 100\times 5 = 3.1\ \mathrm{k\Omega} \tag{3.22}$$

となり、けっこう大きいのです。これに対して、直流抵抗分はチョークのものにもよりますが100～200Ωていどで小さいです。

3.5.3　電源のレギュレーション

電源というのは、電源自体に含まれる抵抗分（電源のインピーダンス）がゼロで、増幅回路側で何が起こっても常に一定の電圧の直流を供給できるのが理想的です。しかし、実際には、そうはならず、電源はインピーダンスを持ち、図3.63のようになっています。

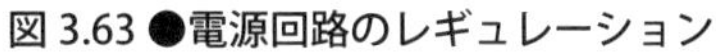

図 3.63 ●電源回路のレギュレーション

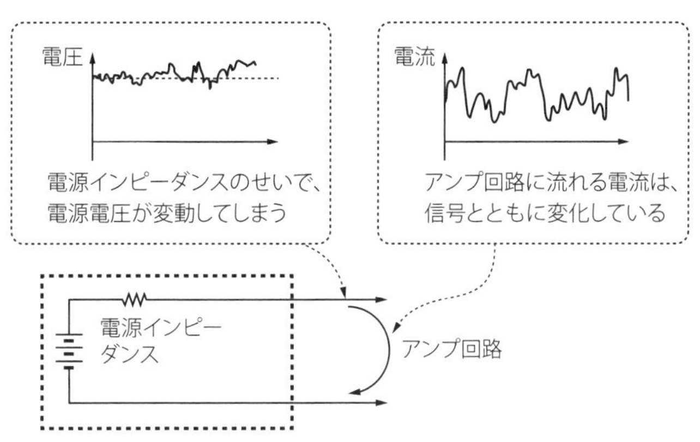

増幅回路には信号が流れていますので、普通、電源から増幅回路へ流れる電流は信号とともに常に変化しています。電源インピーダンスがあると、これに信号によって変化する電流が流れ、電圧降下が起こり、電源電圧が信号の変化に合わせて変動します。この電圧変動が少なければ少ないほど、理想に近いと言えます。電源電圧の変動は真空管の動作点を常に狂わせるので、さまざまな形で音質に影響します。この電圧変動の範囲のことをレギュレーションと言い、変動が少ない電源をレギュレーションが良い、と表現します。なお、「電源のレギュレーション」と言うときは、増幅回路側に流れる直流電流に対する直流電源電圧の変動について言い、交流電流による交流的な電圧変動は「過渡特性」として別に扱うのが普通です。

レギュレーションを良くするには、電源のインピーダンスを下げればいいのですが、では、図 3.64 の回路のどこが影響するでしょう。まず、抵抗 R があります。これを小さくすればレギュレーションは良くなります。しかしこの R は電源のリップルを取るためにあるわけで、あまり小さくするとリップルが取りきれなくなります。なので、そのあたりの妥協的に落ち着きます。場合にもよりますが、せいぜい 1kΩ ていどです。

図 3.64 ●電源のレギュレーションを良くするには

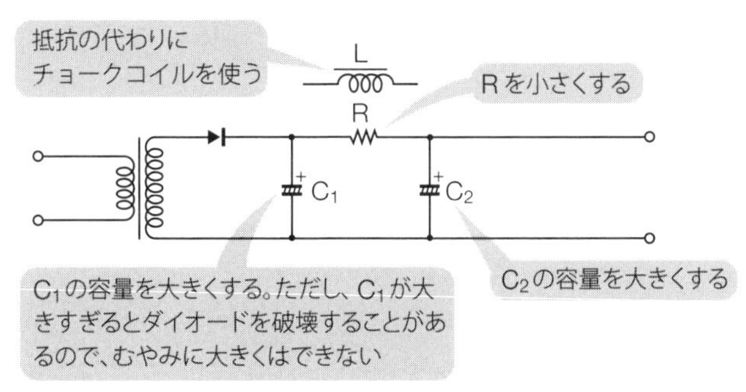

リップルを減らしてレギュレーションも良くしたければ、抵抗の代わりにチョークコイルを使うのがお勧めです。ただしチョークコイルは当然、抵抗より大きくて高価です。それから、図3.64ではシリコンダイオードを使っていますが、これを整流管にするとレギュレーションは悪くなります。真空管の内部抵抗がシリコンダイオードよりはるかに大きいためです。したがって、レギュレーションの観点からはシリコンダイオードを使うのが良いのです。あとは、これは当然なのですが、電源トランスに十分な電流容量を持つ大きなものを使うと、レギュレーションは改善されます。トランスが小さいと、大電流が流れたときに電圧が下がってしまうからです。

以上は電源レギュレーションの改善の方法ですが、交流電流の変動による電源電圧の変動を示す過渡特性の改善もけっこう重要です。アンプには常にいろいろな信号電流が流れているので、電源の過渡特性は音質などにも影響するのです。電源の過渡特性の変動は、まずは先に説明した電源レギュレーションを改善することで改善されます。それに加え、図3.64ではC_1とC_2のコンデンサを増量することで改善できます。

まず、アンプ側に一番近いコンデンサC_2ですが、容量が大きければ多少の電流変動があっても吸収できそうなことは直感的にも分かると思います。コンデンサの増量は、リップル減少と過渡特性改善の両方に効き、弊害があまりないのでお勧めです。特に、近年、電解コンデンサの性能が良くなったので、コスト的にも大きさ的にもコンデンサを大増量することがわりと簡単になりました。特にオーディオアンプなどでは、昔は大きくても50μFていどだったのが、最近では1000μF以上という作例もずいぶん見かけます。

また、コンデンサC_1の増量でも過渡特性は改善できます。ただし、ここで一点注意ですが、シリコンダイオードの直後に入っているこのコンデンサはむやみに大きくできず、普通せいぜい100μFまでです。ここを大きくしすぎると、電源を入れた直後にシリコンダイオードに瞬間的に大きな電流が流れ（コンデンサに電気が蓄積される間の短い時間）、場合によってはシリコンダイオードを一瞬で破壊してしまうことがあるのです。

3.6 発振の原理

2.7.4 項でも書いたように、発振とは増幅回路の出力を入力に戻すことで、入力に戻った信号が増幅されて出力され、それがまた入力に戻って増幅され出力される、ということを延々と繰り返して、結局、入力を加えなくても出力が出続ける現象のことを言います。入力信号を増幅して出力するのがアンプの役目なので、入力がなくても勝手に信号が出続ける発振というのはあってはいけない現象です。そういうわけで、発振回路というものはアンプの回路の中には無いのですが、アンプの回路が期せずして発振を起こしてしまう事態ということがあるので、発振については、これを防ぐために知っておく必要があります。

アンプに発振は禁物ですが、当然ながら、例えば電波を発信する送信機などではこの発振回路は必須になります。あるいは、ラジオ受信機などでもスーパーヘテロダイン方式と呼ばれる周波数変換の回路の中に、この発振回路が必ず組み込まれています。また、コンピュータなどのデジタル回路にはクロックというデジタル信号のタイミングを取る信号が必要なのですが、これを発生するのも発振回路です。

3.6.1 発振とは何か

まずは発振というのはどういう事態なのかについて説明しておきましょう。図 3.65 の回路を見てください。これが発振回路です。

まず、信号を大きくする増幅器があって、その出力が、信号を小さくする減衰器を経て増幅器の入力に戻っています。入力は無く出力だけです。ここで、図のように増幅器の入力に①のような小さな信号があったとします。この信号は増幅されて②になり、それが減衰して増幅器の入力に戻って来たときに③のようになったとしましょう。ここで、この信号③が先の①の信号より大きかったとすると、この信号はさらにまた増幅されて④になり減衰して⑤になり、増幅器の入力に戻って来たときに信号は③よりさらに大きくなっています。そして、これがまた増幅し減衰し、という風に繰り返すので、信号は毎回毎回どんどん大きくなって行くことになります。実際には無制限に大きくなることはなく、あるところで増幅器の性質により⑥のようにクリップしますが、いずれにせよ一度こうなってしまうと、一番下の図のように入力に何も加わらなくても⑥のような出力が出続けることになり、これを称して発振と呼ぶのです。

ここで、増幅器と減衰器のうち減衰器の方が減衰が大きくて、入力に戻ってきた信号が初めの信号より小さければ（つまり、増幅器と減衰器を合わせた利得が 1 より小さければ）、今度は信号は繰り返すごとに小さくなって行き、限りなくゼロに近づいて行き、発振することはありません。

実は発振には、あともう 1 つ条件があります。減衰器を経て入力に戻って来た信号が入力の元々の信号と同じ位相であるということです。逆相の信号（反転した信号）が戻って来たときは発振はしません。なぜならこの場合、信号が増えようとすると、それを下げようとす

図 3.65 ●発振の原理

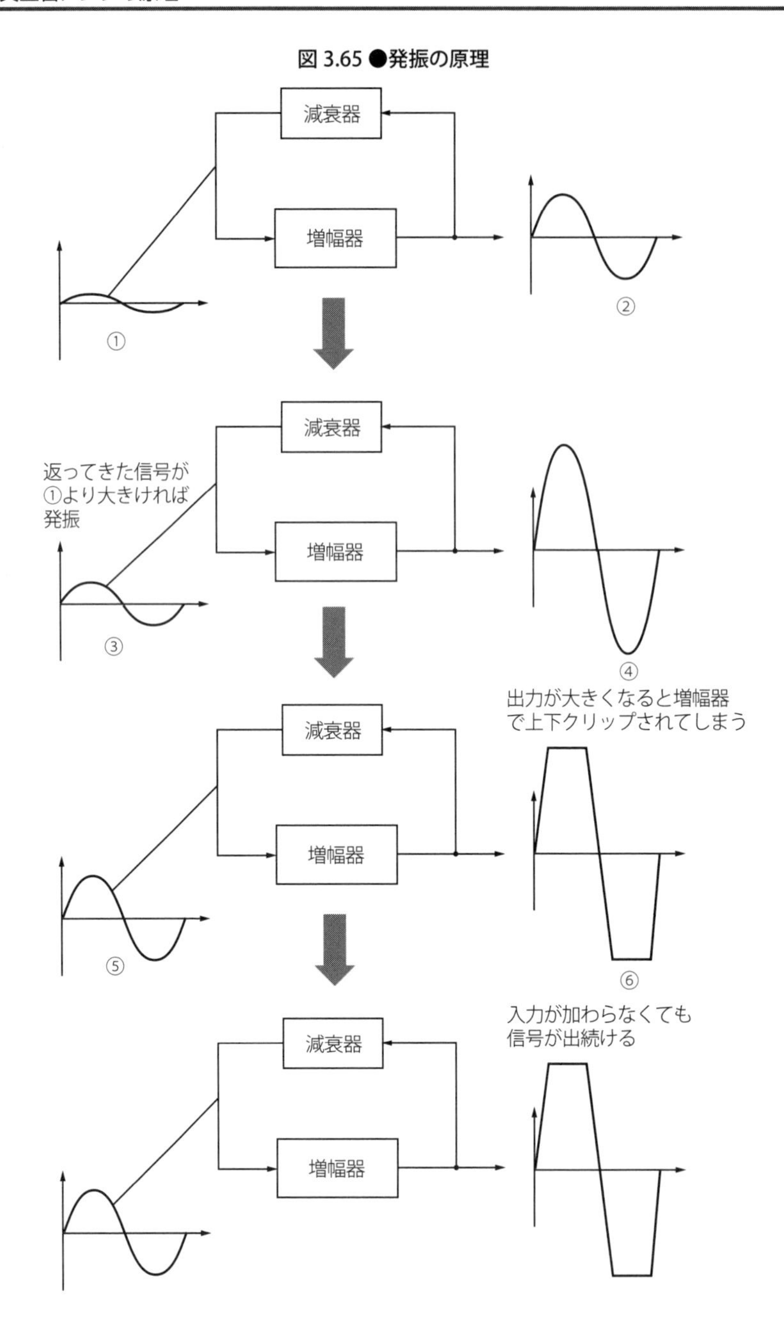

る信号が戻って来るので、結局、発振にはならないのです。実は、この、逆相で帰還する場合が以前出てきた負帰還（NFB）なのです。これに対して、発振の場合は正帰還（Positive Feedback）と呼びます。

以上により、次の２つの条件が揃ったとき発振することが分かります。

(1) 増幅器と減衰器を合わせた利得が１より大きい。

(2) 帰還した信号が同相である。

これら（1）と（2）を、発振条件と呼びます。

3.6.2　アンプにおける異常発振

アンプにおいて、意図しないところでこの発振回路が期せずして形成されてしまうことがあるのですが、そうして起こる発振を異常発振と呼びます。以下に、いくつか紹介しましょう。

（1）配線の浮遊容量によるもの

図3.66のような配線の取り回しにおいて、増幅回路の出力の線と入力の線が接近していたとします。線と線が接近すると、そこに小さなコンデンサ（容量）が形成されます。つまり、点線のような小さなコンデンサで、出力から入力に帰還がかかった状態になるのです。これが先の発振条件を満たしたとき、回路は発振します。

図3.66 ●配線の浮遊容量による発振

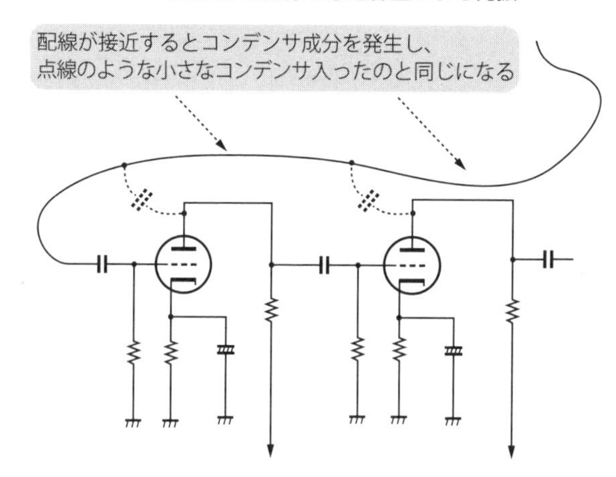

（2）真空管単体での発振

これも（1）の一種なのですが、真空管はその形状からいってプレートとグリッドはそれなりに近い位置にあるので、配線の引き回しなどの原因でコンデンサ成分が形成されて、プレートの出力がコンデンサ成分を通ってグリッドの入力に帰還し、発振することがあります。特に、5極管など増幅率が高い真空管の場合によく起こり、これを寄生発振と呼んだりします。これを防ぐために、図3.67のようにグリッドに数kΩ、プレートに数十Ωの抵抗を挿入することが

図3.67 ●寄生発振予防の抵抗

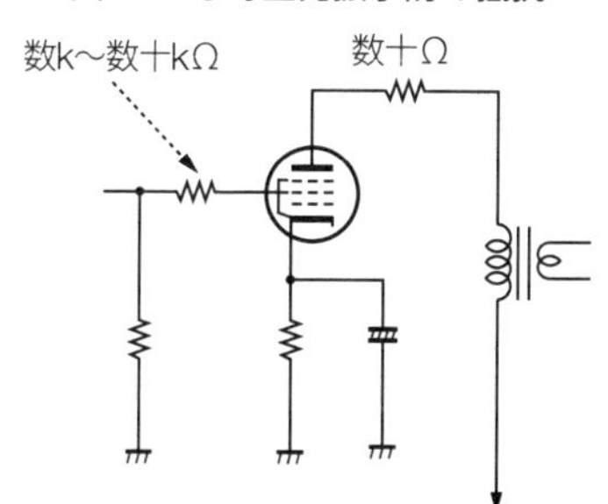

あります。アンプの出力段の5極管でよく見る回路です。

(3) 電源回路からの回り込み

図3.68のように電源回路も出力と入力の間に入っているので帰還路になり、発振条件を満たして発振の原因になることがあります。

図3.68●電源回路の回り込みによる発振

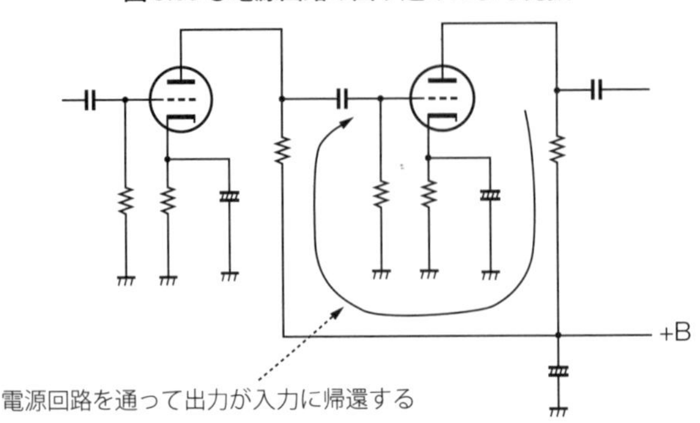

以上、3つほどあげてみました。(1) と (2) は高い周波数の高域の発振に、(3) は低い周波数の低域の発振になることが多いです。

高域の発振は時には可聴範囲を超えた発振（20kHz以上）になることも多く、発振していても耳に聞こえないことがあります。この場合、聞こえないといっても出力管やスピーカーにはその超高周波の信号がかかっているわけで、それが正規の信号の邪魔をしていろいろな不具合になります。このような発振の症状としてはなかなか不可解なことが多く、例えば、音が妙に小さい、ボリュームを回すとあるところから音が逆に小さくなって行く、音がなんとなく濁っている、常になんとなくノイズが乗っている、などなどといったとりとめのない感じになることが多いです。

以上は高域発振の話しですが、逆に、低域発振で可聴帯域の20Hz以下になると、モーターボーディングと呼ばれる「ボッボッボッ」というエンジン音みたいなものや、トレモロがかかったように周期的に音が強弱したり、あるいは音は鳴っているのだけどスピーカーのコーンを見ると前後にゆっくり振動しているのが見えたりすることもあります。

これらの発振現象が出てしまったときは対策をしますが、一筋縄でいかないのが普通です。配線を見直す、図3.67のような発振止めの抵抗を挿入する、超低域の発振の場合デカップリング（5.1.5項で説明しています）の電解コンデンサを増量したりする、といったことで発振を止めます。

第4章

12AU7 プッシュプルステレオミニアンプの製作

写真 4.1 ● 12AU7 プッシュプルステレオミニアンプ

かなり昔のこと、まだ今のようにハイビジョン、DVD、ホームシアターなどなどとホームエンターテイメントが豊富じゃなかったころ、ハイエンドのオーディオ機器というものが、皆の羨望の的だったときがありました。大きくて、高級感があって、ツマミやスイッチもたくさん付いて重厚なアンプが電気屋さんの店頭にずいぶん並んでいたものです。思い起こしてみると、そのころのアンプの良し悪しの判断の筆頭は、出力の大きさだった気がします。100W+100W などという巨大なアンプを、かっこいいなあ、と眺めた思い出があります。それで、少しスペックが見られる人は、超低歪み率もポイントでした。歪率 0.02% 以下などとうたったアンプがけっこうありました。

第 2 章で製作したアンプなど、たったの 2W+2W で、歪み率はたぶん 1% ぐらいはあるはずです。私と同じぐらいの中年の人に、よく「真空管アンプ作ったんだけどさ」と話すと、たいがいは「何ワット？」と聞いてきて、それで「2W+2W でさ」などと答えると「ふーん、小さいね」でだいたい話しが終わってしまい、まったく相手にされなかった経験が実はずいぶんあります。でも、どうでしょう、6BM8 アンプの音が売り物のアンプよりそんなに劣っていたかというと、そんなことはありませんでした。真空管アンプというのは、つくづく、そういったスペックとは別の次元で成立するものがあるのだなあ、と思います。

そもそも、真空管は大出力、低歪み率のアンプに使うデバイスとして向いているとは言えません。できないことはないですが、やろうとすると非現実的なほど大型になり、複雑で高価になってしまうからです。ですから、前述のようなハイエンドアンプは例外なくソリッドステートアンプでした。これは、もちろん、今でも同じです。現代では今度はデジタルアンプ（D 級アンプ）というものが現れ、大出力で低歪みのアンプはかなり手軽に入手できるようになっています。

さて、ここで、6BM8 アンプの次に紹介するアンプを何にするかずいぶん悩みました。順当に行けば、大出力管を選んでプッシュプルにしてせめて 15W+15W ぐらいは出るアンプを作るところでしょう。しかし、ここでは少しアマノジャクに、真空管でミニアンプを作る、という課題にしてみました。ハイエンドのオーディオ志向とちょうど逆、というわけです。ハイエンド路線というのは、まずは大出力で、それで特性の良いものを目指すので、真空管自体は高価で、大きく、なによりトランスやチョークのたぐいはどんどん大きくて、重くて、高価になり、全体に大型化し、金満になって行くのが普通です。そんな中で、逆路線をねらって、コンパクトで、ささやかかに鳴るけど、やはり真空管の良さも失われない、そんなものを作るのもなかなか魅力的ではないでしょうか。

4.1　設計のコンセプト

ミニアンプといっても、ここでは家庭用アンプとして実用になるレベルを目指します。筆者も昔電子工作していたときに、「いかに極限まで小さく作るか」という課題のもとに工作を追及するのに夢中になったこともありました。マッチ箱の中にラジオを組んだり、さいころキャラメルにワイヤレス送信機を組み込んだり、いろいろやったものです。ここではそういう路線ではなく、あくまでも、普通はでかくて重い真空管アンプなところが、予想に反して小さくて、軽い、という意表をつくノリにしたいと思います。

4.1.1　小さくて軽い真空管アンプを作るには？

小さいアンプを作るのですから、出力パワーがどうしても小さくなるのは自然なことです。この、最大出力をどれくらいにするか、というのはアンプを設計する上で重要な検討事項です。アンプの用途にとって十分なパワーを持ち、かつ、ここでは大きさを小さくしたい、ということですから、その妥協点を決めなければいけません。一般に、アンプを設計するときというのは、この最大出力を最初に決めて、それに応じた出力管を決めて、それで回路方式を決めて、という手順を踏むことが多いのです。

出力を妥協できる範囲で小さく取ると、それに応じて使う部品は小さくなって行きますが、それ以外の方法として、電源回路を工夫し、大きくて重いトランスのたぐいを省略して小さく軽くする、というのがあります。実際の話し、真空管アンプが大きくて重くなる一番の理由はトランス類にあると言っていいでしょう。第2章の作例ですと、電源トランス、ヒータートランス、そして出力トランスが2個ありました。その次に大きいのが、電源の平滑回路に使われる高耐圧の電解コンデンサでしょう。真空管自体は軽いですし、MT管であれば、それほど劇的に大きさが変わるわけではありません。

それでは、以上のことを考えに入れながら、これから順を追って本章のミニアンプの設計方針をひとつひとつご紹介して行きましょう。

● 4.1.2 スピーカーの能率と音量について

まずは、最大出力の決定についてです。家庭用のアンプとして実際に出力がどれくらい必要かは、一概には言えませんが、実は思ったより小さくていいものです。ただし、音の大きさということで言うと、使用するスピーカーにかなり左右されます。スピーカーには「能率」というものがあり、これは、スピーカーが何ワットの電力を消費したとき、どれぐらいの音圧が得られるか、という指標です。例えば、1Wのアンプに能率がいいスピーカーをつないだときと、能率の悪いスピーカーをつないだときでは、これほど違うか、とびっくりするぐらいの音量差があります。世に言う高能率のスピーカーを、6畳の部屋で1Wの出力で鳴らすと、近所迷惑なほどすごい音量で鳴りますが、能率の悪い小型スピーカーなどですと、逆に一人で聞いても物足りない、という音しか出なかったりします。

特に、最近のデジタルアンプ装備のコンポなどですと、スピーカーの能率はかなり悪いのが普通で、こういったスピーカーを低出力真空管アンプにつないでも、音も小さいし、がっかりするかもしれません。デジタルアンプは小型でも20W以上などは普通ですので、スピーカーの能率は悪くても大丈夫なのです。スピーカーを見て、片手の手のひらに乗るほどの小さな箱なのに、裏を見ると「最大許容入力50W」とか書いてあるものは、能率がかなり悪い、と思っていいでしょう。

スピーカーの能率は、スピーカーのスペックのところに「能率」とか「出力音圧レベル」とかいう名前でdB（デシベル）を単位にして載っています。これは、1Wの出力をスピーカーに入れて、1メートル離れたところでの音圧をdBで測ったものです。目安でいうと、一般的なスピーカーは、90dBを中心としてだいたいプラスマイナス10dBぐらいに分布しています。それで、この能率が3dB大きくなると音量は2倍、10dB大きくなると音量は10倍になる、という計算になります。ですから、例えば、90dBのスピーカーを93dBのものに代えると、同じアンプでも単純に音量が2倍になるのです。

おしなべて、昔の古いスピーカーや、PA用など大音量が必要なスピーカーには高能率のものが多く、逆に、最近は、アンプ自体がソリッドステート（半導体）製の高出力アンプが増えたせいもあり、86dB とかの低能率なスピーカーがどちらかというと主流です。しかし、これは考えてみると恐ろしいもので、例えば、84dB のスピーカーと 94dB のスピーカーは 10 倍の音量差がありますから、30W のアンプで 84dB のスピーカーを鳴らすのと、3W のアンプで 94dB のスピーカーを鳴らすのでは、アンプ出力が 10 倍も違うのに同じ音量になるということを意味します。

さて、アンプの最大出力ですが、部屋の大きさ、聞く音楽の種類、個人の好みによって一概には言えませんが、90dB ぐらいの能率のスピーカーで、6 畳ていどの部屋ならば 0.5W+0.5W あれば、少なくとも BGM 用としてはまあ実用になるでしょう。実際、筆者もいろいろやってみましたが、0.2W+0.2W ではさすがに音量が足りませんが、そのおよそ倍の 0.5W+0.5W ではけっこう大きな音で鳴りました。ダイナミックレンジが広い、クラシックのオーケストラ演奏などではキツいですが、ポピュラー、ジャズなどでは、十分実用になりそうです。そこで、ここでは 0.5W+0.5W を目標にして設計することにしました。

4.1.3　電源トランスを省略する（トランスレス方式）

まずは、電源トランスです。第 2 章の作例では、100V を 200V に昇圧するのに使っていました。実は、電源トランスを使わず、100V をそのまま整流して使うやり方があります。図 4.1（a）のような回路になるわけですが、この方法を文字通り「トランスレス方式」と言います。昔の簡易的なラジオなどにはよく使われた方法です。しかし、このやり方だと、100V をそのまま整流するので、真空管に供給する DC 電圧は理論的に 141V 以上にはなりません。通常、平滑回路などで電圧は下がり、供給できる電圧は 100V ちょっと、という感じになります。こういった低い電圧で真空管を使うことも、もちろんできます。一般に、トランスにしても、電解コンデンサにしても、なんにしても、使用する DC 電圧を低くすれば小さくなって行くので、なるべく電圧をおさえて小さくするという手はあります。真空管の超小型アンプを追求している人たちは、100V どころか、50V、20V といった低圧で真空管を駆動したりしているのを見かけたりします。

図 4.1 ●トランスレスの電源回路の例

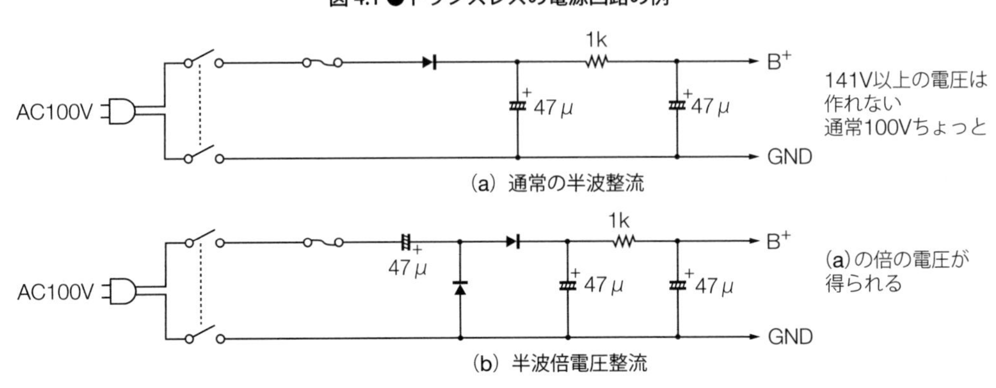

ただ、実際に設計してみると、低圧になると0.5Wといった小さい出力でも、達成するのがキツくなってきます。やはり、200V以上はどうしても欲しいところです。そんなときには「半波倍圧整流回路」という面白い回路があります。これは、3.5.1項の図3.58にも出てきましたが、通常の整流回路のちょうど2倍の出力電圧が得られるものです。図4.1（b）のようにすることで、（a）の2倍の電圧が得られます。ここでは、この半波倍圧整流回路を使って、真空管への供給電圧を200V以上確保することにしました。

トランスレス方式は、重い電源トランスが省略できていいのですが、1つ問題があります。図4.2を見ると分かるようにこの方式では、AC電源の片方の線がそのまま増幅回路のグランドに接続されています。このグランドは普通シャーシーに接続されているので、電源コードの片側の線が常にむき出しになった状態になってしまうのです。これは、シャーシーにうっかり触ると感電の恐れがあることを意味します。さらに、それだけでなく、例えばこのアンプの入力に、CDプレイヤーなど他の機器の出力を接続したとすると、グランドが共通になり、つないだ機器のアース側にAC電源の片側が接続されることになり、最悪の場合、機器を壊してしまいます。つないだ機器が同じトランスレスだったりすると、電源コンセントの向きによっては完全なショートとなり家のブレーカーが落ちることもあります。実は私もこれで、けっこう高価なデジタルレコーダーを音もなく壊した経験があり、泣くに泣けませんでした。

図4.2●トランスレス方式ではAC電源の片側がグランドになる

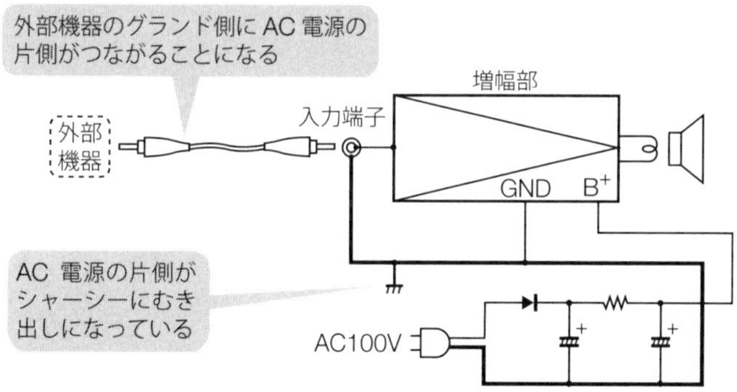

ご存知の通り、商用電源は、片側が大地アースになっており、トランスレスの回路のグランド側に、大地アース側が来るようにACプラグを差し込めば以上の事故を防ぐことができます。このため、普通は、例えば図4.3のようにネオン管を使って、ACの極性を判定できるようにしておいて、ACプラグを正しい方向に差し込むことができるようにします。ただ、これとて、アンプの作者は分かっていても、他の人はまず気にしませんし、ついうっかり、というのもあります。なので、一般には、オーディオアンプにトランスレス方式を使うのは避けた方が無難です。そこで、本書では、図4.4のように電源に100V：100Vのトランスを挿入し、AC電源とアンプ部を絶縁することにします。このようなトランスを絶縁トランスと呼びます。一見、無駄のようですが、背に腹は変えられません。

図 4.3 ● AC 電源の大地アース側判定回路

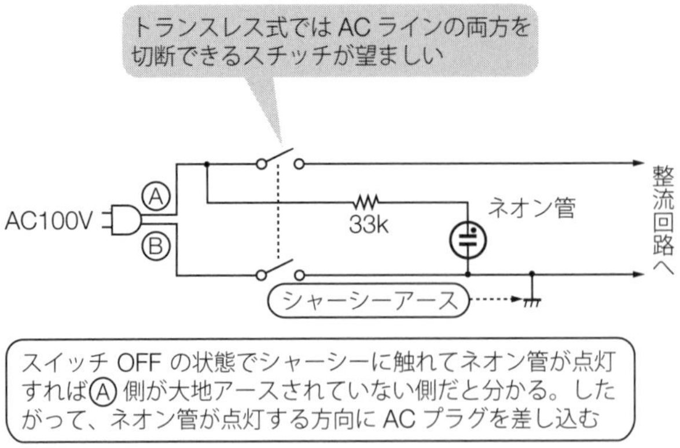

トランスレス式では AC ラインの両方を
切断できるスチッチが望ましい
AC100V
Ⓐ
Ⓑ
33k
ネオン管
整流回路へ
シャーシーアース
スイッチ OFF の状態でシャーシーに触れてネオン管が点灯
すればⒶ側が大地アースされていない側だと分かる。した
がって、ネオン管が点灯する方向に AC プラグを差し込む

図 4.4 ●絶縁トランスを使う

絶縁トランス
100V 100V
0V 0V
整流回路へ

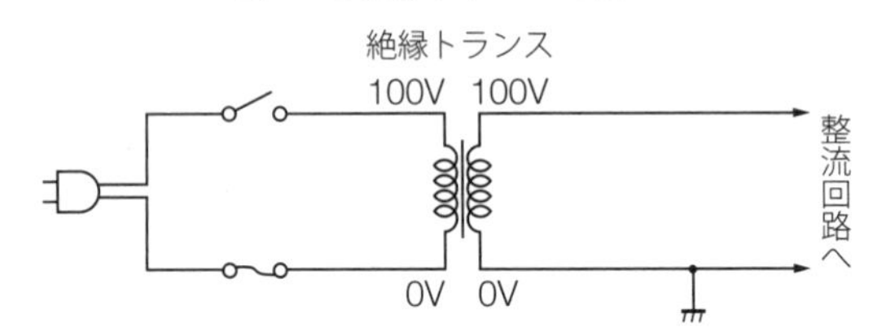

ちなみに、このトランスレス方式は昔のラジオや電蓄（レコードプレイヤー、アンプ、スピーカーが一体になったもの）ではずいぶん使われたようですが、これらの機器では、内部回路はすべて絶縁され、表面に出てこないように作られていました。また、外部入力ジャックなども無く、筐体の中で完全に閉じた造りになっていたため、トランスレスでも危険性が無かったのです。

● 4.1.4　ヒータートランスレス

次はヒータートランスです。普通トランスレス方式と言うと、電源トランスだけでなく、このヒータートランスも使用しない方式をさします。どのようにするのかというと、真空管のヒーターを直列につないで行き、そのヒーター電圧の和がちょうど 100V になるように真空管を選び、そして図 4.5 のように電源 100V から直接ヒーター電源を取るのです。足してちょうど 100V にするのは大変じゃないか、と思うかもしれませんが、トランスレス方式が使われたころ、トランスレス用の真空管というものがたくさん作られ、ヒーター電圧にはかなりのバリエーションがあるのです。ちなみに、図の回路は、昔の典型的なトランスレス 5 球スーパーラジオの真空管パーソネルです。真空管の型名の頭の数字はヒーター電圧を表していて、ここでは、$12.6 + 12.6 + 12.6 + 30 + 35 = 102.8\text{V} \fallingdotseq 100\text{V}$ となっています。それから、電流も同じタイプを使わなければだめです。トランスレスで使うことを考慮した真空管は、電流が同じで、いろいろな電圧のものがあり、一種のファミリー扱いになっていて、その中から選んで行きます。

図 4.5 ●トランスレス式のヒーター回路

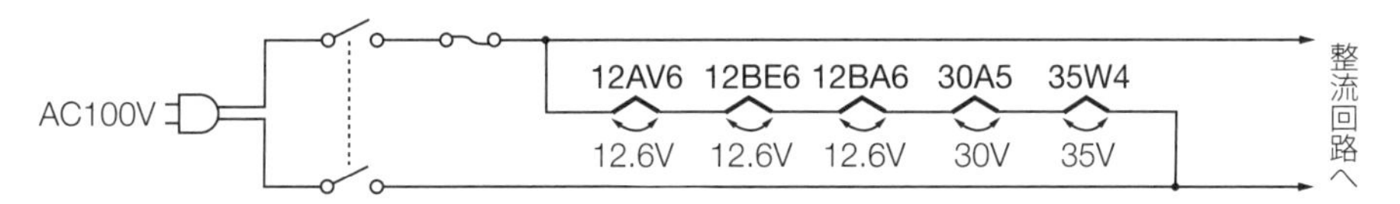

さて、ヒーター電圧を足しても 100V にとどかなかったときは、その分だけ電圧を下げてやらなければいけなくなります。1 つのやり方は、単純に、抵抗を直列に入れて電圧を下げる方法です。しかし、ちょっと計算すると分かるのですが、この方法では往々にして抵抗で消費される電力がかなり大きくなります。ちょっとやってみましょう。例えば、ヒーター電流が 0.5A で、50V 分の電圧を落としたいとします。抵抗値は、

$$\frac{50\,(\mathrm{V})}{0.5\,(\mathrm{A})} = 100\,\Omega \tag{4.1}$$

になります。では、消費電力はどうなるでしょう。

$$50\,(\mathrm{V}) \times 0.5\,(\mathrm{A}) = 25\ \mathrm{W} \tag{4.2}$$

なんと 25W になります。2 倍の余裕をみたとしても、100Ω、50W の抵抗が必要になります。このような抵抗は無いことはないでしょうが、おそろしくでかくて、おそろしく熱くなるでしょう。これなら、電球でもつないでおいた方がいいかもしれません（それも面白いかもしれませんね。もっとも電球は、消えているときとついているときの抵抗値が違うので要注意ですが）。というわけで、この抵抗ドロップ方式は、主に、わずかな電圧を調整するときに使われるのが普通です。例えば、7.5V を 6.3V に落とす、などの場合です。

もう 1 つの方法に、抵抗の代わりにコンデンサを使うというのがあります。以前に説明したように、コンデンサは交流に対しては抵抗として働くので、これで電圧を落とすことができるのです。この方法のいいところは、抵抗と違ってコンデンサは電力を消費しないので、発熱がまったく無いことです（もちろん理想的にはです。実際にはいくらか熱くなります）。

逆に欠点は、ヒーターが規定通りに熱せられるまで、かなりの時間がかかることです。30 秒以上かかってしまうこともあります。また、コンデンサのインピーダンスは周波数によって異なるので、交流の周波数によってコンデンサの値を切り替えないといけなくなります。東京用のアンプが大阪で使えない、という事態が起こってしまうのです。これらの欠点は、製品としては致命的なので、このコンデンサドロップ方式はアマチュア用途以外ではまず使われません。しかし、逆にアマチュアとして考えると、発熱がないし、小さくて、軽くいい方法なので、今回の作例では、この方式を使うことにしました。

● 4.1.5　出力トランスの省略は簡単ではない

出力トランスを使わない方法もあり、これは OTL（アウトプットトランスレス）方式と呼ばれます。この OTL 方式は、真空管アンプで使われることはほとんど無く、逆にほとんどの

ソリッドステートアンプがOTLを使っています。OTLの出力では、8Ωといった低いインピーダンスのスピーカーを直接駆動しないといけません。真空管OTLもありますが、設計・製作ともにかなり高度な技術が必要で、一般的ではないのです。OTLにするためには、増幅回路自体はあれこれ工夫せねばならないため複雑になり、出力トランスを省略したより回路規模が大きくなるでしょう。実際、OTL方式は、出力トランスを無くして小型化する、という目的とはまったく関係ない話しで、むしろハイエンドオーディオの方向性です。

4.1.6　出力管を選ぶ

さて、小さく作る、という目的だったので、以上、トランスを省略するあれこれの方法についてお話ししました。次に、出力管を何にするか考えます。本やネットで、いろいろな人たちの真空管アンプの構想を見てみると、まずは、この出力管を何にするかを決めてから入る人が多いようです。ひいては、作った後も、出力管をいろいろ差し替えて音色の違いを試すのも、真空管アンプならではの楽しみ方でしょう。0.5Wていどの小出力ということもあり、ここでは電力増幅用ではなく電圧増幅用の球を使ってみます。普通なら電圧増幅段で地味に使われている真空管が、出力管として活躍している、という意表をつこうというわけです。

真空管で出せるパワーは、規格表に載っているプレート損失の大きさでごく大雑把に見当をつけます。真空管の特性や、動作点の設定によって全然違ってしまうので、もちろんはっきりは言えませんが、シングルでは、理論的にプレート損失の半分まで行くことはなく、1/4以下と考えてよいでしょう。プッシュプルでは以前説明したように、シングルの倍から3倍までぐらいです。0.5Wの出力を考えると、いずれにせよ2～3W以上のプレート損失の球ということになるでしょう。電圧増幅の球ですと$P_D = 1$Wなどという小さいのが普通にたくさんありますが、3～5Wていどの大き目のものもありますのでそれらを使います。

ここでは、12AU7というポピュラーな球を選んでみました。電圧増幅用の双3極管ですが、P_Dは2.75Wあります。ところで、本書の作例で使っている真空管ですが、基本的に現在でも製造しており、比較的安く入手できるものから選んでいます。真空管によっては、すでに、中古か、新品在庫（ニューオールドストック：NOSと言う）しかなかったり、高価で入手が困難なものがたくさんあります。ここで使う12AU7は、真空管ギターアンプなどで今でも普通に使われている球ですので、ロシアなどで製造しており、安定供給で、安値です。

4.1.7　シングルかプッシュプルか

0.5Wなどという小出力のアンプだと、普通はあっさりとシングルで構成するでしょう。しかし、12AU7などという、プレート損失がたったの2.75Wの球を選んでしまい、なおかつトランスレスの倍圧整流だとプレート電圧は高くても230Vぐらいがせいぜいなので、シングルでは0.5Wまで行かない恐れがあります。となると、プッシュプルということになります。プッシュプルにすれば、出力もかせげるし、そのほかに3.4.11項で紹介したようないろいろな利点が生まれます。すなわち、歪みが少なくなり、小さなトランスでも低音が出やすくなり、ハムに強くなります。小さいアンプに乗せる出力トランスは、やはり小さいものを選びたいので、それでも低音が出てくれるのは好都合でしょう。これがシングルですと、3.4.10項の（3）で説明したように出力トランスの直流磁化のせいで、小さな出力トランスだと特に低域がうまく出てくれません。また、この後で説明しますが、ヘッドフォンアンプとしても使いたいので、ハムに強いのも助かります。それに、普通は大出力アンプに使われるプッシュプルが、小出力アンプで使われているのも、ちょっと意表をついています。

実は、プッシュプル以外に、「パラシングル」というもう1つの選択肢があります。これは図4.6のように、2個の3極管を完全に並列につないでしまい、それを1つの3極管とみなしてシングル回路を構成するものです。真空管を2個並列につなぐと、プレート損失は単純に2倍になり、パワーも2倍取れます。12AU7だったら$P_D = 5.5$Wの球として使えるわけで、これなら0.5Wは出るでしょう。ただし、パラシングルはあくまでもシングル回路そのものなので、上記のようなプッシュプルの恩恵は得られません。このパラシングルは、第5章の作例で使っています。

図4.6●パラシングル回路

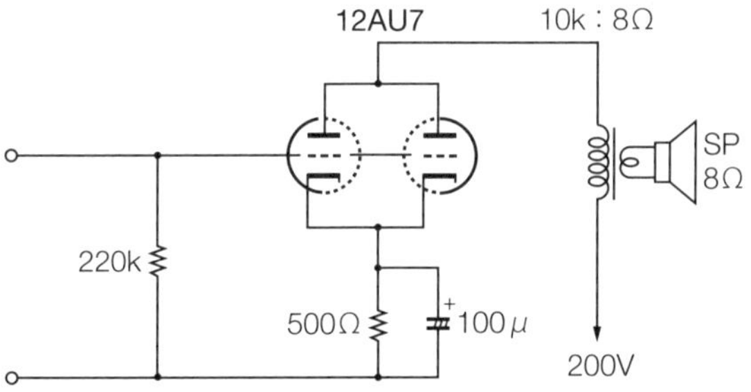

12AU7のプッシュプルを設計してみると、出力トランスの1次側のインピーダンスが20kΩぐらいのときにだいたい適正な動作になることが分かります。しかし、20kΩという大きな1次インピーダンスの出力トランスは市販には無く、せいぜい10kΩ止まりです。ここでは市販で一番大きな10kΩ：8Ωの出力トランスを使いますが、適正動作にはならずパワーが0.5W止まりになります。適正負荷にするともう少し出力が取れるのです。適正負荷だと無駄なく大きな出力が取り出せますが、適正でないからといって実際に聞いてみたときの音質が悪くなるかどうかは別問題で、やってみないと分からないところがあります。

4.2　実際の回路

以上のコンセプトに基づいて設計したミニアンプの回路図が図 4.7 です。双 3 極管の 12AX7 を初段の電圧増幅と位相反転に使い、12AU7 をプッシュプルにして電力増幅しています。12AX7 は、12AU7 と同じファミリーで、増幅率が高いタイプです。12AU7 の増幅率が 17 なのに対して 12AX7 は 100 です。このファミリーは、この 2 本のほかに 12AT7（増幅率：60)、12AY7（増幅率：40）があり、すべて電圧増幅管ですが、それぞれ増幅率が異なっていて用途によって使い分けます。このファミリーは今でもギターアンプなどに使われていますし、手に入りやすい一般的な球です。全体の増幅回路自体は非常にオーソドックスでシンプルな回路を使っています。

図 4.7 ● 12AU7 プッシュプルステレオミニアンプ回路

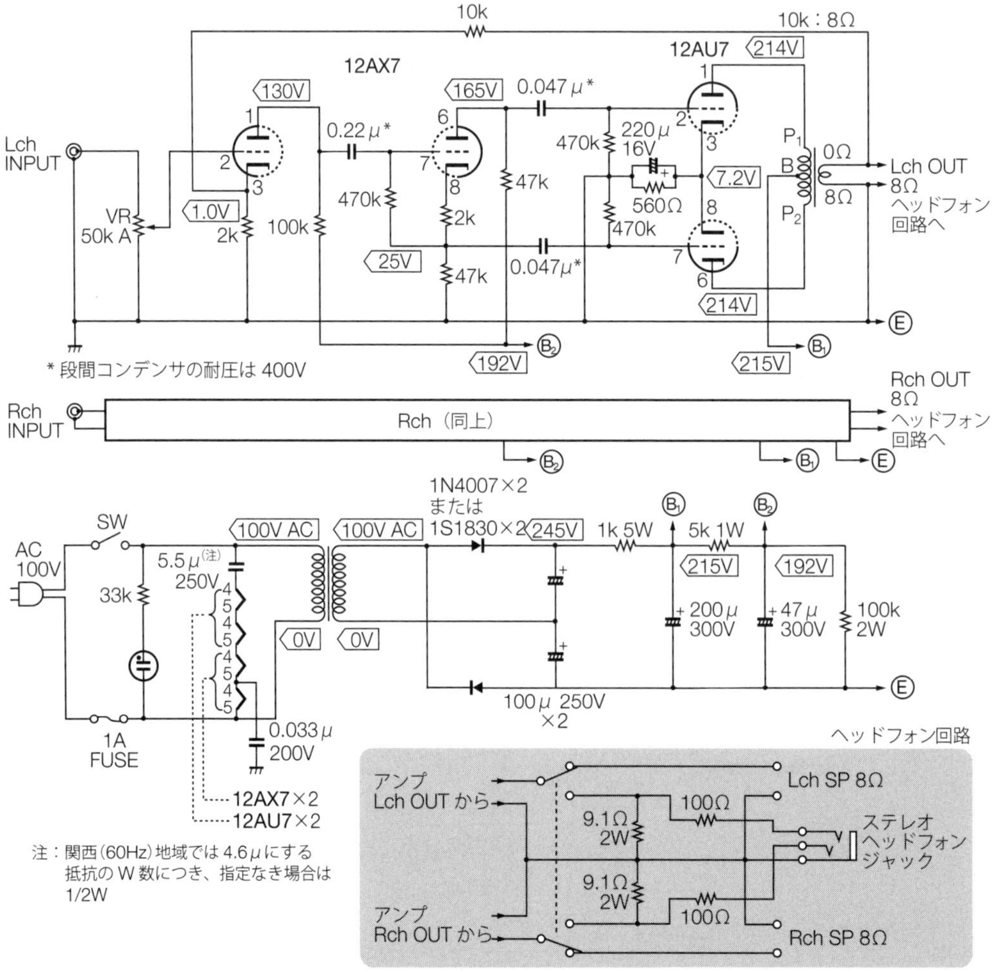

* 段間コンデンサの耐圧は 400V

注：関西(60Hz)地域では 4.6μにする
　　抵抗の W 数につき、指定なき場合は 1/2W

電源回路は、前述したように、絶縁トランスを介して倍圧整流し、220V ていどの高圧を作っています。絶縁トランスを使ったことで、倍圧整流回路も図 4.1（b）の半波整流ではなく、リップルに有利な全波倍圧整流回路を使っています。平滑回路には、小型化を優先するため、大きくて重いチョークコイルは使わず 1kΩ の抵抗を使っています。一概には言えませんが、このようなミニアンプは電流があまり大きくないので、抵抗にしても電圧降下は大きくなく、それほど問題にならないことが多いです。

ヒーター回路はコンデンサドロップ方式です。前述したように電源の周波数によってコンデンサの値を変えないといけないので、関東 50Hz なら表記の値（5.5μF）、関西 60Hz なら注に示した値（4.6μF）です。1 本 12.6V のヒーター電圧の真空管を 4 本直列にして、およそ 50V。100V から 50V 分をコンデンサで落とすため、5.5μF というけっこう大きなコンデンサが入っています。ここは交流なので電解コンデンサは使えず、極性の無いフィルムコンデンサを使っています。電源の電圧の最大値は 141V ですから、耐圧は 100V では足らず 200V 耐圧のものを使います。ぴったり 5.5μF というコンデンサはまず無いので、私は 2.2μF と 3.3μF の 2 本のコンデンサを並列にして使いました。12AX7 のヒーターから 0.033μF のコンデンサを介してアースに落としているのはノイズ対策です。

さて、図 4.7 の回路には、第 3 章の原理編で説明していない回路が含まれているので、次にそれらについて説明します。

4.2.1　位相反転回路

3.4.7 項で説明したように、プッシュプル回路の 2 つの入力には位相が反転した 2 つの信号を加えます。サイン波の 1 周期の位相は 360 度なので、位相の反転した信号は、位相が 180 度異なる信号とも言い換えられます。この位相の反転した 2 つの信号を作る回路にもいろいろな種類がありますが、この作例では、その中でもポピュラーでシンプルな「PK 分割位相反転回路」を使いました。PK の P はプレート、K はカソードのことです。

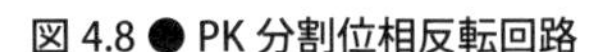

図 4.8 ● PK 分割位相反転回路

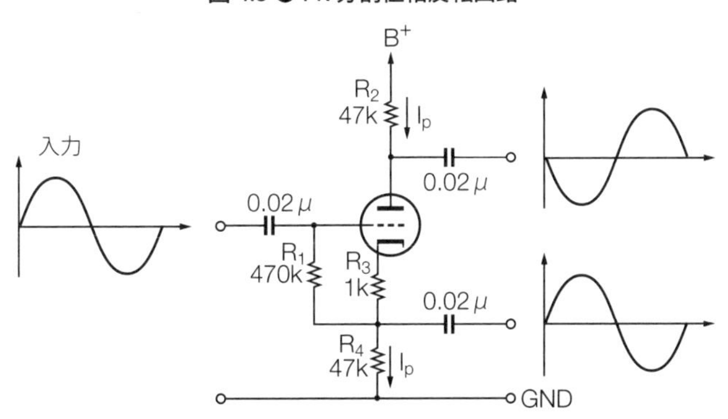

R2 と R4 にはまったく同じ電流が流れる

位相反転回路だけを取り出して描いたのが図 4.8 で、プレートとカソードから 2 本の信号を取り出しています。R_1 がグリッド抵抗で、R_3 がカソード抵抗で、この R_3 に流れる電流でバイアス電圧を作っています。R_2 と R_4 が負荷抵抗で、ここには同じ値の抵抗を使います。R_2 に流れる電流はそのまま真空管のプレートからカソードへ抜けて、R_3 を通って R_4 に流れるので、R_2 と R_4 にはまったく同じ電流が流れます。交流では、電源のインピーダンスはゼロで短絡とみなせるので交流での回路は図 4.9 のようになり、R_2 と R_4 の両端に現れる電圧のプラスマイナスがちょうど反転していることが分かります。すなわち、A 点と B 点では位相がちょうど反転した信号が出てくるわけです。

図 4.9 ● PK 分割回路の原理

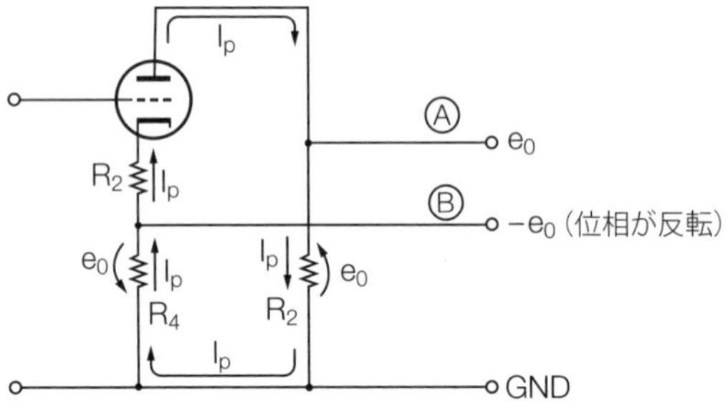

R_2 と R_3 には、大きさが同一（e_0）で向きが逆の電流が発生する

PK 分割回路は電圧増幅率はおよそ 1 で、増幅はされません。したがって、次のプッシュプル回路に十分な信号電圧を与えてやるためには、初段で大きく増幅することが必要です。そんなわけで、初段に増幅率の高い 12AX7 を使っているのです。また、PK 分割回路では、電源電圧を R_2 と R_4 の 2 つの抵抗で使う形になるので、出力できる信号電圧の上限が通常の増幅回路の半分になるという点が注意です。大きな信号電圧を出してやる必要がある場合は、電源電圧をあるていど高くしなければいけません。

4.2.2　負帰還（NFB）

負帰還は、NFB（Negative Feedback）とも略し、オーディオアンプではとても重要な回路です。実は第 2 章の 6BM8 アンプでも使っていたし、ここでも使います。負帰還回路は図 4.10 の網がけの部分になりますが、この、出力トランスの 2 次側から初段のカソードにつながっている 1 本の抵抗を負帰還抵抗といって、これが肝です。このたった 1 本の抵抗がアンプの音を、大げさに言えば劇的に変えるのです。ここで、負帰還抵抗の値を小さくすれば負帰還がたくさん（深く）かかり、負帰還抵抗を大きくすると負帰還は少なく（浅く）なり、無限大つまり抵抗がなければ負帰還はゼロになり「負帰還なし」のアンプになります。

図 4.10 ●負帰還回路

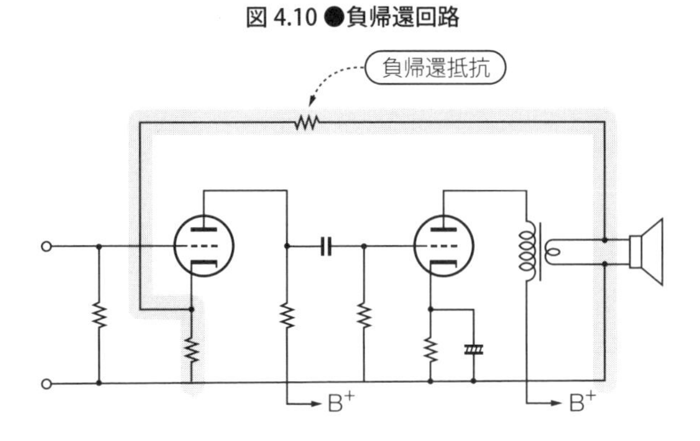

負帰還による効能は次のようなものです。

- 周波数特性が改善され、高域と低域が延びる。
- 歪みが減る。
- ハムなどのノイズが減る。
- ダンピングファクターが大きくなり、スピーカーの出音が良くなる。

最後のダンピングファクターはまだ説明していませんが、それにしても見ての通り良いことづくめです。では、この負帰還とは何なのでしょう。今、入力された信号をまったくそのままの形で大きさだけ大きくする回路を「理想アンプ」とします。真空管やら半導体やらのアナログ素子で構成したアンプというのは理想アンプにはなりません。その出力には、低域と高域の応答が落ち、歪みのせいで元の信号の形が変形し、ハムやノイズという元の信号にないものが加わった信号が出てきます。負帰還というのは、この理想的でないアンプを矯正して、理想アンプに近づける働きをするのです。

その方法は、図 4.11 のように、出力信号の一部を入力に戻して逆相で足し算する、という単純なものです。ここで逆相の信号は作ることは容易なことで､特別な回路は必要としません。3.2.2 項の図 3.27 のように増幅回路 1 段で信号は反転し、さらに最後の出力トランスの 2 次側から出ている 2 本の線のどちらに負帰還抵抗をつなぐかによって､トランスにより「反転する」か「反転しない」かを選択できるので、全体でちょうど反転するように負帰還抵抗をつないでやればよいのです。

図 4.11 ●負帰還の方法

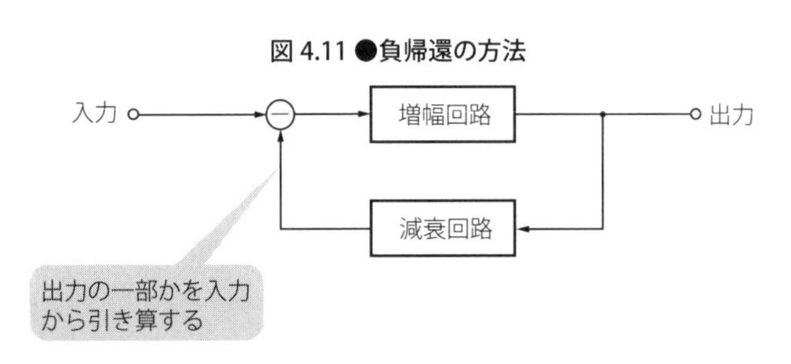

さて、負帰還による特性改善の原理ですが、簡単な代数で説明できるので、ちょっとやってみましょう。図4.12が負帰還をかけたアンプです。真ん中の四角が増幅回路の本体（裸増幅器と呼びます）で、抵抗 R_1 で出力から入力へ帰還がかかっています。このとき、信号の位相を逆（180度反転）にしたものを帰還するようにします。ちなみに同相の信号を返すと「正帰還」となり、増幅回路の利得が1以上なら発振します。

図4.12●負帰還の原理

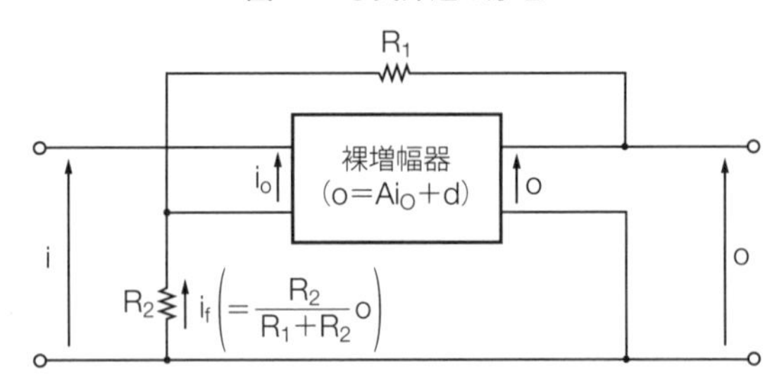

さて、裸増幅器に信号 i_0 を加えたときに出てくる出力信号を o とします。i_0 は増幅率 A だけ増幅され、それに、歪みやノイズ d が加わって o が出てきます。

$$o = Ai_0 + d \tag{4.3}$$

図の負帰還のかかった増幅器では、増幅器の出力 o が R_1 と R_2 で分圧された信号 i_f が入力部分に戻ってきています。図をよく見ると、裸増幅器の入力 i_0 には、全体の増幅器の入力 i からこの i_f を引いた信号が入ることが分かります。すなわち、出力から帰還された信号を逆相にして入力に足し算して（すなわち引き算して）いるわけです。

$$i_0 = i - i_f = i - \frac{R_2}{R_1 + R_2}o \tag{4.4}$$

簡単のため $R_2/(R_1 + R_2)$ を β とすると、以上の2つの式から次の式ができます。

$$o = A(i - \beta o) + d \tag{4.5}$$

上記の式を出力 o について解くと、結局、負帰還がかかった増幅回路の出力 o は次のようになります。

$$o = \frac{A}{1 + A\beta}i + \frac{1}{1 + A\beta}d \tag{4.6}$$

この式で、第1項目が入力信号の増幅の様子を、第2項目は歪みやノイズの様子を示しています。

まず第1項目ですが、i の係数になっている部分が全体の増幅率を表しています。係数だけ抜き出した式が以下ですが、ここで、もし $A\beta$ が1に比べて十分大きければ、

$$\frac{A}{1 + A\beta} \approx \frac{A}{A\beta} = \frac{1}{\beta} \tag{4.7}$$

となり、増幅率は $1/\beta$ となって、裸増幅器の増幅率 A と関係なくなり一定になります。これは、

たとえ元の増幅器の増幅率 A が周波数によって変化したとしても、それとは関係なく一定の増幅率で増幅されるということです。つまり、元の増幅器の低域や高域の応答が落ちても、負帰還をかけた増幅器全体では周波数にかかわらず増幅率が一定になるということになります。結果、周波数特性が改善される、ということになります。

次に第2項目ですが、次の通りです。

$$\frac{1}{1+A\beta}d \tag{4.8}$$

この式で、同じように $A\beta$ が1より十分大きければ、歪みやノイズの成分は約 $1/A\beta$ に減ります。$A\beta$ が大きいほど改善効果が高くなります。

これで、負帰還によって、周波数特性、歪み、ノイズのいずれもが改善される、ということが分かります。なんとなく不思議な気がしますが、数式はごまかしようもないので、その通りなのです。ここで $\beta = R_2/(R_1+R_2)$ なので、β は1以上には決してなりません。仮に $\beta = 1$ にすると、全体の増幅率は $1/\beta = 1$ となってしまい、増幅しないことになります。

例で考えてみましょう。今、裸増幅器のゲインが100（裸利得と言います）で、$\beta = 0.05$ にしたとします。負帰還込みの利得は、

$$\frac{100}{1+100\times 0.05} = \frac{100}{6} = 16.7 \tag{4.9}$$

になります。元のゲインが $1/(1+A\beta)$ になっています。そんなことから、この $(1+A\beta)$ は負帰還量として定義されています。ここでの負帰還量は上式の分母で、6です。普通はこれをデシベルで表しますので $20\ \log_{10}\ 6 = 15.7\mathrm{dB}$ の負帰還がかかっている、と表現します。さて、例えば増幅器の低域の応答が落ちて裸利得が半分の50になってしまったとします。このときの負帰還込みのゲインは

$$\frac{50}{1+50\times 0.05} = 14.3 \tag{4.10}$$

になります。16.7が14.3になるわけで、これは約86%になっていて、元の増幅器のように半分の50%にはならず、周波数特性がだいぶ改善されることが分かります。また、前に述べたように、歪みやノイズなどは1/6に減ります。

このように、いいことばかりの負帰還ですが、次のように欠点もいくつかあります。

- ゲインが減る。
- 発振の恐れがある。

まず、ゲインが減るのは当然でしょう。負帰還込みの増幅回路のゲインをかせぐには、元の裸増幅器のゲインを、負帰還を見込んで大きく設計しておかなければいけません。これまでに分かったように、増幅回路の特性は、負帰還量 $1+A\beta$ を大きくすればするほど改善されます。負帰還量は β を大きくしても A を大きくしても大きくなりますが、β は前に述べたように1以

上にはならないし、仮に最大の$\beta=1$にしてしまうと全体のゲインは1以下になってしまいます。ということは、裸増幅器のゲインAを大きくすればいいことになります。極端に言うと、Aをものすごく大きくすると(10,000倍とか)、全体のゲインは一定値の$1/\beta$に限りなく近づき、歪みやノイズは限りなくゼロになった理想的な増幅回路ができあがります。

しかし、実際には、ゲイン10,000倍の増幅器を作るのはかなり大変です。というのは、この場合、入力に1mVの微小信号を加えても、出力には10Vというかなり大きい信号が出てくる計算になりますが、この10Vの信号が静電容量やらなにやらの原因で入力の1mVのところに戻ってしまうと、簡単に発振してしまいます。裸増幅器がちゃんと動作していないと、いくら負帰還をかけたところでちゃんと矯正はできません。少なくとも真空管ではこのような増幅器を作るのには無理があります。もっともこれは半導体なら可能で、ゲインAを極端に大きくして負帰還を前提にして増幅回路を構成する原理に基づいたのがオペアンプ（Opアンプ）です。

次は発振についてです。負帰還は、出力の信号を逆相で入力に加えることで働きます。しかし、実際の増幅器では位相の回転ということが起こり、常にぴったり逆相になるということはありえません。この位相の回転の量は主に周波数に関係していて、例えば、1kHzのときにぴったり180度（逆相）だった位相が10kHzのときは230度にずれてしまう、などということが起こるのです。この位相の回転が大きくなって360度になってしまうと負帰還回路はそのまま正帰還になり、このときの裸ゲインが大きければ発振します。ぴったり360度にならないにしても360度に近づけば、増幅回路全体のゲインは負帰還によって逆に大きくなり、特性に不正なピークができたりします。

位相の回転は、いろいろな要因で起こりますが、特に3.4.11項で説明したようなRC結合で増幅器を構成したときは避けられません。というのは、段間にコンデンサが入るわけですが、このコンデンサという素子は位相を進める作用があり、周波数によって最大で90度ずれるのです。ということは、段間コンデンサが2個あれば、最大180度ずれることになり、周波数の条件によっては確実に発振またはピークができてしまいます。また、コンデンサだけでなく、トランスも同じく位相回転を引き起こします。

負帰還回路では、このように裸増幅器の位相回転をうまく設計しないと、逆に特性の暴れた悪いアンプになってしまうのです。増幅器にコンデンサやトランスを使わない直結増幅回路なら位相の回転は無いので（実際は、素子の持っている容量などでそうはなりませんが）、何段もつなげてゲインが大きくて位相回転のない増幅回路を作れます。しかし、3.4.11項で説明したように、真空管では直結は2段ぐらいが限度で、こんな意味でも無理があるのです。逆にオペアンプなど半導体でなぜ可能かというと、トランジスタにはPNP型とNPN型と言って、電流の向きがまったく逆な2つのタイプの素子があって、交互に組み合わせることでわりと簡単に多段の直結増幅回路が作れるからです。

以上、長々と説明しましたが、真空管アンプでは大量の負帰還をかけることは難しく、負帰還はせいぜい20dBちょっとが限度と言われています。元の裸増幅器の特性をあるていど良く設計して、それに仕上げの負帰還をいくらかかける、というやり方が多いようです。あるいは、いっそのこと負帰還は使わず、裸増幅器だけで実用になる特性をめざしたものも多く見かけます。本書では第5章の作例で無負帰還の真空管アンプを取り上げています。一方、本章のミニアンプですが、負帰還は6.5dBでそれほど多くはありません。しかし、裸のままだとちょっとぎすぎすして荒っぽい音が、負帰還をかけることで、すっ、とおとなしくなり、落ち着きや気品が出るさまが体験できると思います。

4.2.3 ダンピングファクター

負帰還の利点の1つに「ダンピングファクターが大きくなり、スピーカーの出音が良くなる」というのがありました。ここで、ダンピングファクターについて簡単に説明しておきましょう。「スピーカーの出音が良くなる」というのもずいぶんあいまいな言い方ですが、実際、このダンピングファクターによる音の違いは相当に大きいのです。

さて、スピーカーのインピーダンスには、8Ωや4Ωや16Ωなど、いろいろな種類があるのはご存知の通りだと思います。しかし、実際にスピーカーのインピーダンスを測定してみると、その値は周波数によって相当に変化します。図4.13は、手元にあった、公称インピーダンス8Ωのフルレンジのスピーカーを実測してみたものです。これを見ると、ほとんど、どこが8Ωだよ、と言いたくなるほど激しく変化していることが分かると思います。

図4.13 ●公称インピーダンス8Ωのフルレンジスピーカーのインピーダンス実測例

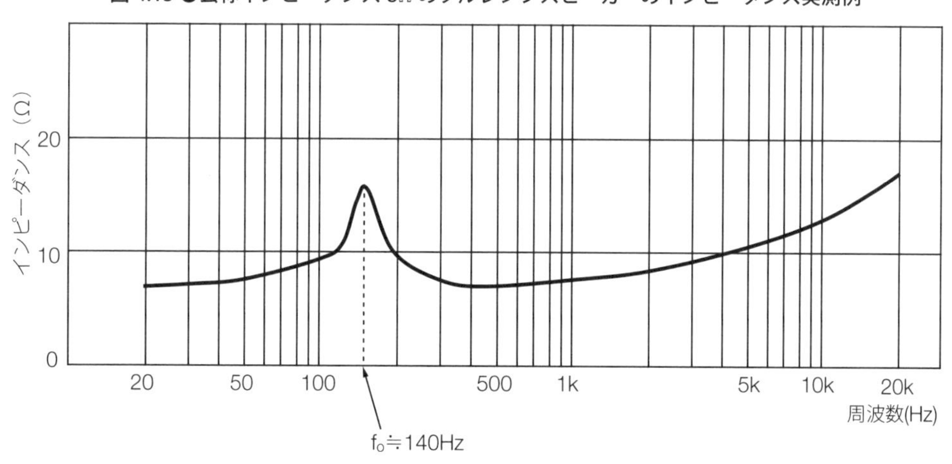

まず、低域の周波数f_oのところに大きなピークがあります。これはスピーカーの機械的な共振周波数です。f_oの信号を加えると、スピーカーのコーン紙をはじめとする機構系が共振して、コーン紙が周波数f_oで激しく振動します。すると、その振動でボイスコイルが逆起電力を発生し、コイルに信号を流しにくくし電流が少なくなるので、結果、インピーダンスが極端に高くなるのです。この逆起電力というのがけっこうなくせもので、これは別にf_oでなくても常に発生し、スピーカーの特性を複雑なものにします。

2つ目の特徴は、高域へ行くに従ってインピーダンスが大きくなることです。これは、当然なことで、スピーカーはコイルですから、3.1.8 項で説明したように、そのインピーダンスは周波数に比例して大きくなるのです。この変動する特性のどこをもって公称インピーダンスにするかは、スピーカー製造各社でそれぞれ考え方があるようですが、大雑把に言って 400Hz のときのインピーダンスを公称にすることが多いようです。

以上のように、スピーカーのインピーダンスは変動しますが、アンプの方は、普通、スピーカーは 8Ω なら 8Ω として割り切って設計します。しかし、実際のスピーカーをつなぐとこのように大きく変動するので、アンプの振る舞いは周波数によって変わってしまうことになります。

さて、ここで、アンプの出力段を電気的に割り切って考えると、図 4.14 のように、増幅された信号電圧 e と、アンプの内部抵抗と呼ばれる抵抗 R_o が直列につながれたものとみなすことができます(これを等価回路と言う)。ここで、内部抵抗 R_o がゼロだったときを考えてみます。すると、スピーカーのインピーダンス R_L がいくら変動しようと、スピーカーにかかる信号電圧は一定になり、周波数による変動が打ち消されることになります。しかし、この R_o が大きいと、R_L によってスピーカーにかかる電圧は激しく変動し、R_o が R_L より十分大きかったりすると、R_L にほぼ比例した信号電圧になってしまいます。このように、アンプの内部抵抗 R_o は、スピーカーのインピーダンス変動と深い関係があることが分かります。ここで、スピーカーの両端にかかる電圧を問題にしていて、電力を問題にしていない理由は、現在作られているスピーカーが、一定の信号電圧が加わることを前提にして設計されているためです。

図 4.14 ●アンプの内部抵抗とダンピングファクター

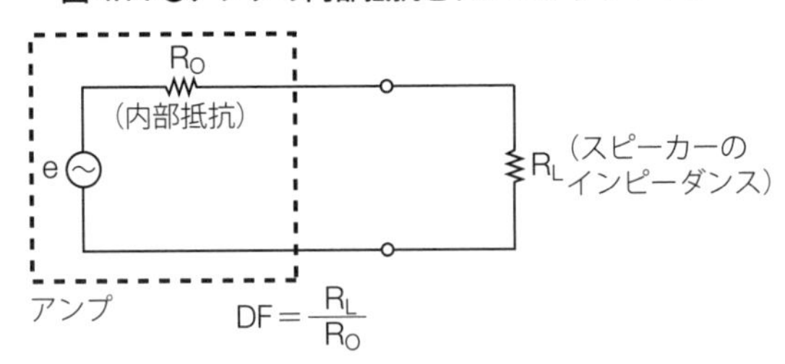

ダンピングファクターという値は、このアンプの内部抵抗によるインピーダンス変動に対する強度と関係する値で、次のように定義されています。

$$DF = \frac{R_L}{R_o} \tag{4.11}$$

内部抵抗が小さいと DF は大きくなり、内部抵抗が大きいと DF は小さくなります。DF の目安ですが、$DF=1$ を境にして考えていいと思います。DF が 1 より小さくなって行くと、スピーカーの変動にアンプがついて行けず、スピーカーの制動が悪くなる、などと言います。逆に DF が 1 より大きくなって行くと、スピーカーの変動に強く、制動力が高い、などと言います。

では、具体的に、音質にどのように響くのでしょう。これはなかなか一概には言えないのですが、例えば $DF=0.1$ などという、内部抵抗が高いアンプだと、アンプが図 4.13 のグラフに示されるような周波数によるスピーカーのインピーダンス変動に引きずられるので、高い音がでかくなり、400Hz 付近は普通で、それで、低音の f_o で極端に音がでかくなる、そんな音質になります。これはつまり、高音がキンキンして、f_o 付近のかなりの低音がスピーカーに共振しっぱなしでボンボンと耳障りに響く、そんな音になります。高音キンキン、低音ボンボンをよく「ドンシャリ」などと言います（低音がドンと響き、高音がシャリシャリしている）。ちょっと歳のいった人なら聞き覚えがあると思うのですが、昔の真空管ラジオの音がこのドンシャリの典型です。アナウンサーの「さしすせそ」が「しゃししゅしぇしょ」になり、それで音楽がかかるとベースやバスドラムが安物のプラスチックキャビネットを箱鳴りさせぼんぼん響く、あの音です。逆に、$DF=10$ などというアンプですと、f_o 付近の共振も抑さえ込まれ、低音がしまって、キンキンもないフラットな感じの音になります。

では、オーディオ的に DF はどれくらいあればいいかというと、これも諸説ありますが、5 ～ 10 ていど以上と言われることが多いです。しかし、DF が大きければいいというわけでもなく、スピーカーの特性にも大きく依存するし、逆にアンプがすべての変動を抑えてしまえば人間の耳にとって心地いいかというとそんなわけでもなく、結局は主観的なものです。ただ、DF が 1 を切って極端に小さくなると、さきほどのように音はドンシャリになります。

以上に述べた DF ですが、この DF は負帰還をたくさんかけるほど大きくなる性質があります。すなわち、負帰還をかけるとアンプの見掛けの内部抵抗が下がるのです。実は、負帰還をかけない裸の真空管アンプはかなり DF が小さくなります。具体的な DF 値は、出力管の種類によってさまざまですが、特に 5 極管は内部抵抗が高く、そのまま作ると普通 DF は 0.1 より小さくなります。一方、3 極管は内部抵抗が比較的小さく、DF は普通 1 前後になります。

ということはとりもなおさず、5 極管でアンプを作るとドンシャリのアンプができる、ということになります。したがって、5 極管でオーディオ的にいい音のアンプを作る場合、負帰還は必須テクニックとなります（ギターアンプはこの限りではなく、意図的にドンシャリにすることもあります）。ただし、4.2.2 項で説明したように真空管アンプで大きな負帰還をかけることは簡単ではなく、そんなことから 5 極管でいい音のオーディオアンプを作るのは簡単ではない、ということになるのです。一方、3 極管はそのまま作っても DF をそこそこかせげるので、DF 的には負帰還は少しかければ十分で、設計はずっと楽になります。特に、オーディオ用として有名な 300B とか 2A3 とかいう 3 極管は内部抵抗が比較的低く、負帰還をかけなくても DF を 1 以上にできるので、負帰還なしでも良い音のするオーディオアンプが作れます。

4.2.4　ヘッドフォン回路

本章のアンプにはヘッドフォンジャックを付けてみました。このアンプのように、たかだか 0.5W のアンプだと、うたい文句にあるように、最初からヘッドフォン専用アンプとして使うのもいいかもしれません。ここでは、ヘッドフォン回路についてその注意点なども含めて説明しましょう。

ヘッドフォンを鳴らすには、ごく小さいパワーがあれば十分です。頭にかける本式のヘッドフォンでも200mWもあれば十分で、iPodに使うような耳栓型のヘッドフォンになると例えば10mWでも十分すぎるぐらいです。なので、普通のスピーカー用のアンプでヘッドフォンを鳴らすためには、アンプの最後の部分にパワーを落とす回路を追加します。音量ボリュームで絞るぐらいでは間に合わないからです。いろいろな回路がありますが、ここではもっともシンプルなものを紹介します。

まず、ヘッドフォンのインピーダンスですが、これはさまざまです。スピーカーではたいがい4～16Ωですが、ヘッドフォンではだいたい16Ωから300Ωぐらいまで幅があって、製品によっていろいろですが、おしなべてスピーカーよりは大き目です。そこで、パワーを落とす回路ですが、図4.15を見てください。

図4.15●ヘッドフォン回路

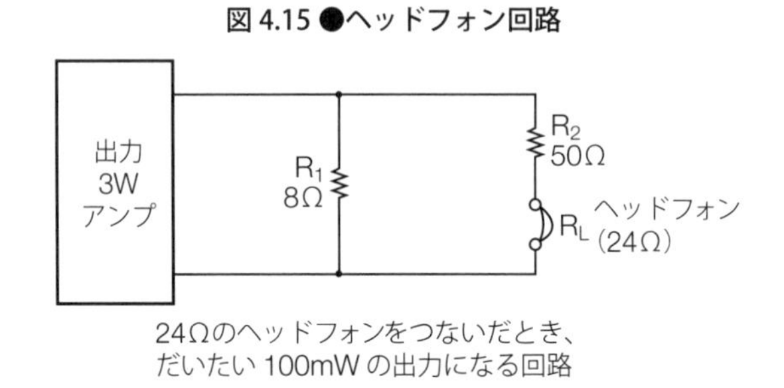

ここでは、8Ωのスピーカーで設計されたアンプを例にしています。アンプ側はあくまでも8Ωの負荷が来ることを想定して設計されていますので、ヘッドフォン回路が全体でだいたい8Ωになるようになっています。ここで、R_1が8Ωになっていて、この両端の信号電圧がR_2とヘッドフォンのインピーダンスR_Lで分圧されて、これがヘッドフォンに供給されます。ここで、R_2とR_Lを合わせた抵抗値を8Ωより十分大きく取っておけば、全体のインピーダンスは8Ωぐらいになって、アンプの動作点がヘッドフォンによってあまり狂うことが無くなります。R_2をどのくらいにするかは、パワーをどれくらい落とすか、そしてヘッドフォンのインピーダンスがどのくらいかによって変わりますが、実際にヘッドフォンをつないでカットアンドトライで決めてもいいでしょう。図4.15の例では、3Wのアンプで、24Ωのヘッドフォンをつないだときパワーがだいたい100mWぐらいになります。

特に品質の良いヘッドフォンをつないだときに言えるのですが、真空管アンプによくあるブーンとかジーというハムはヘッドフォンではかなり耳障りです。スピーカーでは、通常距離でまったく聞こえなかったハムが、ヘッドフォンでは耳元な上、外界ノイズが遮断されるためよく聞こえるようになります。特に曲間で耳障りです。ですので、ヘッドフォンアンプとして使うときは、ハムは特に十分抑えておいた方がよいのです。

本章のアンプでは、電源の平滑回路のコンデンサをかなり大きくしてリップルを抑えています。また、電力増幅回路をシングルでなくプッシュプルにしたことも、3.4.10項で説明したようにハムを強くします。さらにこれに負帰還をかけることで、ハムが減ります。ただし、複数の真空管のヒーターを直列につないで、AC 100V から直接取るトランスレス式はヒーターからのノイズを発生させ、あまり有利とは言えません。本格的なヘッドフォンアンプとして使いたいのであれば、ヒータートランスを使って構成した方がいいと思います。

 4.3　製作

それでは製作に入りましょう。回路はシンプルですので、第 2 章のときと大きく作業が変わるところもありません。ただ、ミニアンプを目指しているので、そこそこにコンパクトにまとめたいところです。

表 4.1 が部品表になります。特別な部品は特にありません。第 1 章のときと同じく、すべて安い部品で揃えればよいでしょう。

前節の最初に言いましたが、ヒーター電圧ドロップ用の 5.5μF の大容量のコンデンサは、耐圧 200V 以上の無極性のものを選び（電解コンデンサは使えません）、うまく組み合わせて回路図に表示された値になるように買ってください。ここでは 3.3μF と 2.2μF を並列にして使いました。それから、この 5.5μF のコンデンサは関東（電源周波数が 50Hz）での値で、関西（電源周波数が 60Hz）では 4.6μF ですので注意してください。この場合、2.2μF を 2 つと 0.2μF の計 3 つを並列でもいいでしょう。

写真 4.2 ●信号部と電源部でシャーシーを分ける

表 4.1　12AU7 プッシュプルステレオミニアンプ部品表

品名	数量	参考単価
真空管　12AU7	2	2,500
真空管　12AX7	2	2,500
絶縁トランス　Z-01ES（東栄） 100V：100V、10VA	1	2,300
出力トランス　OPT-5P（東栄） 5kΩ：8Ω/4Ω、プッシュプル用、5W	2	2,310
シリコンダイオード　1N4007 または 1S1830（1A、1000V）	2	30
2kΩ　1/2W	4	35
100kΩ　1/2W	2	35
470kΩ　1/2W	6	35
47kΩ　1/2W	4	35
560Ω　1/2W	2	35
10kΩ　1/2W	2	35
33kΩ　1/2W	1	35
100Ω　1/2W	2	35
5kΩ　1W	1	35
100kΩ　2W	1	50
9.1Ω　2W	2	50
1kΩ　5W（セメント抵抗）	1	70
小型 2 連ボリューム　50kΩ A 型	1	360
2.2μF　250V（フィルムコンデンサ）	1	400
3.3μF　250V（フィルムコンデンサ）	1	550
0.047μF　400V（フィルムコンデンサ）	4	100
0.22μF　400V（フィルムコンデンサ）	2	240
0.033μF　400V（フィルムコンデンサ）	1	420
電解コンデンサ　100μF　250V	2	300
電解コンデンサ　220μF　300V(350V、400V 可)	1	460
電解コンデンサ　47μF　300V(350V、400V 可)	1	320
電解コンデンサ　220μF　16V	2	60
真空管ソケット MT9 ピン　タイト下付けタイプ	4	350
ステレオ RCA ピンジャック 2P	1	210
ヘッドフォンジャック	1	340
ステレオスピーカー端子	1	320
電源スイッチ	1	330
ヒューズホルダー	1	100
管ヒューズ　2A	1	30
AC ケーブル　2m（コネクタ付き）	1	200
めがねプラグ	1	100
めがね AC インレット	1	100
ネオン管	1	370
ツマミ	1	170
ラグ板（小）　平型 8P	2	340
ラグ板（小）　平型 10P	1	360
ラグ板（大）　立型 6P	1	160
ラグ板（小）　立型 4P	1	130
ラグ板（小）　立型 2P	1	80
0.8mm 厚アルミシャーシー　150×100×80	1	780
0.8mm 厚アルミシャーシー　150×100×40	1	590
ゴム足	4	15
線材　ビニール線　0.3VSF	適量	
線材　スズメッキ線　0.5mm	適量	
シールド線　1 芯	適量	
熱収縮チューブ　7mm	適量	
ネジ（3×8mm、4×8mm）	適量	
スプリング、ワッシャー、ナット	適量	
	合計	28,730 円

アンプの部品の配置ですが、ここでは第２章のときのように信号部と電源部を左右に分けずに、上下に分けてみました。そのため、シャーシーを２つ使い、１つに電源部を組み込み、もう１つに信号部を組み込み、上下に接合します。ちょっと変則的な配置方法ですが、こんな配置だってできるのだ、ということをお見せするためにあえて変な風にしてみました。みなさんも、ぜひ、自由な発想でいろいろなデザインのアンプをひねり出してみてください。オーソドックスなのもいいですが、普通ならありえない変わったものを作れるのも、アマチュアの特権だと思います。まあ、もっとも、このように２段重ねにするのは別に度外れてはいないと思いますが。部品の配置については、絶縁トランスの位置を気にすれば十分でしょう。上側に信号系が来ますので、2.4 節の図 2.5 の磁束が小さい方向を上に向け、出力トランスとの結合が少なくなるように配置しました。あとは、ほぼ全体を対称に配置しています。

２つのシャーシーには、150 × 100 × 40（信号部）と 150 × 100 × 80（電源部）の、第２章でも使ったアルミ折り曲げシャーシーを使いました。サイズが小さいので厚さは 0.8mm です。図 4.16 に穴あけ図面を載せておきます。ただし、これは作ってみて分かりましたが、コンパクトをねらったために少し小さすぎ、かなりぎりぎりの部品配置になりました。特に電源部の電解コンデンサの大きさによっては、このままの配置では収納できない可能性もありますので、作られるときは注意してください。実際には、もう少し大きめのシャーシーを使った方が無難だと思います。

写真 4.3 ●信号部の配線

図 4.16 ●穴あけ図面（単位：mm）

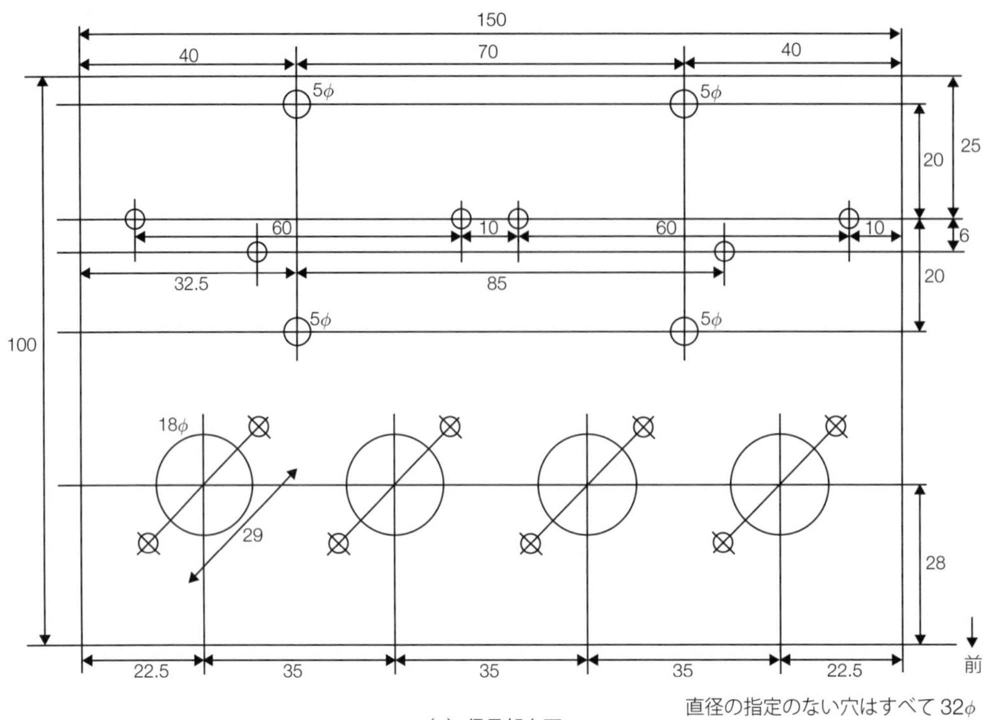

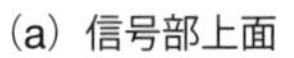
(a) 信号部上面

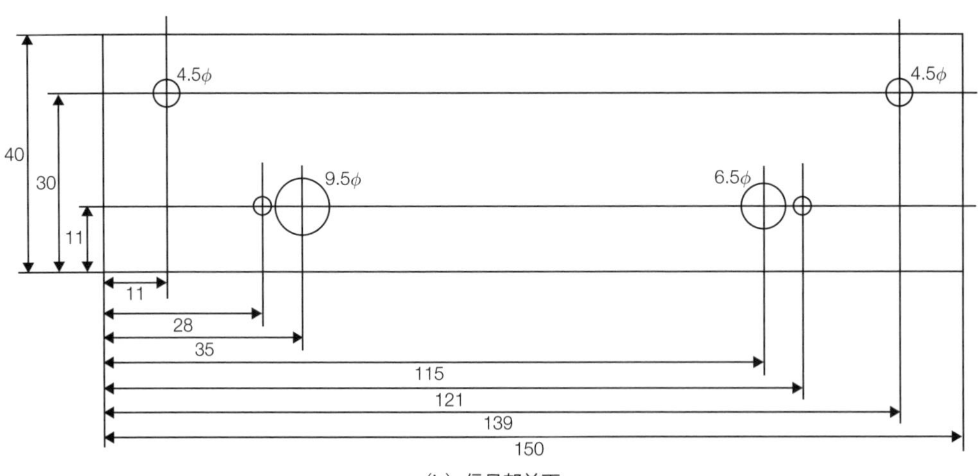

(b) 信号部前面

図 4.16 ●穴あけ図面（単位：mm）（続き）

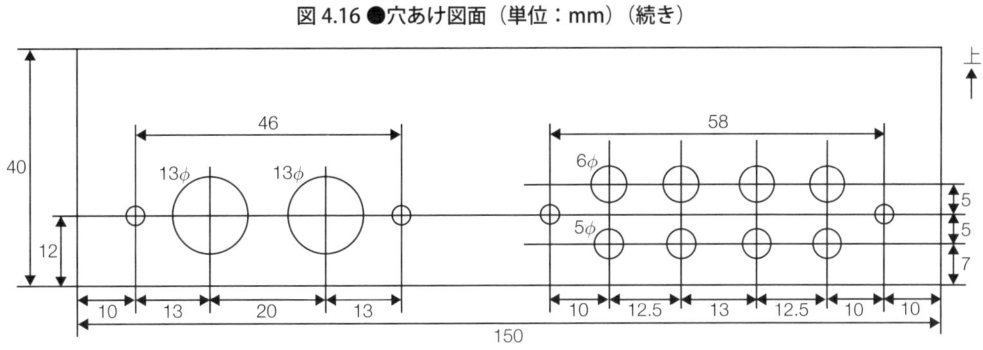

（c）信号部背面

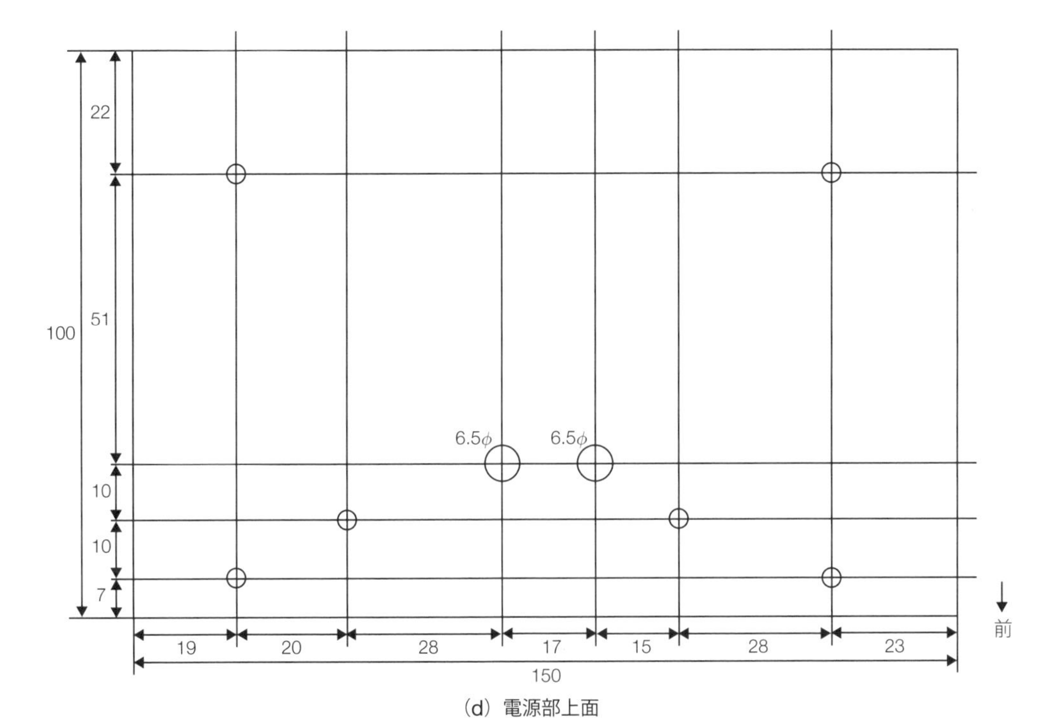

（d）電源部上面

図 4.16 ●穴あけ図面（単位：mm）（続き）

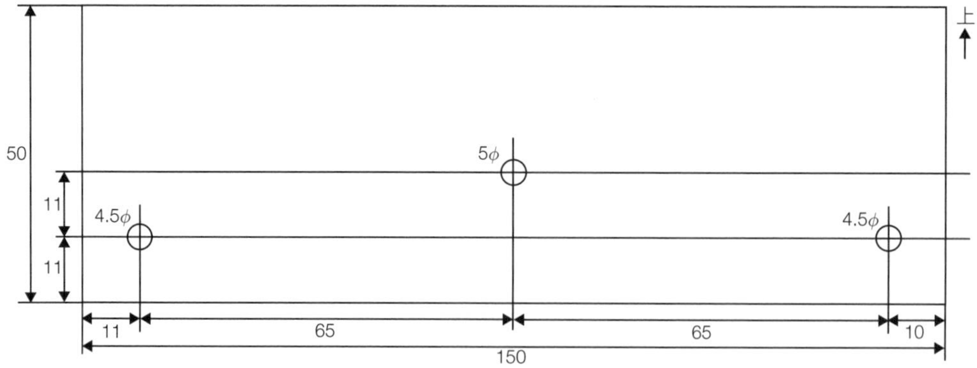

(e) 電源部前面

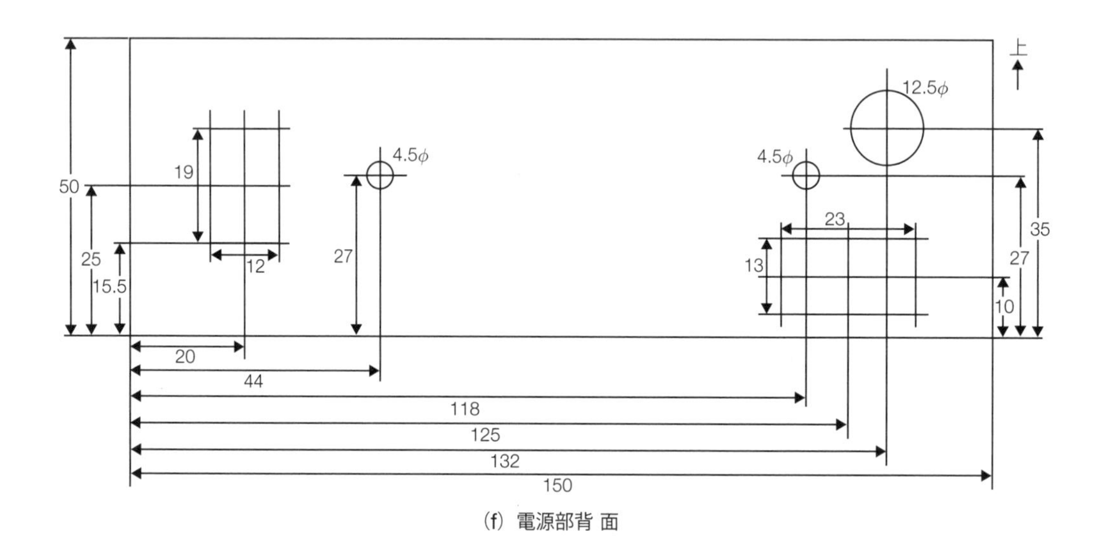

(f) 電源部背 面

図 4.17 が実体配線図です。信号部と電源部は独立に配線して、最後に重ね合わせて側面を金具（ステー）でネジどめし、前面に 0.5mm 厚の真鍮板を前面パネルとして取り付けました。信号部は、平ラグ版に抵抗・コンデンサ類の大半を配置する方法を使っています。さらに、アース母線もはって、コンパクトにまとめました。ミニアンプなので流れる電流も小さく、発熱はそれほど気をつけなくても大丈夫でしょう。前面は、右側にボリューム、左側にヘッドフォンジャックを配置しました。

図 4.17 ●実体配線図

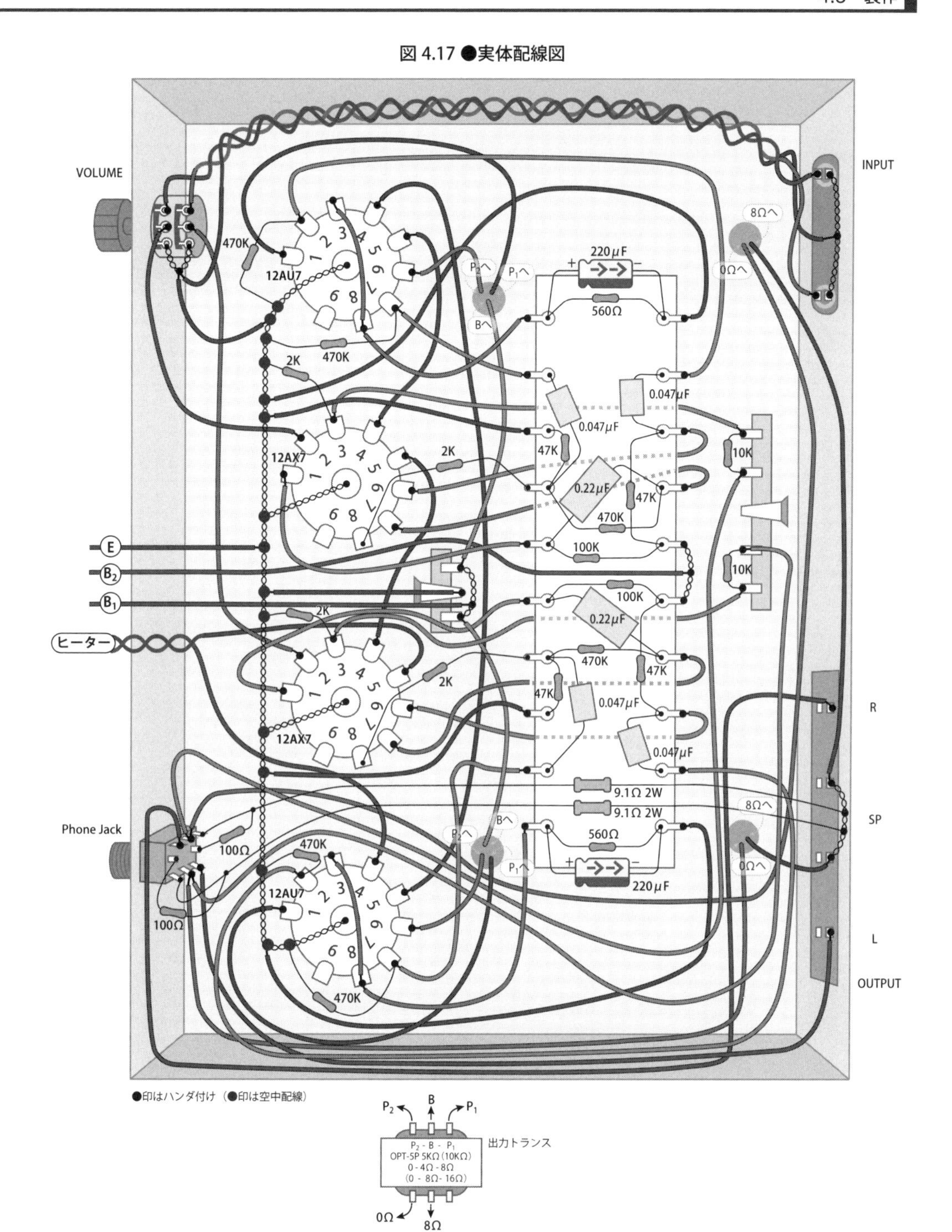

（a）信号部

図 4.17 ●実体配線図（続き）

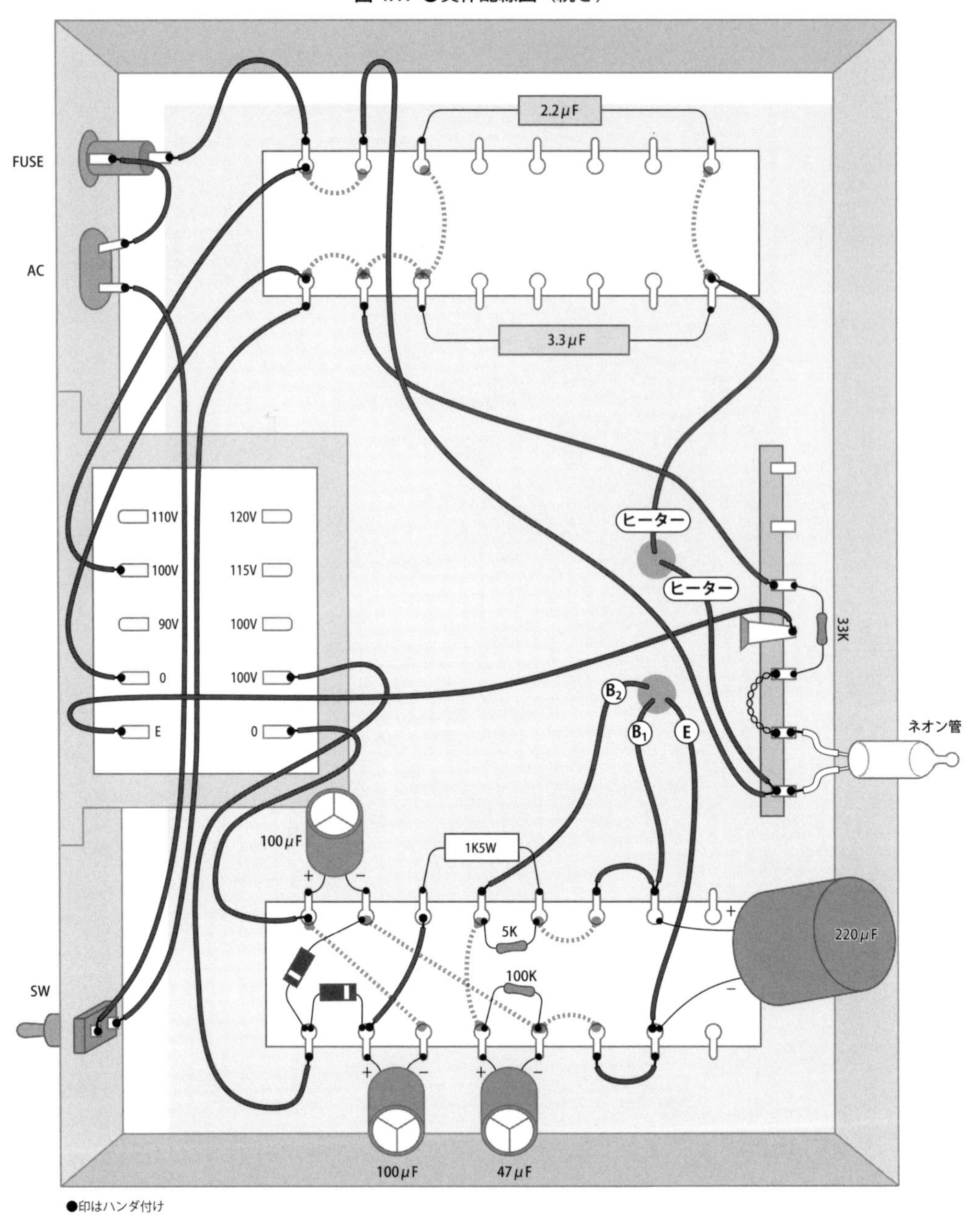

（b）電源部

ここで、負帰還の配線（写真 4.4）が要注意です。部品表に載せた東栄のプッシュプル用出力トランス OPT-5P を使っていれば、配線図の通りに配線すれば問題ありません。しかし、この出力トランスに別物を使った場合、負帰還の位相が逆になってしまうこともありえます。図 4.18 を見てください。(a) が正しい負帰還だとすると、これを（b）のように逆につなぐと、負帰還は正帰還になり発振、あるいは音質をひどく劣化させます。これは実際にやってみて音を聞けばすぐに分かりますので、OPT-5P 以外を使った場合は、トランスの 2 次側へのびる線

写真 4.4 ●電源部の配線

図 4.18 ●負帰還における出力トランス 2 次側の接続

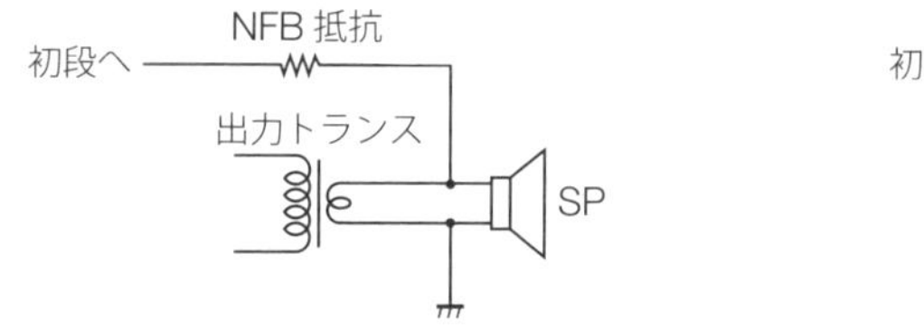

(a) これが正しい接続だとすると…

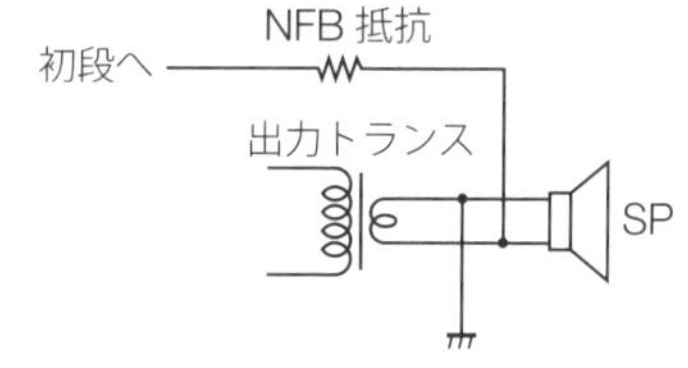

(b) 出力トランス 2 次側を逆につなぐと正帰還になってしまう

はハンダ付けはしないで、ビニル線をそのままたらしておいてください。

電源部は、平ラグ板と縦ラグ板の両方を使ってまとめました。パイロットランプは、ミニアンプだということもあり、真空管のヒーターの明かりを食ってしまわないていどのもの、ということでネオン管を使いました。シャーシーに小さな穴をあけ、その後ろにネオン管を配置してあります。あるいは、電源を入れれば真空管が光るので、パイロットランプはいらない、という考え方もあるでしょう。なお、電源スイッチは背面の右側に持ってきました。もちろん前面に出してもいいですが、どうも市販のスイッチには格好のよいのがなく、また、このアンプは軽量なので、シャーシー本体を手で押さえないとスイッチを入れられず、そんなことなら、と背面にしてしまいました。

電源ケーブルは、第 2 章のときと同じく、AC インレットを使って取り外せるようにしてあります。電源部の配線は、第 2 章で説明したように、順を追ってチェックしながら進めることをお勧めします。最後に、信号部から延びた電源関係の 4 本の線を、電源部の上面にあけた穴を通し、電源部の各所にハンダ付けします。この線は、後で調整などがやりやすいように長めにしておいてください。一番最後に束ねてまとめます。

4.4　火入れと試聴

配線が終わったら、信号部と電源部をネジどめせずに離したままにしておきます。ただし、2 つのシャーシーは後でネジを介して電気的につながるので、チェックのときも、みのむしクリップで 2 つのシャーシーをつないでおいてください。前に述べたように、指定の東栄トランスでないものを使ったことで負帰還の線がつないでいない状態になっていたら、取りあえずつながないままでよいです。

真空管をささずに、この状態で、テスターを抵抗レンジにして、プラスのプローブ（赤）を B 電源に、マイナスのプローブ（黒）をグランド（シャーシーでよい）の間につないで測ります。電解コンデンサが入っているので測定値は安定しませんが、1Ω 以下になっていたらどこかでショートしている可能性大なので、配線を見直しましょう。

それでは真空管を差し込みましょう。12AU7 と 12AX7 は形状がまったく同じなので場所を間違えないように注意してください。スピーカーと iPod や CD プレイヤーなどの音源もつなぎます。ヒューズを入れ、電源をさして、おもむろに電源スイッチを入れてみましょう。例によって、顔は近づけないようにして、目と耳と鼻を利かし、注意深く観察し、しばらく待ちます。異常があったら電源プラグを抜き、点検です。

このアンプのヒーターはコンデンサドロップ式なので、ヒーターがちゃんと点灯するまでに 30 秒ほどかかります。**ヒーターは橙色に点灯するはずで、これが真っ白でこうこうと光るときは、電圧ドロップ用のコンデンサの値が規定より大き過ぎ、過大ヒーター電圧の可能性大です。**ヒーターが切れる前にすぐスイッチを切ってください。

正常そうな場合も異常っぽい場合も、電源を切って、4 本の真空管のどれでもよいので、4 ピンと 5 ピンの間にみのむしクリップでテスターの AC 電圧レンジをつないでからスイッチを入れ、電圧を測ってください。この真空管の規定値は 12.6V で、±10% ぐらいは許容範囲ですが、これを超えると異常です。許容範囲外の場合は、コンデンサの値を調節して調整するよりほかありません。特に、+10% を超えていると、ヒーターが切れやすく寿命が短くなるので要注意です。低いぶんには壊れませんが、真空管の特性は劣化します。

さて、ヒーターが無事に点灯するようになったら、プレイヤーを再生して音を聞いてみます。このアンプは無調整なので、配線に間違いがなければあっさりと鳴るはずです。前述したように、出力トランスに OPT-5P を使っていない場合、トランスの 2 次側の結線はみのむしクリップで仮にやっておきます。この状態で電源を入れ、真空管が暖まったとき、**いきなりすごい音で「ギャー」とか「ピー」とか鳴るときは負帰還が正帰還になって発振しています。**すぐスイッチを切って 2 本の線を逆にしてください。今度はギャーとも言わず､いい音で鳴るはずです。

場合によっては、発振せずに、ひどく歪っぽくてノイズっぽく鳴ることもあります。これは正帰還になりかかった状態で、発振の一歩手前です。とにかく、音が小さくなる向きが負帰還で、正しい状態です。正しい方向が分かったら、トランスの2次側をハンダ付けします。

さて、いかがでしょう。0.5W＋0.5Wと小さいながらもプッシュプルで、適度な負帰還もかかっているので、音質的にはけっこういい感じです。ボリュームを上げると、小さい部屋であれば十分な音量で鳴ります。特に、低音の出方はさすがプッシュプルで、タイトに感じます。ルックス的にも小さくてかわいらしく、ドックに差したiPodとのバランスもグッドです。

次に、ヘッドフォンで聞いてみましょう。ヘッドフォンの音量は使うヘッドフォンによって相当変わります。これは、図4.7のヘッドフォン回路の100Ωの抵抗で調整します。冒頭でも書きましたが、ヒータートランスレス式はわりとノイズが大きく、感度の良いヘッドフォンでは曲間の無音の部分で耳障りな場合があります。その場合はこの100Ωの抵抗を大きくします。そうすると、ノイズも少なくなり、音量も下がります。自分の使うヘッドフォンに合わせてカットアンドトライで決めるとよいでしょう。感度の良い高級ヘッドフォンでもハムがまったく聞こえないようなヘッドフォンアンプを目指すのであれば、ヒータートランスを使い、ノイズが最小になるように配線や実装にかなり注意して製作する必要があります。

今回製作したアンプは、スピーカーをつなぐ分にはかなり静かなアンプなのですが、ヘッドフォンとなると、若干はハムが聞こえてしまうのは仕方がないようです。今回、手持ちのヘッドフォンで試したところ、スタジオモニター用高級ヘッドフォンだと若干気になり、それ以外のコンシューマー向けのものではほとんど気になりませんでした。もちろん、曲が始まってしまえばほとんど分からないていどには抑えられています。

最後に、図4.19に本章のアンプを実際に測定した諸特性をあげておきます。特性的には、特に問題はなく、標準的なオーディオアンプの性能を満たしていると思います。

図4.19●12AU7プッシュプルステレオアンプの諸特性

最大出力	0.5W+0.5W
周波数特性	20Hz～20kHz（−3dB）
入力感度	0.62V
ダンピングファクター	2.6
残留ノイズ	0.56mV
負帰還量	6.5dB

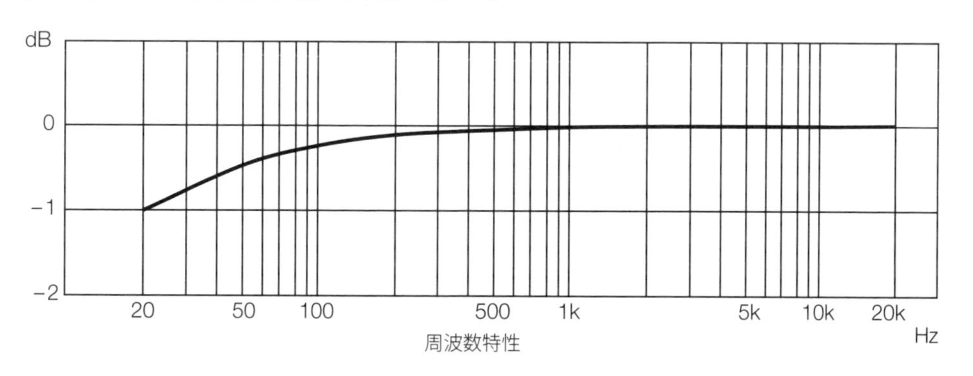

写真 4.5 ●アンプの前面と背面

（a）前面

（b）背面

4.5 真空管を差し替えてみる

真空管アンプ特有の楽しみ方に、真空管をあれこれ差し替えるというのがあります。これは半導体ではほとんどありえない話しで、真空管ならではの面白さでしょう。第2章の6BM8アンプでは、6BM8というポピュラーではあるけれど、いくらか特殊な複合管を使ったので差し替えはあまりできませんでした。せいぜい、製造元の異なる6BM8を差し替えるていどです。それに対して本章のアンプは、電圧増幅と電力増幅に別々の真空管を使い、かつ12AX7および12AU7という差し替えられる真空管の選択肢の多い球を使っているので、割と気軽に差し替えて、音の違いなどを確かめてみることができます。

さて、球が差し替えられる条件ですが、以下をすべて満たしている必要があるます。

(1) ピンアサインが同一。
(2) ヒーターの電圧・電流が同一。
(3) 各部の電圧、電流が球の最大定格を超えない。
(4) プレート損失を超えない。

(1) は当然です。(2) ですが、ヒータートランスを使っていれば、電圧が同じであれば使えます。しかし、ヒーター電圧が同じであっても、電流が大きかったりするとヒータートランスの電流容量を超えてしまうかもしれないので、トランスの電流容量を調べて判断します。本章のアンプのようにコンデンサドロップの場合は、電圧·電流とも同一でないとダメです。(3)は、本章のようなオーソドックスな無理のない設計の場合、たいがい大丈夫ですが、図4.19に示した各部の電圧・電流と真空管の最大定格を比べて判断します。(4) は特に電力増幅管では重要事項です。プレートにかかる電圧と流れる電流を掛け算したワット数が、プレート損失の定格を超えない球ならおおざっぱに言って大丈夫です。

以上の4項目を満たしているとして、差し替えのタイプは次のようになるでしょう。

(a) まったく同じ型名で、製造元が違う球
(b) 型名は同じだが、最後の添え字の異なる球
(c) 型名が異なるが、差し替えられる球

真空管はアナログの世界なので、実際には以上3つに明確な区別は無いと言ってもいいかもしれません。(a) については特に出力管でよくやられます。例えば第2章の6BM8でも、Sovtek、Tungsol、東芝、Amperex、GE、Telefunkenなどなどたくさん出回っています。ロシア製、中国製などのように現在製造しているものもあれば、製造中止でストックのみの希少なもの、中古、などいろいろで、それに応じて値段にもかなり幅があります。(b) は、例えば12AX7なら、12AX7A、12AX7B、12AX7WAなど、最後に添え字が付いたタイプです。これらは12AX7のバリエーションで、基本的には差し替えてもそれほど動作が変わらないで

すが、ものによっては特性がかなり異なっていて、動作点などはいくらか変わることがあります。最後の（c）は、差し替え可能な4項目を満たしているけど型名が異なる球です。この場合は、指定の球と特性が異なるので、差し替えても壊れはしませんが、元のアンプの設計の意図と違った動作点になるのは当然です。それから、本書で取り上げるようなRC結合のアンプならたいがい大丈夫ですが、直結など前後の球の動作に影響するタイプでは、このような差し替えはしない方が無難でしょう。

それでは本章のアンプの球差し替えです。上記（a）と（b）については、財政事情が許す限りいくらでもやってOKです。（c）タイプの差し替えはオーディオアンプでは出力管でよく行われますが、差し替えた後に、少なくともバイアスぐらいは再調整して（具体的にはカソード抵抗の値を変更する）最適動作点近くに持って来るのが普通です。

ちなみに、ギターアンプの世界では、無調整のまま型名違いの球への差し替えることはわりと普通です。本章のアンプで使っている12AX7と12AU7の特性違いのファミリーは、ポピュラーな12AT7、12AY7を始め調べてみるといくつか見つかり、表4.2のような球が差し替えただけでも動作します。これらは､いわゆる「互換球」ではないので注意してください。「互換球」とは、電気的特性がほぼ同じもののことを言います。この表の差し替えでは特性が変わるので、当然、音も変わります。一番大きな違いは、増幅度の違いによる音の大きさの変化かもしれませんが、当然、歪みも周波数特性も、出力管なら*DF*も変わってきます。

表4.2　本機のアンプに差し替え可能な球（ただし､これらは特性が異なっており､いわゆる互換球ではないので注意）

本機の球	差し替え可	備考
12AX7 高μ（100）	5751	12AX7に類似
	12AT7	中μ（60）
	12AY7	中μ（40）
	6072	12AY7に類似
	12AU7	低μ（17）
12AU7 低μ（17）	5963	12AU7に類似
	5814	
	6680	
	6189	

注　μ：増幅率

さて、これら球の差し替えによる音の違いですが、これは「まあ、実際にやってみてください」としか言いようがありません。世の中で実際に行われている差し替えは前述タイプ（a）の、製造元の違う球に変えるのが一番多いと思います。論理的には、球の特性はそれほど大きく変わらないので、音もあまり変わらないはずですが、ネットなどをあさってみると、国内外を問わず、この手の差し替え事例が次から次へと出てきます。いわく「○○製は平板で個性の感じられない音だが、××製は一見やわらかく潤った印象だが、躍動感が感じられ、音にスピード感がある」などなどの記述です。こうはっきり言われると、自分も差し替えてみたくなるのが人情というものでしょう（笑）。それであれこれやってみて､あんまり変わんないや､となるか､ますますハマって行くかは、人それぞれでしょう。

第5章 6BM8三結パラシングルアンプの製作

写真 5.1 ● 6BM8 三結パラシングルアンプ

本書の最後の作例は、せっかくの最後ですから、音質にこだわり、いわゆる HiFi（ハイファイ）を明確に目指した真空管アンプを製作してみましょう。オーディオのマニアックな世界を少しでも覗いたことのある人は、音質にこだわったハイファイアンプというものは大変にお金のかかる贅沢なもので、とても普通の人には手が届かない、という感想を持っているかもしれません。たしかに、ある意味、その通りなのですが、ここでは、お金はそれほどかけずに、音質に関係する特性の、抑さえるべきところを一通り抑さえたアンプというものを作ってみようと思います。

ハイファイ志向の真空管アンプにもいろいろな方向性があるのですが、そのうちの1つに、大物部品に特性の抜群な高価なものを使用する、というのがあります。実際、真空管アンプというのは、回路自体はわりとシンプルですから、その音質は、使用する部品、しかも、真空管や出力トランスや電源トランスといった音質に関係する大物部品の選定にかなり左右されます。これらに贅沢なものを使うのが、音の良い真空管アンプを作るときの、もっともダイレクトなやり方です。1本、数万円もするビンテージ真空管や、1個で3万円以上もする重くて大きなトランスを惜しげもなく使って組み上げる真空管アンプは、たしかにハイファイ、そしてハイエンドを名乗って恥じない風格があります。実際に、そのようにして組み上げたアンプは、音を出してみても、やはりすばらしい音を奏でてくれることはたしかなのです。

しかし、ここでは安価な汎用部品でハイファイの基本を抑さえてみよう、というコンセプトなので、そっちの路線は取りません。むしろ、世の中に出回っている作例でそのような豪華な部品を使ったアンプはすでにけっこうあるので、実はそれほど新味はないものなのです。そこでここでは、真空管には第2章で使った汎用管の 6BM8 を使い、出力トランスも、よい音質を確保できるギリギリぐらいの安価なものを使います。そのような普通の部品でハイファイを狙うため、回路には少しこだわった方式を用いることにしました。

実際、私も今回、このアンプを製作してみましたが、思惑通り、すばらしい音を奏でてくれました。実は、私は、高価な部品を使って自作した金満アンプも持っているのですが、それと聞き比べてみても、遜色のないほど良い音を出してくれましたので、自信を持ってお勧めできます。

5.1　アンプのデザイン

図 5.1 が本機の回路図です。この回路に落ち着くに至った経緯を以下に紹介しましょう。

図 5.1 ● 6BM8 三結パラシングルアンプの回路図

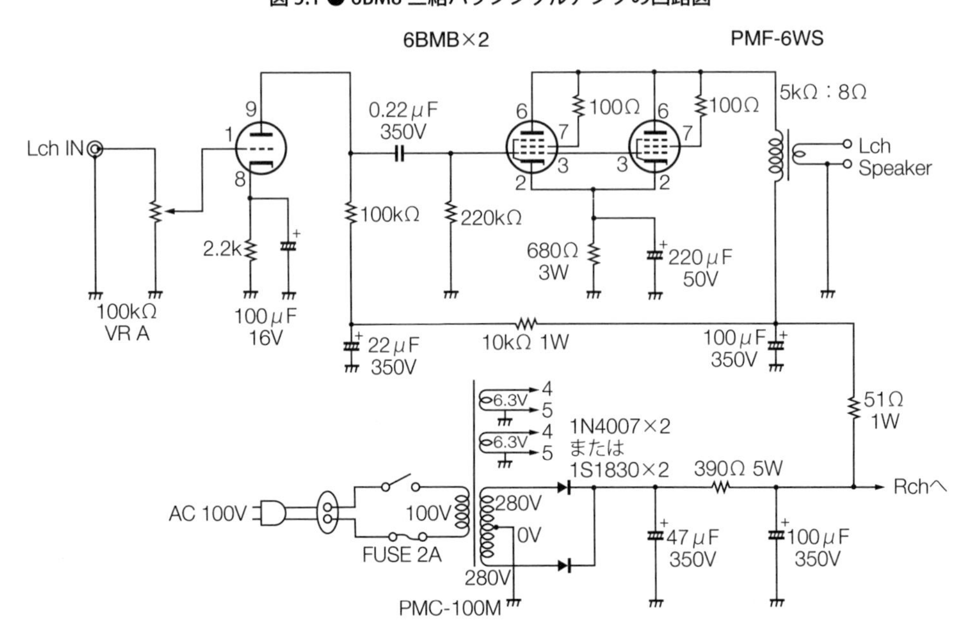

5.1.1 3極管接続について

4.2.3 項で説明したように、パワー管に3極管を用いることで、良い音のするアンプを比較的簡単に作ることができます。3極管は内部抵抗が低く、そのまま使ってもダンピングファクターを高く取ることができるためです。一方、5極管はそのまま使うと内部抵抗が高く、負帰還（NFB）なしで使うとダンピングファクターが不十分で、低音がボンボン響き、高音がシャリシャリする、いわゆる「ドンシャリ」な音になり、音が良いとは言えません。そこで5極管をパワー管に使うときはNFBを深めにかけて特性を矯正する必要が出てきます。そのようにして初めて音の良いアンプに仕上げられるのです。実際、第2章の作例では6BM8の5極管部を使い、33kΩの抵抗でNFBをかけて使っていました。

しかし、3極管のパワー管は選択肢としては少ないのです。オーディオ用として音質に定評があるパワー3極管としては、2A3や300Bといった大きくてだるま型をした直熱ST管が思い浮かびます。この2つは今でもロシアなどで製造しているので、わりと安値で入手できますが、すでにとっくに製造中止になっている本家WE（Western Electric）製のNOS（New Old Stock：未使用のストックもの）の300Bなどだと、1本で10万円以上もすることもあり、そうおいそれとは使えません。

選択肢の少ない3極管を補うためのテクニックに、3極管接続という方法があります。これは図5.2のように5極管のスクリーングリッドをプレートと接続することで、3極管として使うものです。あるいは(b)のように100Ωていどの寄生発振防止用の抵抗を介してつなぎます。実際にこのようにすることで、その特性も3極管的になり、3極管の代用として使えるのです。

図5.2 ● 5極管の3極管接続

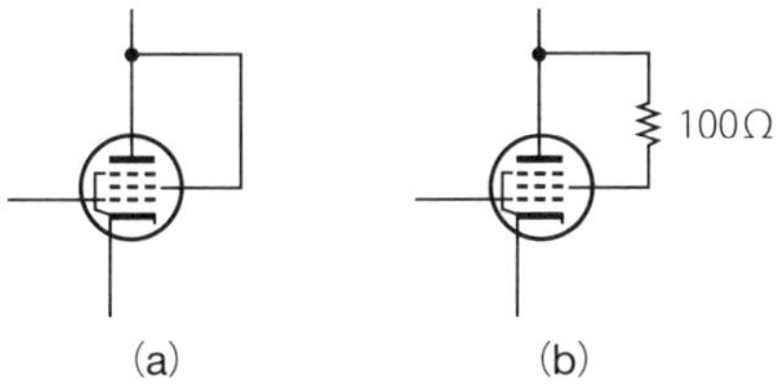

100Ω

(a)　(b)

注意する点は、3極管接続にすると、取り出せる最大出力が半分、ときには1/4ぐらいまで減ってしまうことです。ポピュラーなパワー管の規格表には、だいたい3極管接続にしたときの特性が載っていますが、例えば、6L6GCのアプリケーションデータを見ると、5極管として使ったとき6.5Wだった出力が、三結（3極管接続を三結などと言います）では1.3Wに落ちてしまっています。ただ、出力が落ちる代わりに、内部抵抗は下がり、NFBをあまりかけなくともダンピングファクターを高く取れるので、音の良いアンプが作れるのです。

5.1.2 6BM8の三結パラシングル

ここで使うパワー管はさきほど書いたように、複合管の6BM8です。6BM8という球は、これまで長い間、アマチュアの自作入門アンプ向きに使われてきたという経緯があって、この球でハイファイアンプなんか、とてもとても考えられない、という反応をされることが多かったと思います。本書でも第2章で使いましたが、やはり入門用という雰囲気で使いました。

ところが、この平凡な6BM8なのですが、実は、これを三結にすると少し特殊な特性になる変わった球なのです。まず、内部抵抗が他の5極管の三結に比べてだいぶ低くなる、という性質があります。6BM8の三結時の内部抵抗は、およそ1.2kΩです。例えば2A3などは800Ωぐらいでさらに低いのですが、他の5極管の三結の中ではわりと低い方です。

これだけでも、6BM8の三結はやってみる価値が大ありなのですが、ここでは、さらに工夫して図5.3のように、6BM8の三結を2本並列につないでパラシングルにしてみます。並列につながりますので、内部抵抗は1本のときの半分になり、この場合1.2kΩの半分の600Ωになります。ここまで低くなると、2A3や300Bと比べて遜色ないところまで内部抵抗が低く抑えられることになるのです。もちろん、良い音のするパワー管は、内部抵抗がすべてではなく、リニアリティなど、ほかにもいろいろなファクターはあるのですが、これは試してみる価値があります。そこで、ここではこの6BM8三結のパラシングルという方式を使うことにしました。

図5.3●3極管接続した5極管のパラ接続

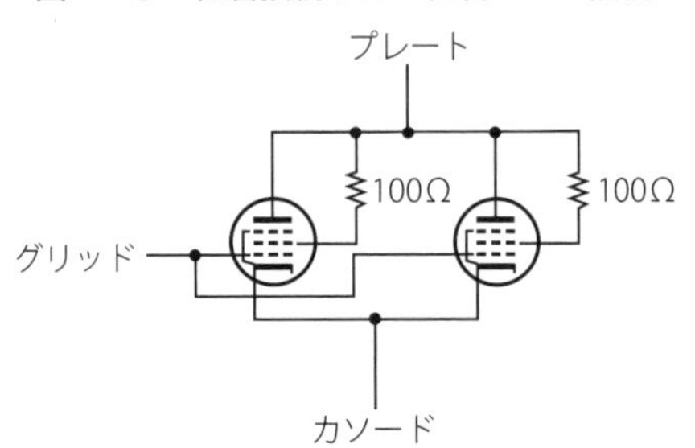

6BM8をこのように使用すると、出力は片チャンネルでおよそ2Wになります。実は、ハイファイアンプの要件に「ハイパワー」というのがあります。50W、100Wといった大出力アンプで、たっぷりと余裕を持って鳴らす、というのもハイファイの条件の1つなのです。そういう意味では本機はたった2Wで、これを満たしていません。しかし、4.1.2項で説明したように、アンプのパワーはスピーカーの能率にかなり左右されるもので、スピーカーに能率の良いものさえ使えれば、アンプのパワーは2Wでも実用的に十分なレベルになりうるのです。この話しは後でもしますが、このアンプは良い音で鳴らそうとするとスピーカーを選びます。昨今の能率の低い小型のブックシェルフ型スピーカーではなく、大きくて能率の良い古いタイプのスピーカーシステムを使ったときに実力を発揮するタイプのアンプになります。

● 5.1.3　負帰還をどうするか

6BM8三結パラシングルの内部抵抗は600Ωで低めなので、このままでダンピングファクター（DF）が2ぐらいになります。DFがこれぐらいあれば、負帰還をかけずとも実用になる数字でしょう。そこで、本章の作例では、低い内部抵抗のパワー管を無負帰還で鳴らすとどうなるか、という経験のためにも負帰還はかけないことにします。負帰還をかけないと出力トランスの特性の矯正もできないので、出力トランスにもわりと良いものを使うことにします。負帰還で特性矯正をしないので、まさに6BM8三結の生の音というべき音が出てくるはずです。

オーディオと自作アンプに興味があり、ネットサーフなどをしたことのある人は、この負帰還の賛否についていくらかはご存知でしょう。負帰還をかけると、音が平板になってつまらない音になる、という記述もあれば、負帰還をかけると、バランスのいい、グレードの高い音になる、という記述もあります。どちらが正しいか結論はありません。

いずれにせよ、まずは、負帰還をかけた音と、かけない音の両方を自分の耳で聞くことが大切でしょう。あとは好き嫌いですが、ただ、負帰還による音の違いは、裸アンプとの関係で出てくるもので、負帰還が音を作っているわけではないのです。特にアマチュア初心者が設計したときは、知らずして裸アンプの特性が悪すぎて、負帰還でかろうじて救われていることもあれば、裸アンプの設計がまずくて、負帰還をかけたことでかえって音が悪くなったり、といろいろな事態がありえます。

5.1.4 ドライバ段

パワー管の回路が決まったらドライバ段を考えます。6BM8の三結パラシングルだと2Wの最大電力を得るのに必要な入力電圧は、およそ20Vrms（実効値で20V）になります。一方、ステレオアンプの入力ですが1Vrmsが標準的です。すなわち、入力に1Vの信号を入れてボリュームを最大にしたときに最大出力が得られるように設計するのです。例えばCDプレイヤーをつなぐと、CDプレイヤーの最大出力は2Vrmsなので、ボリュームつまみを半分にしたときに最大出力で鳴ることになります。ボリュームをそれ以上に上げて行くと、音量はそれ以上はあまり上がらず、音が歪んで汚くなります。この最大出力を得るための入力電圧を「入力感度」と呼んだりします。市販のアンプではだいたい0.5Vから1.0Vぐらいに設定されることが多いようです。

以上より、ドライバ段では入力1Vを20Vまで増幅してパワー段に渡さなければならないのでゲイン（利得）は20が必要です。ドライバ段には6BM8の3極管を使いますが、規格表を見ると増幅率$\mu=70$です。3極管で電圧増幅回路を組むと、目安としておおざっぱに言って真空管の増幅率μの半分ぐらいのゲインが得られますので、35倍のゲインは確保できそうです。この35倍から逆算すると、入力感度はおよそ0.6V（$=20V/35$）ていどになります。

以上より、ドライバ段は6BM8の3極管部を1つ使って構成すれば十分なことが分かります。ただ、問題は、3極管が1つ余ってしまうことかもしれません。もったいないですね。実は、左チャンネルと右チャンネルで1つずつ余った3極管2本分でエレキギターのプリアンプを構成して、オーディオアンプとミックスして、エレキも弾けるオーディオアンプというものを思いついたのですが、これはまた別の話しとして、今回は止めておきます（笑）

5.1.5　電源回路とデカップリング

電源回路はオーソドックスなシリコンダイオード整流を使います。ハイファイアンプでは、3.5.3 項で説明したようにレギュレーションを良くするため平滑回路にチョークコイルを使用することが多いですが、ここではあえてチョークコイルは使わず、390Ω の抵抗を使いました。余裕のある人は 5H、100mA ていどのチョークコイルに代えても構いません。レギュレーションとリップルハムに対して有利になります。

それから、これまでの作例では使わなかった右チャンネル左チャンネルを分離するデカップリングという手法を使います。図 5.4 のように Lch と Rch の電源を同じところから取ると（第 2 章、第 4 章の作例はこれです）、Lch の信号電流により C の両端に発生した信号電圧が Rch に入り込み、逆も同じくなるので、Lch と Rch の信号が混ざってしまいます。この現象をクロストークと呼んでいて、C のインピーダンスが上昇する低域ほどクロストークが悪化します。これを避けるために、C を巨大にしてインピーダンスを十分下げるのも一法ですが、図 5.5 のように Lch と Rch の間にもデカップリング回路を設けることが効果的です。

図 5.4 ● Lch と Rch を共通電源にすることによるクロストーク悪化

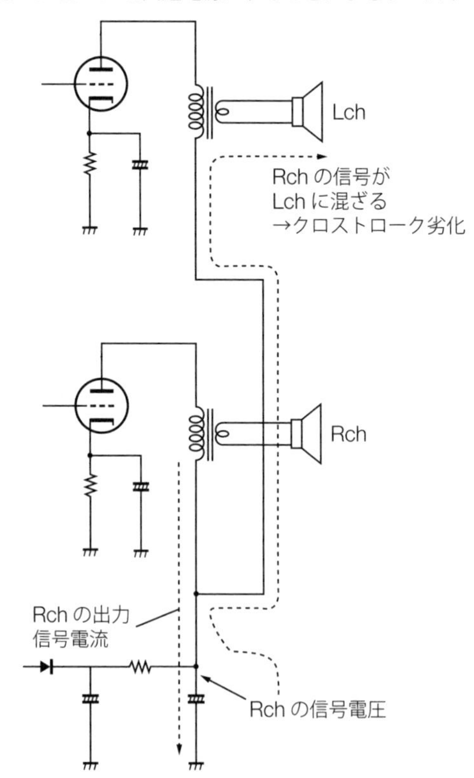

図 5.5 ●デカップリングによる Lch と Rch の分離

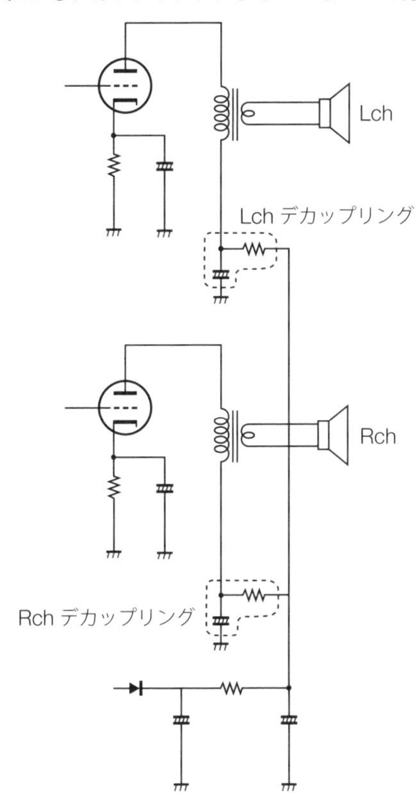

このデカップリング回路は、見ての通り、CR によるリップルフィルタも兼ね　ていて、電源からのハムの減少にも役に立ちます。今回設計したこの電源回路ですと、出力のスピーカー端子での残留ノイズは 0.5mV を切っていて、かなり静かなアンプになります。音楽が無音のときに静かなアンプは音全体のグレードを上げますので、ハイファイアンプとしても十分です。

5.2　製作

まずは部品集めですが、表 5.1 が部品表です。トランス類は、今回はゼネラルトランスを使いました。電源トランスは PMC-100M を、出力トランスは PMF-6WS です。PT（Power Transformer：電源トランス）が 9,270 円、OPT（Output Transformer：出力トランス）が 5,600 円で、それほど高価なものではありませんが、ハイファイアンプとして特に問題ない特性を備えたものです。例えば第 2 章の 6BM8 シングルアンプの OPT が 1,815 円でしたから、およそ 3 倍は高価であることが分かると思います。

表5.1 ● 6BM8 3極管接続パラシングルステレオアンプ部品表

品名	数量	参考単価
真空管　6BM8	4	2,260
電源トランス　PMC-100M（ゼネラルトランス） 280V-0V-280V、6.3V、6.3V、6.3V	1	9,270
出力トランス　PMF-6WS（ゼネラルトランス） 5kΩ：8Ω、シングル用	2	5,600
シリコンダイオード　1N4007または1S1830（1A、1000V）	2	35
2.2kΩ　1/2W	2	35
100kΩ　1/2W	2	35
220kΩ　1/2W	2	35
100Ω　1/2W	4	35
10kΩ　1W	2	100
51Ω　1W	2	100
680Ω　3W	2	60
390Ω　5W	1	160
2連ボリューム　100kΩ A型	1	360
0.22μF　400V	2	240
電解コンデンサ　100μF　16V（チューブラ型）	2	50
電解コンデンサ　220μF　50V（チューブラ型）	2	90
電解コンデンサ　22μF　350V（チューブラ型）	2	170
電解コンデンサ　47μF　350V（チューブラ型）	1	320
電解コンデンサ　100μF　350V（チューブラ型）	3	550
真空管ソケットMT9ピン	4	220
ステレオRCAピンジャック2P	1	210
モノラルスピーカー端子	2	240
電源スイッチ	1	330
ヒューズホルダー	1	100
管ヒューズ　2A	1	30
ACケーブル　2m	1	110
めがねACインレット	1	100
パイロットランプ（AC 100V用）	1	220
ツマミ	1	200
ラグ板　縦型6P（大）	6	160
アルミシャーシ　リードS3（350×250×60×1.2）	1	2,300
ゴム足	4	15
線材　ビニール線　0.5VSFおよび0.3VSF	適量	
線材　スズメッキ線　0.5mm	適量	
シールド線　1芯	適量	
熱収縮チューブ（シールド線に合わせる）	適量	
ネジ・ナット（3×8mm、4×8mm）	適量	
スプリング、ワッシャー	適量	
	合計	40,020円

6BM8は、前回と同じくロシアのSovtek製を使いました。これは現在製造中のもので、型番の最後にEHが付き、6BM8EHとして売っており、かなりお手ごろな値段になっています。6BM8は、松下、東芝などの日本製、Tungsram製、Philips製などのオールドストックものも入手できますが、値段はいくらか高くなったりします。

抵抗やコンデンサなど、その他の部品については、今回も特別なものは使わず、普及品の安いものです。しかし、ハイファイアンプをうたっているとなると、抵抗やコンデンサにもオーディオ用で定評のあるブランドものを使いたくなるかもしれず、物は試し、とやってみるのもいいかもしれません。それに、今回の回路は最小限の部品点数で作っていますので、いい部品を使っても出費が少なくていいかもしれません。

例えば、抵抗のたぐいに、オーディオ用高級抵抗を使ってみるのもいいでしょう。通常15円のところが1本60円ぐらいです。あと、コンデンサは風評もさまざまで、いろいろな有名ブランドがあります。今回の回路を眺めると、ど真ん中にある結合用の0.22μFが肝な感じがするので、ここに、でっかくてどぎついオレンジ色をした「オレンジドロップ」でも使ってみる、というものいいかもしれません。また、信号の通り道にまずお金をかけようということですと、5極管部のカソードバイパスの220μFと3極管部の100μF、B電源のデカップリングの22μFや100μFがありますが、いかがでしょう。Spragueとか、Aerovoxとか、ネットでもあさって評判を調べてみるものいいと思います。当然、値段もはりますが、実際に買って手にしてみると、なんとなく頼もしく感じるから不思議です。これらが本当に音を良くするかは依然として不明ですが、そんなささやかな道楽に一度や二度は手を出してみるのも、また別種の人生経験（笑）かもしれません。

図5.6が実体配線図です。今回は、全体を対称系に配置してみました。部品の点数も少ないので、工作もそれほど難しくは無いと思います。

図5.7が配置図面、図5.8が穴あけ図面です。

図 5.6 ●実体配線図

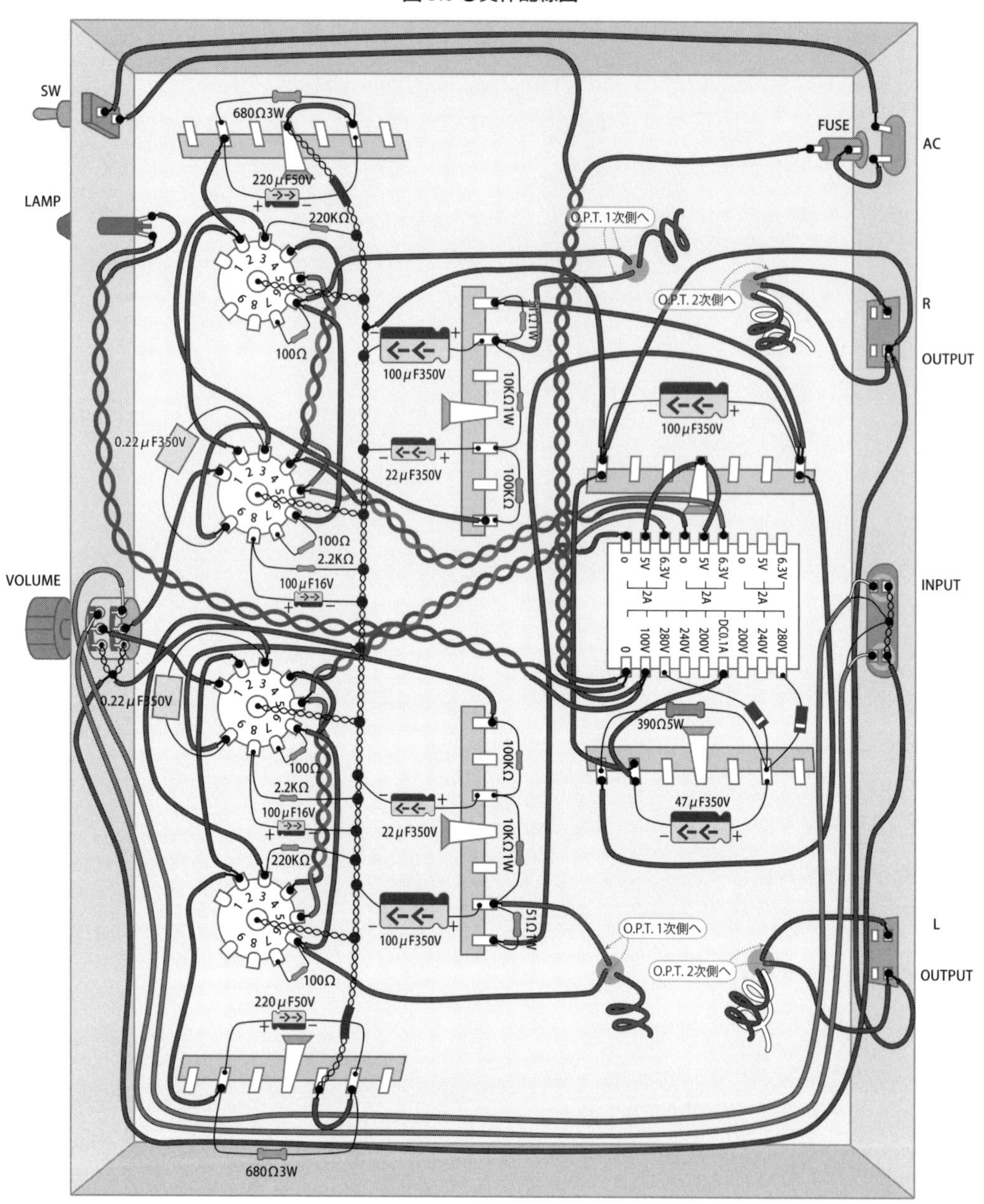

●印はハンダ付け（●印は空中配線）　　O.P.T.：出力トランス

図 5.7 ●配置図面

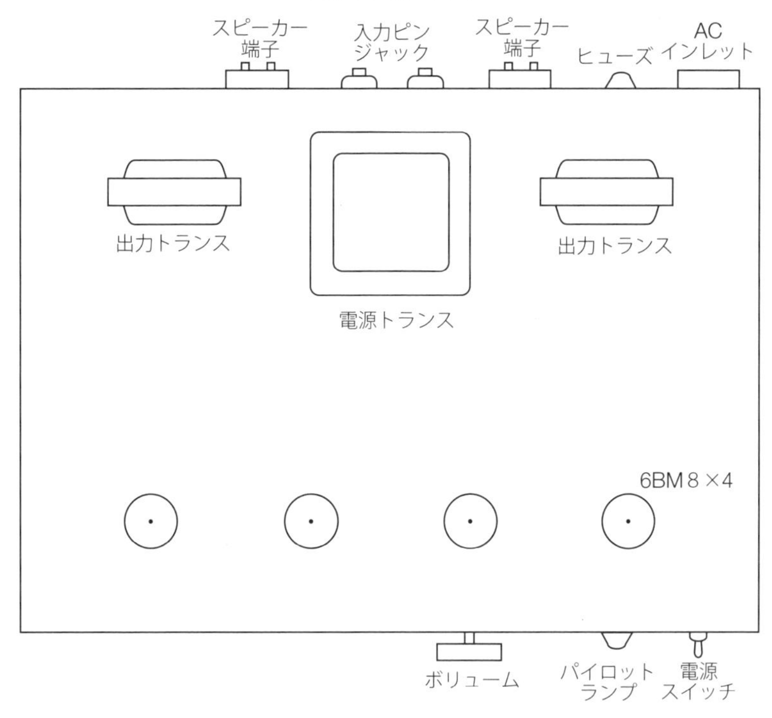

図 5.8 ●穴あけ図面（単位：mm）

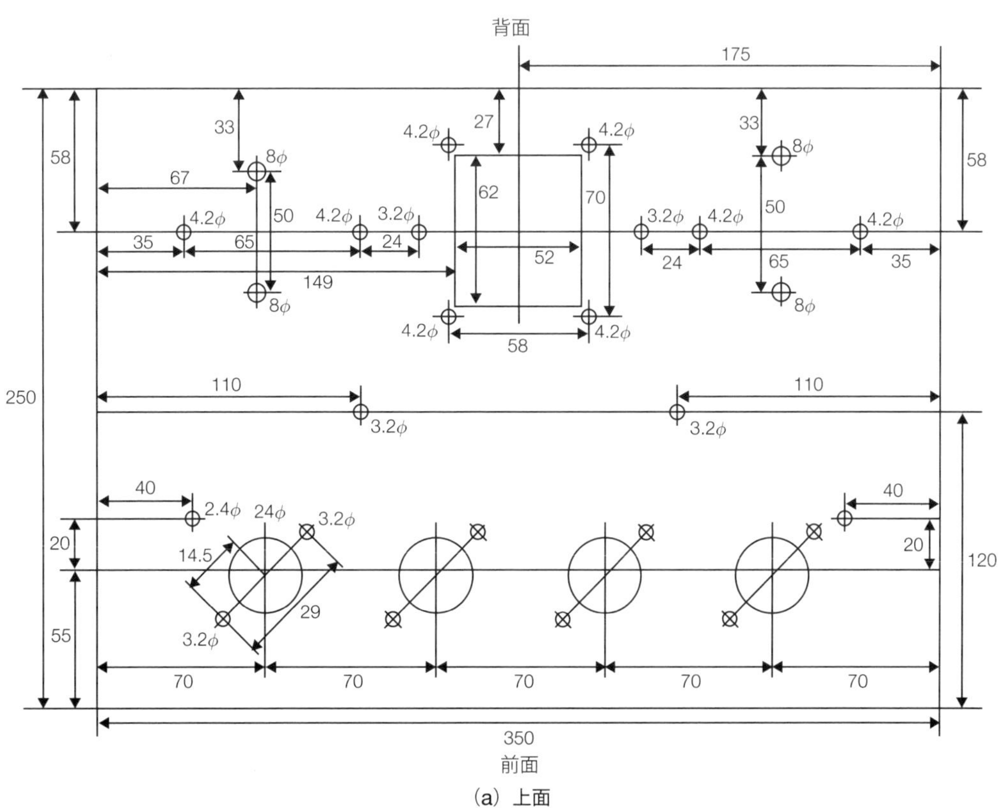

(a) 上面

図 5.8 ●穴あけ図面（単位：mm）（続き）

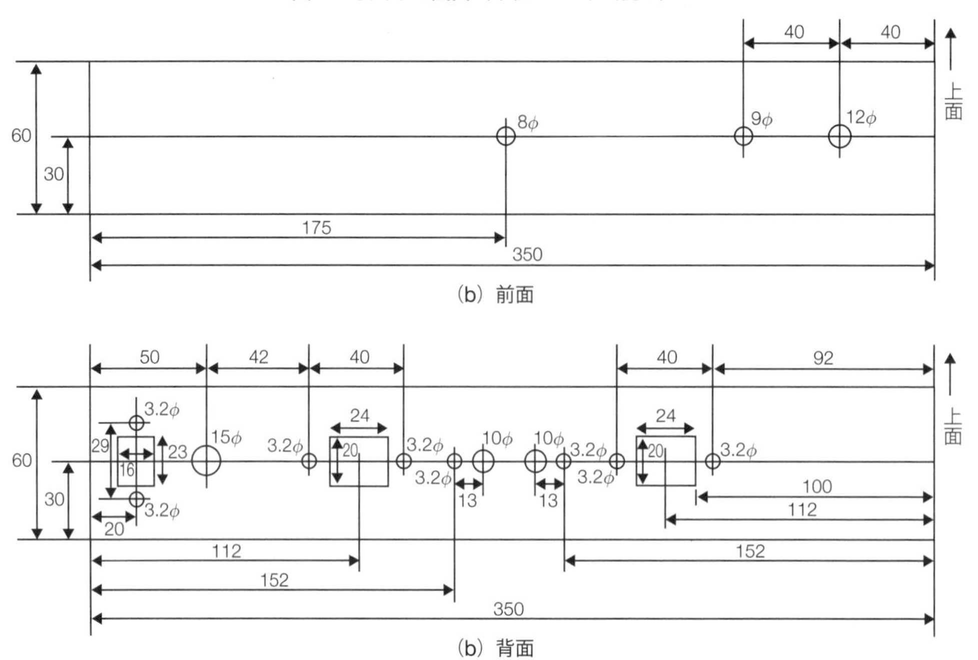

（b）前面

（b）背面

写真 5.2 ●アンプ内部の配線の様子

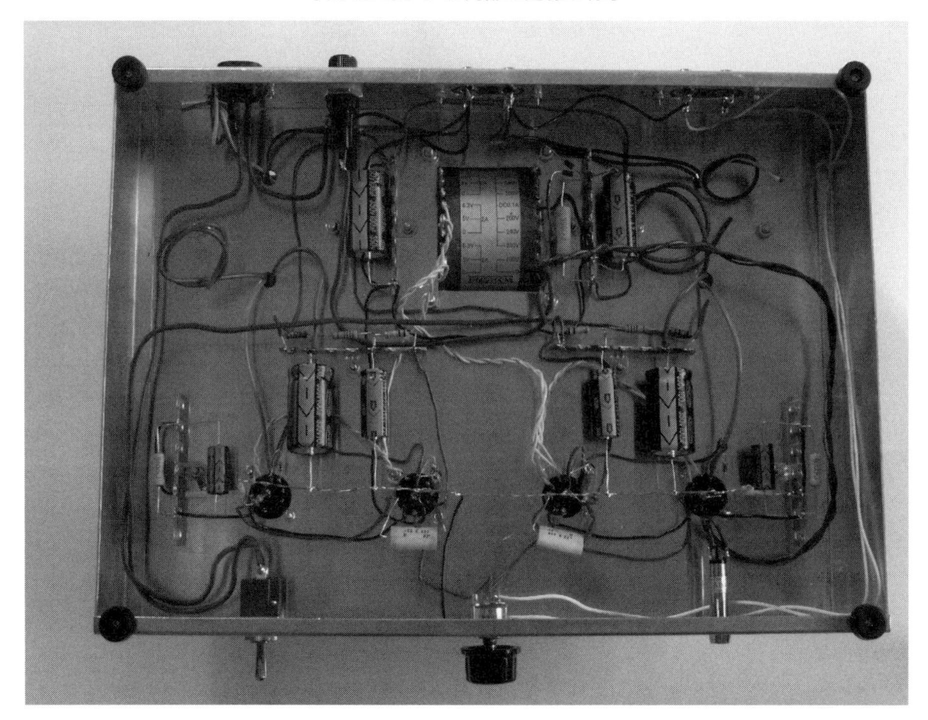

5.3　火入れと調整、試聴

配線チェックが終わったら、まず、真空管をささずに電源を入れ、ヒーター電圧とB電圧をテスターでチェックします。ヒーターは、6BM8の4本とも6.3Vですが、真空管をささない状態だと1割り増しの7Vぐらいになれば正常です。テスターで測るときは、シャーシー上面からプローブを挿して測定するとよいです。ヒーターは4ピンと5ピンの間です。次にB電源ですが、真空管をささないと回路に電流が流れず、B電源関係のすべての電解コンデンサの両端には電源電圧（トランスの2次側の280V）の1.4倍（正確には$\sqrt{2}$ =1.4142倍）の396Vの電圧がかかります。さらにトランスの表示電圧はやはり電流を流したときの電圧なので、電流が流れないと1割増しぐらいに出ます。結局、真空管を挿さない状態でのB電圧はだいたい430V前後になるはずです。

以上の電源回路のチェックが済んだら、真空管をすべて挿して、入力にスマホやiPodやCDプレイヤー、出力にスピーカーをつないでから、火入れしてみましょう。今までも注意した通り、チェック時にはスピーカーにはあまり高価なものをつながない方が無難です。電源を入れて様子が安定したら、再生機を再生してボリュームを上げ、音を出してみましょう。

今回、私は、このアンプのスピーカーとして、eBayのオークションでイギリスから安値で買ったビンテージスピーカーを使いました。見た目は昨今のブックシェルフっぽい小さな箱なのですが、調べてみるとこれはたしかビンテージで、スピーカーの能率も高く、真空管アンプにはうってつけのものでした。本機でこれを鳴らしたところ、とても素直で透明感のあるいい音で鳴りました。第1章、第2章そして第4章とこれまでいくつも作ってきましたが、さすがに本機の音はそれらとはグレードが違うのがはっきり分かります。

試聴した後は、最後の仕上げとして、図5.9を見ながら各部の直流電圧を測ってチェックしてください。極端に違っている場合は、何かがおかしいので、配線チェックや部品の付け間違いなどの点検をしてください。

図 5.9 ●各部の電圧

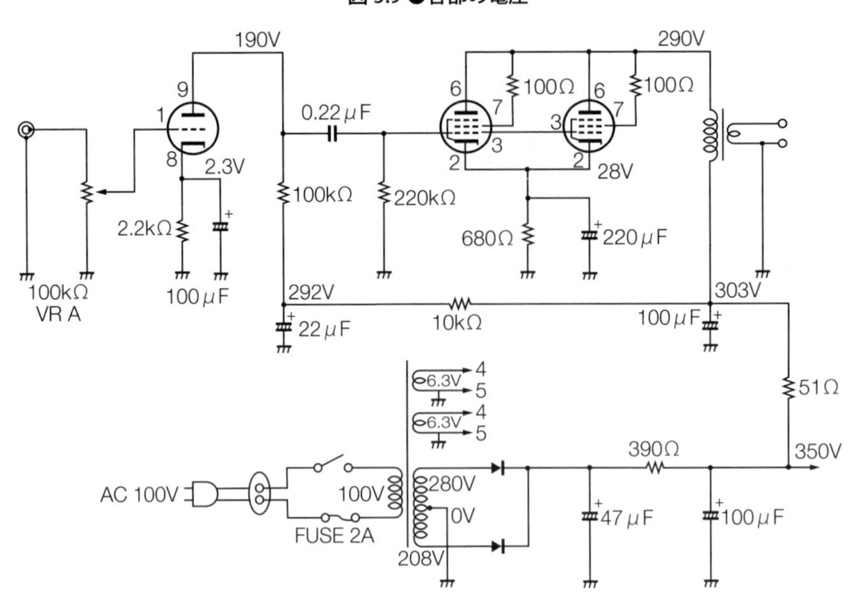

● 5.3.1　スピーカーを選ぶ

4.1.2 項でスピーカーの能率の話しをしました。今回、製作した真空管アンプは 2W+2W で現代風アンプに比べるとおもちゃのように小さな出力なのですが、スピーカーに高能率のものを使いさえすれば、現代オーディオセットと音量の点でそれほど違わないセットができます。逆に、本機のような真空管アンプに、今風の例えば能率 84dB しかないブックシェルフ型の小さなスピーカーをつないでも、あまり満足のゆく音は出てくれない、ということも言えます。これは音量だけの問題ではなく、実はダンピングファクターとも関係しています。

昨今の小さくてハイパワーを許容する低能率なスピーカーは、ハイパワーでダンピングファクターの十分大きな（10 以上）アンプで鳴らしてはじめて良い音が出るように、そもそも設計されているのです。本機は出力 2W でダンピングファクターが 2 ですが、このようなアンプでは、今風のスピーカーは鳴らしきれず、がっかりしてしまう可能性もあります。そんなときは、ぜひ、アンプのせいにせず、高能率な、少なくとも 90dB 以上の、できれば図体の大きめのスピーカーを入手して、本機につないで聞いてみてください。突然、別世界が広がるはずです。おそらくその独特な音に吃驚すると思います。

5.4　アンプの測定

これまでの作例でも、アンプの特性の測定結果を載せましたが、ここではその測定法を解説しましょう。オーディオアンプの測定には、低周波発振器とテスターとダミーロードは最低限必要です。

ダミーロードは、出力ワット数に十分余裕のある8Ωの抵抗を使います。例えば20Wていどのものを買っておけば、10ワットちょっとまでのアンプを測定するには十分です。

テスターは通常のものですが、測定できる周波数レンジに気をつけます。安物のデジタルテスターの中にはAC電圧測定のレンジが例えば40～400Hzなどというのがあり、これでは周波数特性をフルレンジ（可聴周波数の20Hzから20kHz）で測定することはできません。周波数特性の測定もしたいというときは、テスターを買うときに仕様に注意してください。

低周波発振器は、以下に紹介する測定すべてを行うには、どうしても必要になります。単体の低周波発振器は廉価版というのもあまり無く、数万円以上はしてけっこう高価です。こんなときは、スマホ（iPhoneやAndroid）やPCのアプリでこの低周波発振器があるので、探してインストールすればスマホ出力を発振器がわりに使えます。かくいう筆者はノートPCに低周波発振器の無料アプリをインストールして使っていたりします。ただ、これらはオーディオ用出力しかありませんので、基本、可聴周波数の20Hzから20kHzまでしか出ません。これより低い、あるいは高い周波数域における特性を調べることには使えません。聞こえないんだから不要だろう、と思うかもしれませんが、現代型のハイエンドアンプでは特に超高域の特性が問題になったりしますので、そういうときはどうしても必要なのです。

このほかに、理想的にはオシロスコープ（シンクロスコープとほぼ同じ意味）があると完璧です。波形から電圧を直読できるし、何より波形が見えるので非常に便利です。超高域で発振しているときなどもオシロスコープなら一目瞭然で分かります。ただ、オシロスコープは単体で買うと最低でも5万円以上はして高価です。筆者は韓国製のブラウン管タイプの3万円ていどの安物を使っていますが、それでも非常に役に立っています。

それでは、以下に項目別に測定法の紹介をしましょう。

（1）入出力特性

図5.10のように、入力に低周波発振器、スピーカー端子にダミーロードをつなぎます。ダミーロードは図では8Ω 20Wの大型の抵抗を使っています。本機はたかだか出力2Wなので余裕を持って10Wで構わないのですが、後々のためにも大きいものを買っておくといいでしょう。入出力特性は、400Hzとか1kHzで測定するのが普通です。ボリュームを最大にして、入力の信号レベルをいろいろ変えて、テスターで入力の信号電圧と出力の信号電圧を測ります。測ったら、出力電圧 V_o をパワー P_o に次の式で変換します。

図 5.10 ●入出力特性の測定

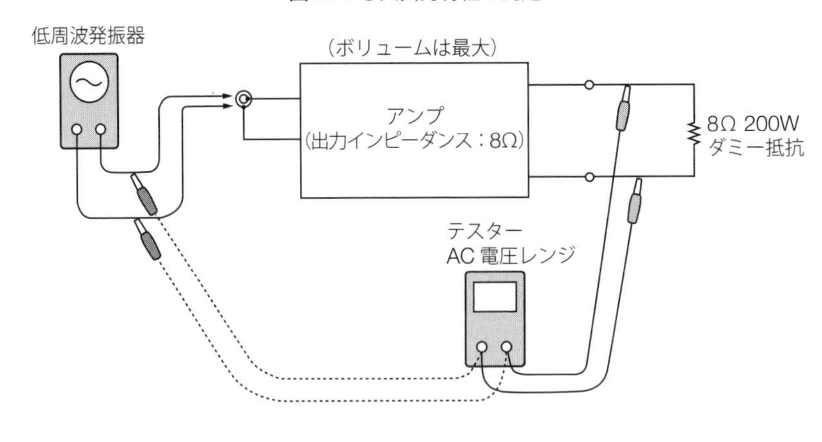

$$P_o\,(\mathrm{W})=\frac{V_o^2}{8\,(\Omega)} \tag{5.1}$$

表 5.2 は、こうして得られた本機の測定値です。この値を図 5.11 のように両対数のグラフ用紙にプロットすると入出力特性グラフができます。

表 5.2 ●入出力特性の測定値

入力電圧（V）	出力電圧（V）	電力（W）
0.018	0.118	0.0017
0.026	0.169	0.0036
0.033	0.213	0.0057
0.062	0.387	0.019
0.112	0.688	0.059
0.196	1.194	0.18
0.305	1.855	0.43
0.463	2.805	0.98
0.53	3.165	1.25
0.562	3.28	1.34
0.629	3.55	1.58
0.707	3.82	1.82
0.797	4.07	2.07
0.89	4.24	2.25
1.00	4.40	2.42

図 5.11 ●入出力特性（周波数 400Hz 時）

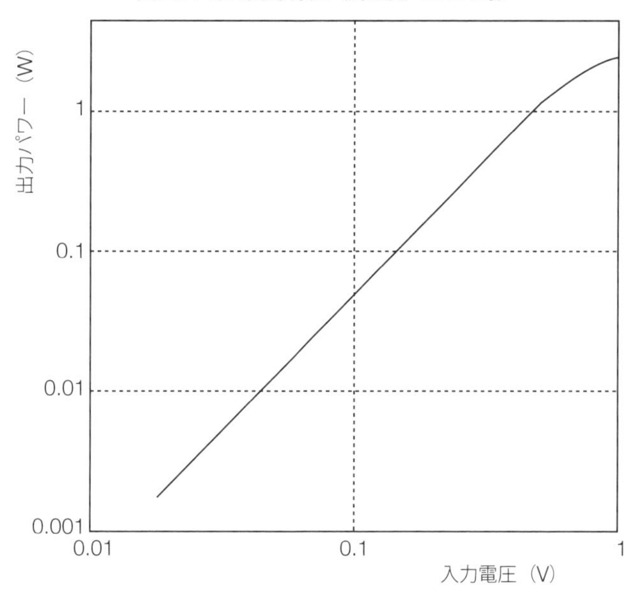

このグラフから、入力を上げて行ったとき出力信号がどんな風にクリップするかが直読できます。図を見ると、本機では、1.3W ぐらいまではきれいに直線で、そこらへんから応答がやや下がって来るのが見えます。ただ、急に下がることはなく、だらだらと 2.3W ぐらいまで上がり続けています。このカーブは、本機のような無負帰還(NFB)のアンプの特徴的なものです。NFB を深くかけるとあるところまで直線ですが、突然ガタっと落ちるような特性になるのが普通です。このカーブから最大出力を一律に読むことはできないのですが、目安的にはやはり 2W ていどということになるでしょう。そして、このときの入力電圧が入力感度になります。グラフから読むと 0.75V になります。

ちなみに、最大出力の定義はそれほど明快ではないですが、歪み率（信号がどれぐらい歪むかをパーセントで表したもの。0% が無歪みで、数値が大きくなるほど歪みが大きい）が例えば 10% とか 5% とかのときの出力を持って最大出力とすることが多いです。歪み率の測定には歪率計という特殊な測定器が必要なので、今回は扱っていません。

(2) 周波数特性

図 5.10 と同様に機器をつなぎ、周波数を 1kHz にして発振器の出力を調整し、ダミーロードの両端が、例えば 0.5V になるようにします。このときのパワーは、$0.5 \times 0.5/8 = 31.25$mW です。この状態で、発振器の周波数を 20Hz から 20kHz まで変えながら出力の電圧を読み取ります。表 5.3 は、本機で測定した値です。

表5.3●周波数特性の測定値

周波数（Hz）	出力電圧（V）	比
20	0.18	0.37
31.5	0.28	0.55
50	0.36	0.71
80	0.42	0.84
100	0.45	0.89
250	0.49	0.97
400	0.50	1.00
1k	0.50	1.00
4k	0.50	1.00
8k	0.50	1.00
10k	0.49	0.97
12.5k	0.45	0.89
16k	0.33	0.66
20k	0.21	0.42

ここでは基準は1kHzのときの0.5Vになっており、各値のこれに対する比aを求めます。そして、これを次の式でデシベルに変換します。

$$dB = 20\ \log_{10}\ a \tag{5.2}$$

こうして得られたdB値を図5.12のように片対数用紙にプロットすると、周波数特性グラフができます。3dB落ちた周波数を読み取るとアンプの帯域になります。本機では3dB落ちるポイントを読むと50Hz～12kHzです。今回は使用した低周波発振器はパソコンなので20Hz～20kHzしかなかったのですが、より広帯域の発振器があれば10Hzから100kHzぐらいまで測定してもよいでしょう。

図5.12●周波数特性（出力31.25mW時）

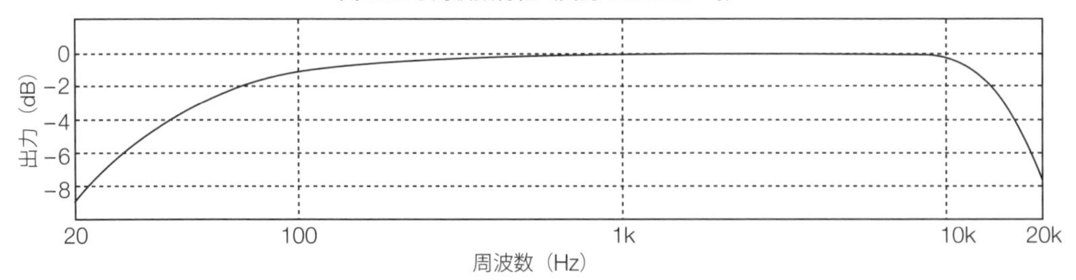

この周波数特性は、測定するときの出力パワーにも影響します。特に最大出力に近いと周波数特性は劣化します。最大出力付近でもう1つ周波数特性を取っておくのもよいでしょう。

(3) ダンピングファクター (DF)

図 5.13 ●オン／オフ法による DF の測定

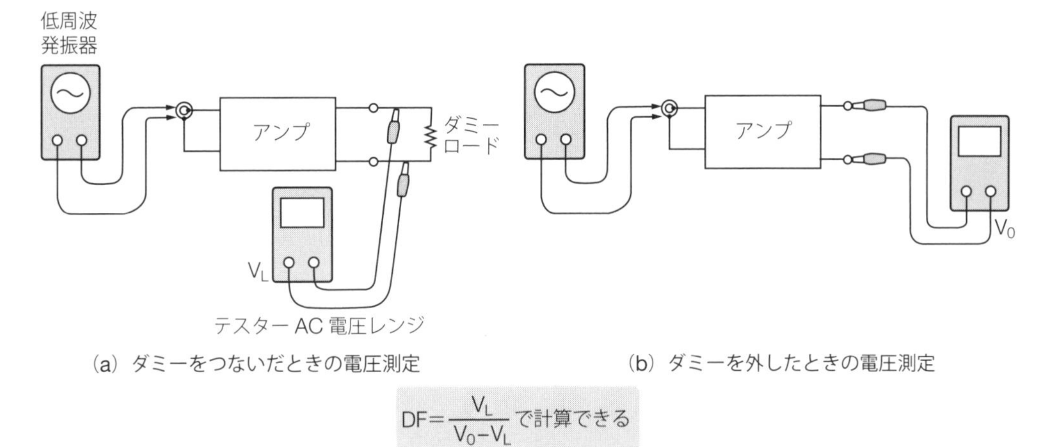

(a) ダミーをつないだときの電圧測定　(b) ダミーを外したときの電圧測定

$DF=\frac{V_L}{V_0-V_L}$ で計算できる

ここでは簡易的なオン／オフ法を紹介します。図 5.13 (a) のようにつなぎ、出力を例えば1kHz にして、ダミーロードの両端で 1V になるようにします。次に、このままの状態で、電源をいったん切って、(b) のようにダミーロードを外し、再度電源を入れ、出力電圧を読み取ります。ダミーロードありのときの電圧を V_L、ダミーロードなしのときの電圧を V_0 とすると DF は次の式で計算できます。

$$DF=\frac{V_L}{V_0-V_L} \tag{5.3}$$

本機では、$V_L=1.05$V で $V_0=1.52$V でしたので、DF は、

$$DF=\frac{1.05}{1.52-1.05}=2.2 \tag{5.4}$$

と、2.2 になりました。現代型アンプの基準では DF は足りないですが、まあ許せるていどです。DF を改善するには、4.2.3 項で紹介しましたが、負帰還をかけてみかけの内部抵抗を減らします。

(4) 残留ノイズ

ダミーロードをつなぎ、ボリュームを絞りきって、そのときの出力電圧を測れば、それが残留ノイズ値です。ただし、1mV ぐらいの小さい電圧になると、安物のテスターだとすでに AC レンジの測定限界に達してしまいます。1mV 以下のノイズ測定を追及したいのであれば、図 5.12 のように、出力トランスを、スピーカー端子に逆に接続して、トランスの巻き数比による昇圧効果を利用して測定する方法があります。例えば、図のように 5kΩ：8Ω のトランス（巻き線比が 25：1）であれば、テスターで測定した値を 1/25 にすれば求められ、かなりの精度で測定できることになります。本機を、このようにして測定したら 0.5mV でした。ただし、これぐらいのオーダーになると、環境からの誘導ノイズを簡単に拾ってしまうので、線を極力短くしたり、シールドしたりしないと何を測定しているか分からなくなる恐れもありますので、

目安ていどに考えておいた方がよいでしょう。

図 5.14 ●残留ノイズの測り方

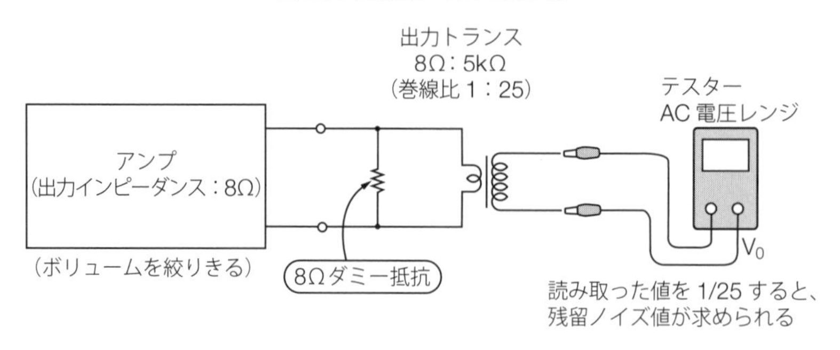

第6章

真空管アンプ製作記

第4章の12AU7プッシュプルアンプと第5章の6BM8三結パラシングルアンプを電子工作中級のスタッフが製作しました。これは、その製作記です。初心者の方が1日2～3時間の作業で製作する作業を想定しています。

作業の記録も兼ねて、真空管アンプを製作するときに「役立つかもしれないメモ」として作成しました。製作の際には留意して取り組むと楽になるかもしれません。筆者は電子工作の正しいあり方の講義を受けたことはありません。いわば趣味で真空管アンプのビルダーをやっています。ともすれば電気を正しく学んだ方たちから見れば「これはありえない作法だ」という部分もあるかもしれませんが、そのあたりはどうか大目に見てやってください。

（酒井雅裕）

6.1　はじめに

6.1.1　部品を探す

田舎に住んでいる私は秋葉原のようなところで部品をそろえることは絶望的です。そうなると通販しかないのですが、いくつかの良質なネット販売店を押さえておけば大丈夫でしょう。ただし、容量の大きな電解コンデンサだけは手に入りにくいので、東京出張は本当に良い機会です。

中国製の抵抗・ケミコンセットもあります。これだとだいたいの低電圧の部品が揃うので便利かもしれませんね。

写真 6.1 ●中国製の抵抗・ケミコンセット

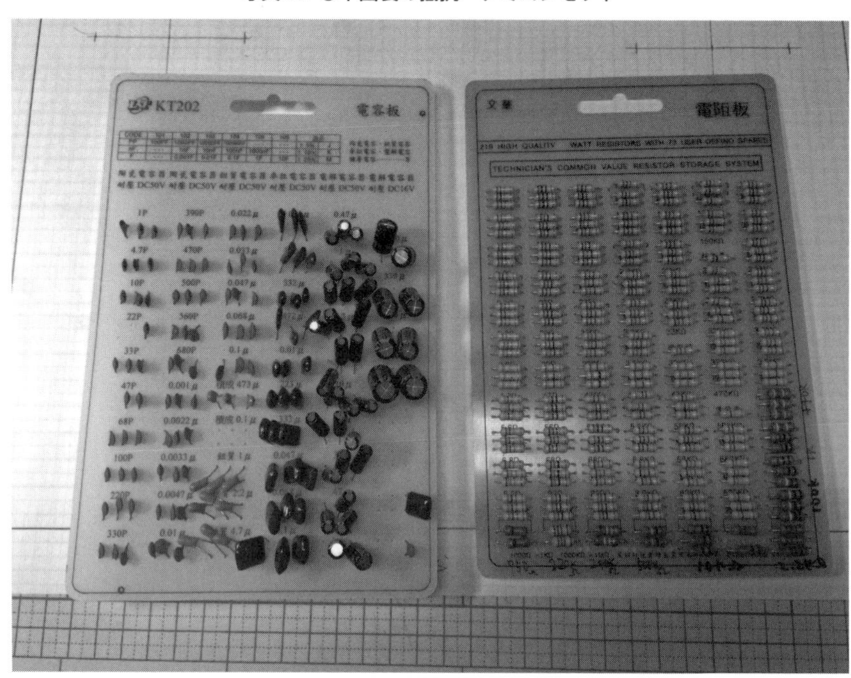

● 6.1.2　道具を揃える

どうしても揃えなければならない道具があります。

ハンダごてとこて台はもちろんですが、ルーペ付きのクリップ付きの台は必需品でしょう。このクリップを外してハンダ付けをうまくやります。

写真 6.2 ●ルーペとクリップ付きの台

シャーシー加工をするならば、ある程度の出力の電動ドリルが必需品です。20mm までのステッピングドリルも必要です。これがあると真空管のソケット穴は一発であきます。

写真 6.3 ●ステッピングドリル①

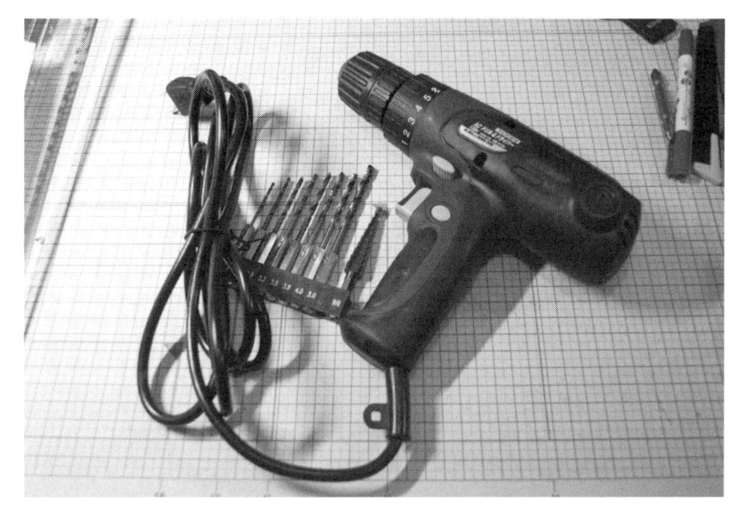

写真 6.4 ●ステッピングドリル②

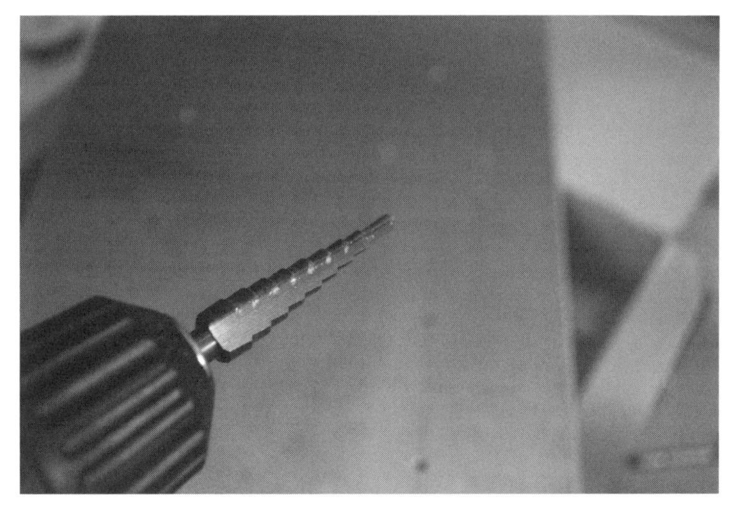

角穴はいろいろな道具があれば便利ですが、最低限ヤスリが必要です。工具セットの中には金属ヤスリが入っているのでアルミのシャーシーであればこれで加工が可能です。

6.1.3　場所を探す

実はこれが一番難しいのかもしれません。

私は特殊な職業で個室のオフィスがあり、深夜に相当な騒音が出る作業をしても平気ですが、一般の会社員が家庭で金属加工を行うのは騒音と金属の切り粉の問題でほぼ絶望的です。それでもシャーシーをヤスリで削れば遅くまで残っている同僚が何事かと見に来ます。

少しでも家人の理解を得るために掃除道具の「ころころ」と切り粉が飛ばない工夫（通販の

箱を台に使っています）が最低限の思いやりかもしれません。

写真 6.5 ●切り粉が飛ばない工夫

6.2　12AU7 プッシュプルアンプ製作記

6.2.1　第1日目から第2日目：シャーシーの穴あけ

寸法図を参考にしながらシャーシーの穴あけに取り組みます。買ってきた状態でビニルの上からけがくのが傷つきにくい方法だと思います。今回のシャーシーは一段とコンパクトなので他のアンプに比較して作りにくいと感じるかもしれません。

手に入る部品の寸法は微妙に違うこともあり、特にラグ板の穴は実際手に取られる部品からシャーシーにけがく寸法を決めるとよいでしょう。スイッチ類、スピーカー端子、音声入力の端子も注意しましょう。

電源部のラグ板はサイズ的にはギリギリなので、接触に注意して配置します。写真 6.6 が、部品を入れたときのクリアランスの様子です。

ラグ板の止める箇所も、後から記述する「部品のまとまり」ができてから検討し、微妙に穴の位置を調整した方が、隙間に手を入れたり、ハンダごてなどの工具を用いた作業がやりやすいかもしれません。

写真 6.6 ●ほとんどクリアランスのない整流部ラグ板とシャーシの関係

6.2.2　第 3 日目から第 4 日目：電源部のラグ板作り

まずは電源部の部品のまとまりを作りましょう。まとまりと言っても今回はラグ板に部品を配置するので、ラグ板ごとに作っていけばいいのですが、問題はラグ板や他の部品との接続をどのようにしていくかを考慮しながら作成します。

考え方ですが、今回はコンパクトなシャーシーに実装していくので、ハンダ付けの技量に応じてまとまりを考えるといいでしょう。とりわけ今回はうまく取り回しを考えないと他の部品や配線にハンダごてが当たり、即座に焼いてしまうことになります。ビニル線が溶けるだけなら格好が悪いなぁ程度でも済まされる場合もありますが、大事な部品を焼いてしまって取り返しのつかない事態は後悔してもしきれないと思います。

筆者の考えた方針は、

(1) ラグ板のタップの内側の穴を活用して部品を配置する。
(2) できる限り部品間の配線用のハンダ付けは外側のタップのみにする。

この 2 つの戦術でまとまりを作っていきます。いったんまとまりができたら、シャーシーの中に入れて、微妙な配置を考え、最終的なラグ板を止める穴をあけるのも作成の方法としてはアリだと思います。

まず西日本と東日本で異なる、ヒーター電源部の高電圧耐圧のフィルムコンデンサが配置されているラグ板を作ります。配線の誤りを防止するために接続先を書き込んであります。裏の配線も忘れずに作ります。

写真 6.7 ●ヒータ電源用のラグ板

次は整流部のラグ板を組んでいきます。筆者が入手した部品は220μFの大きなコンデンサの足はうまくラグ板内側の穴にきれいにはまりました。そこからうまく配線を作り込んでいきます。接続先のリード線も一緒にハンダ付けしていきます。熱が出る可能性のある大きな抵抗と隣接するコンデンサは少しだけ隙間を空けてください。裏側の配線を間違えないよう注意してください。

写真 6.8 ●整流部のラグ板

次に電源ネオン管のラグ板を作ります。今回ネオン管は中央には位置されていませんが、うまく曲げたり、絶縁した足を足して電源シャーシーの中央に配置する取り回しがキレイでしょう。

写真 6.9 ●ネオン菅のラグ板

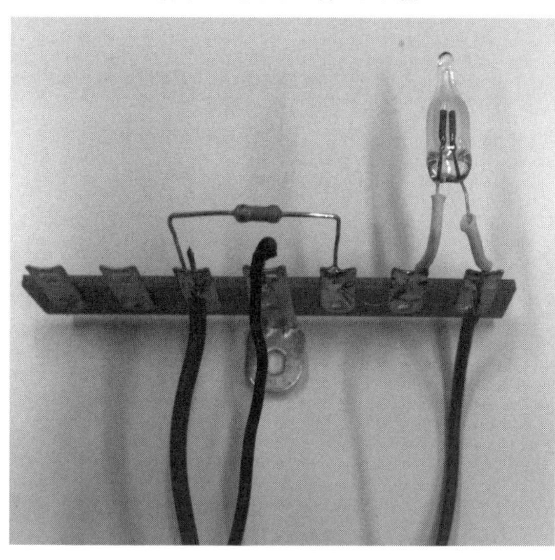

電源部のラグ板ができたところで、トランスと整流部のラグ板を接続してしまいましょう。部品をシャーシーの中に入れてからのハンダ付けは少し厳しいように思ったら、このように先にまとめてしまった方が得策です。

写真 6.10 ●整流部のラグ板と電源トランスを接続しておく

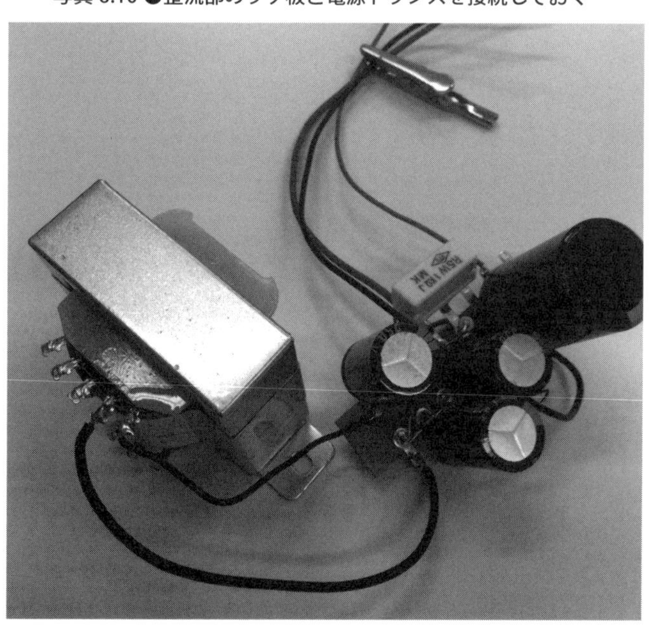

6.2.3　第５日目：電源部の組み立て

電源部の組み立てに入ります。できあがった部品をシャーシーに入れ配置を考えます。ラグ板の配置は考えどころですが接触がないように注意を払って、無理なく入れてください。ラグ板の穴はあらかじめあけるのではなく、配置検討後あけてもいいでしょう。

はじめに、ACインレットとスイッチ、フューズを配線します。

写真 6.11 ● AC 周りの配線

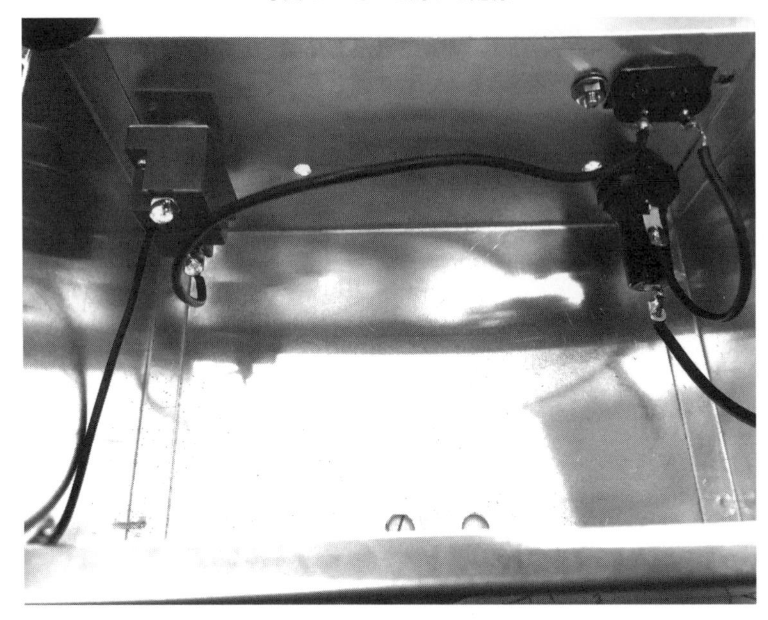

次にヒーター電源のラグ板とネオン管のラグ板を入れます。

写真 6.12 ●ヒータ部のラグ板とネオン管のラグ板を配置

最後に整流部のラグ板とトランスを入れます。トランスを横切って配線がされますが、できるかぎり余裕を持った長さで結んでください。筆者の作例は配線が短く悪い例です。

写真 6.13 ●電源部の完成

いったんスイッチを入れて、ヒーター電圧やB電源の電圧が出ているかチェックしてください。この電源部のヒーター電圧は真空管未配線の状態で、交流で100Vがかかっています。B電源は言うまでもなく高圧の直流です。命の危険があります。くれぐれも感電に注意してください。

6.2.4　第6日目から第7日目：真空管やラグ板などの部品のまとまりを作る

さていよいよ、肝心の真空管周りを含んだ部品のまとまりを作成しますが、真空管の配線は、いくつかの「層」に分かれているのでその層ごとにどうするか考えていくとよいように思います。

図 6.1 ●配線の「層」の考え方

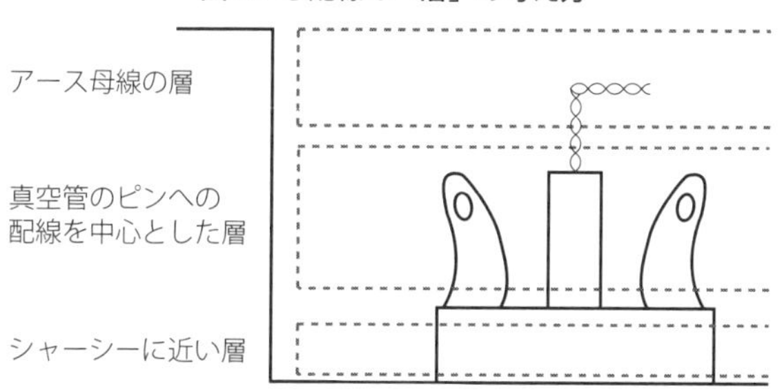

続いて大きなフィルムコンデンサを配置します。コンデンサは立ち上がってしまいますが、仕方がないです。

写真 6.15 ●メインのラグ板の完成

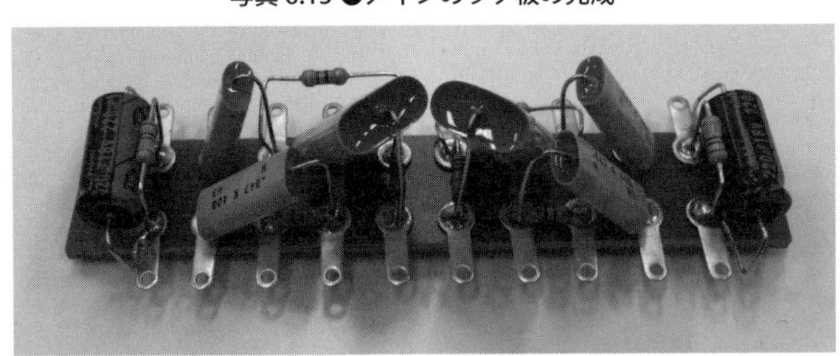

内側の抵抗は隠れてしまいます。片方のチャンネルごとに、回路図を確認しながら結線をします。もちろんラグ板裏側の配線も忘れないように確認してください。ラグ板中央のＢ電源を供給するタップも作り込みます。

タップを部品がまたぎます。接触やショートにも注意してください。実際にシャーシーに入れるときに部品を押して曲げてしまうこともあります。気をつけてください。

写真 6.16 ●フィルムコンデンサの下に抵抗が隠れます

ボリュームは配線ミスが起きやすいので、筆者は作り込んでからシャーシーにネジ止めをしています。

例えばシャーシーにもっとも近い層には、筆者の場合、ヒーター電源の配線を置くことが多いです。全部組んでしまう前に、各真空管への電源供給が正常かもこの段階でテストができます。今回は、電源部が完全に分かれているので、ご自身の技量に照らして先に電源を供給できるようにしておくか、それとも後でテストするか考えてヒーターの配線をします。

真空管のピンの層も、部品配置によってはピンからそのままアース母線に落とせばいいようなケースがあります。このような場合もシャーシーにハンダごてを入れるようなハンダ付けはできる限り避けるようにしています。アース母線に向かう部品が1つだけの場合、できるだけあらかじめ真空管のソケットに部品を組んでしまうようにしています。これを「下ごしらえ」と呼んでいます。

アース母線の配線の順番には「アンプビルダー」各人のポリシーがあるようです。先に母線を組んでおく必要があると書かれている本もありますが、私はシャーシーに近い層から実装するのでアース母線は最後に配線します。回路図を読みながら配線をするときに、電源がかかっているプラス側とか、アンプの入力側からとか作法があるようですが、最後に「部品がつながっていく」のがやっぱりグランドで、アース母線はグランドのメインの線であるからという理由も、配線を最後にしている理由です。

今回のアンプでの部品のまとまりは、ラグ板ごとに部品を組み、それに真空管から配線をする方式になります。

メインのラグ板はまず内側の穴を利用して、抵抗を配置しました。

写真 6.14●メインのラグ板の抵抗配置

写真 6.17 ●ボリュームの配線

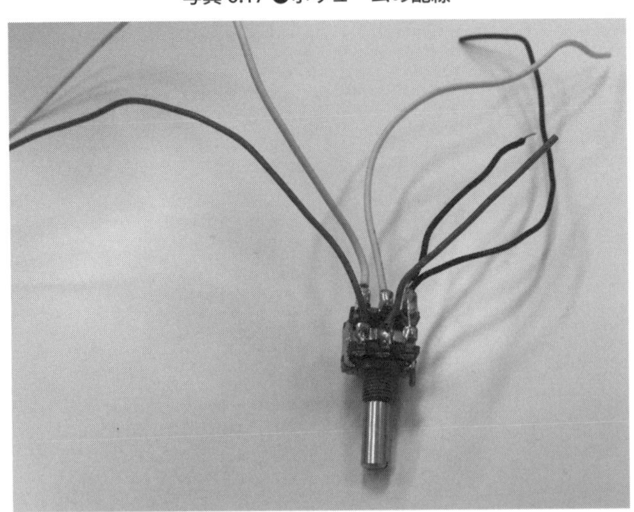

真空管はグランドに落とす部品をあらかじめ配線します。特に帰還用の抵抗の配線ラグ板をRチャンネルの真空管のピンにあらかじめ配線しておきます。写真6.18は片側のチャンネルの下ごしらえです。

写真 6.18 ●真空管ソケットの下準備

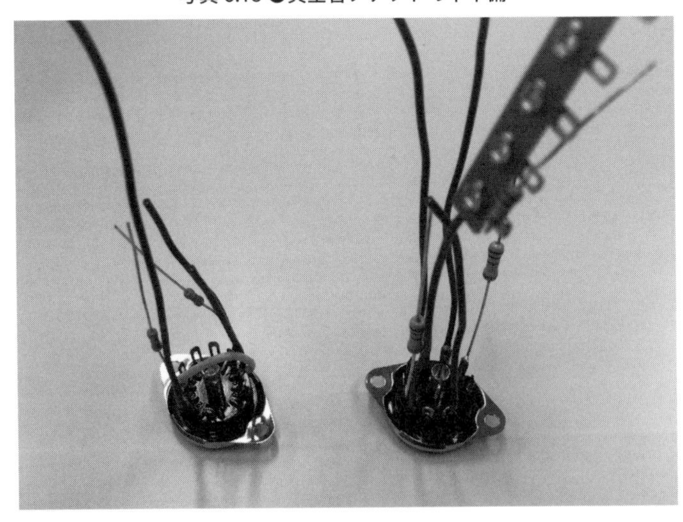

6.2.5　第8日目：ヒーター線の配線・真空管とラグ板の配線

それぞれのラグ板の準備が終わったら、配線をします。まずソケットと出力トランスをネジ止めします。トランスのネジ止めの前に、メインのラグ板を止めるネジが、トランスに隠れているようなら、ネジだけを先に通します。B電源供給用のラグ板も配線します。

その後、ヒーター配線をします。

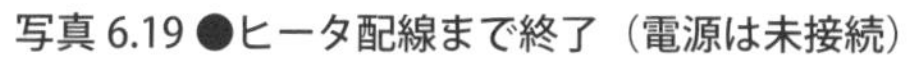
写真 6.19 ●ヒータ配線まで終了（電源は未接続）

続いて帰還用の 10kΩ の抵抗が接続されているラグ板をネジ止めし配線します。

写真 6.20 ●帰還用の抵抗が配線されているラグ板のネジ止め

音声入力部をボリュームまで配線します。ボリュームからの線はよってください。

写真 6.21 ●ボリューム部分の配線

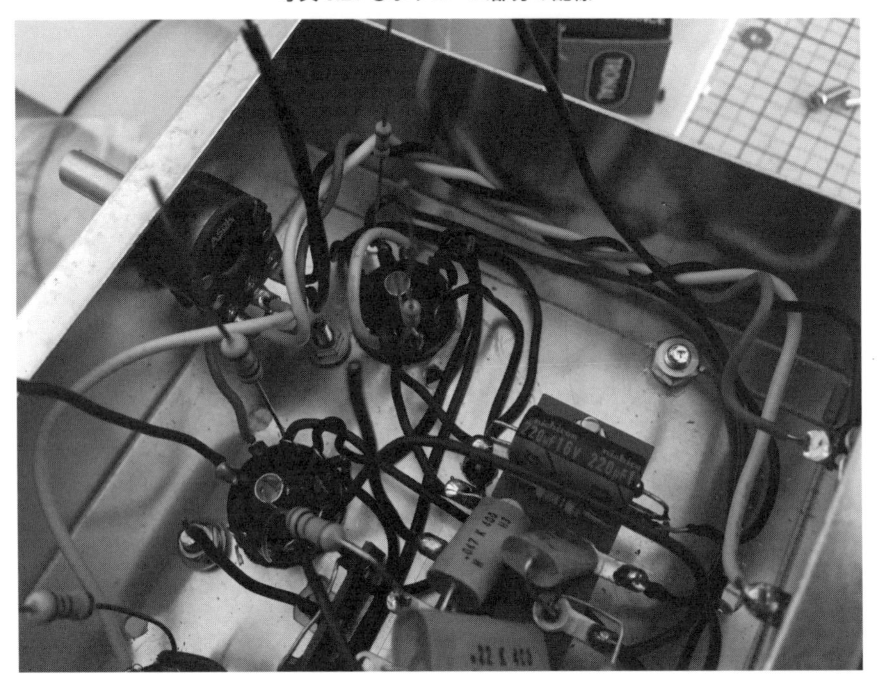

最後にメインのラグ板に配線して行きます。ソケットからラグ板に線を渡していきます。筆者はタップの下から線を通し、そこにハンダを乗せました。

写真 6.22 ●ラグ板への接続まで

6.2.6　第9日目：アース母線・出力トランス・フォンジャック

最後にアース母線を作り込んで、グランドに落ちる部品を接続していきます。今回アース母線はスズメッキ線5mを2つ折りにし、輪っかの方をドアノブにかけて開いている線を束ねて、手回しドリルのチャックで挟んで、適度によった母線を作りました。

アース母線の配線と同時に出力トランスと、スピーカー端子、ヘッドフォンジャックの配線を行います。

最後に全部の配線チェックを行います。

電源を入れて、感電に注意しながら、回路図に示された電圧になっているか、確かめます。

6.2.7　おわび

実はこの作例では、部品が間に合わずステレオのヘッドフォンジャックが作ってありません。申し訳ありません。このアンプはこの書籍の中でも作り込みの難易度は高い方だと思います。技量を上げてぜひチャレンジしていただきたいと思います。

6.3　三結パラシングル製作記

6.3.1　第1日目：部品の確認

部品表に沿って、手元に部品があるか確認をします。真空管が手元に届いたら、今回は「ペア」で購入したはずなので、箱が2つワンセットでテープなどでとめられているはずです。箱にあらかじめ右の回路で使うか左の回路で使うか書いてしまいましょう。できれば真空管の底にも分かるようにどちらがどちらか、印を付けておく必要があります。

差し替えたりしていると絶対どちらがどちらか分からなくなります。そうならないようにあらかじめ印を付けましょう。

6.3.2　第2日目から第4日目：シャーシー加工

シャーシーの上に部品を並べて、部品位置を検討します。

写真 6.23 ●部品位置の検討

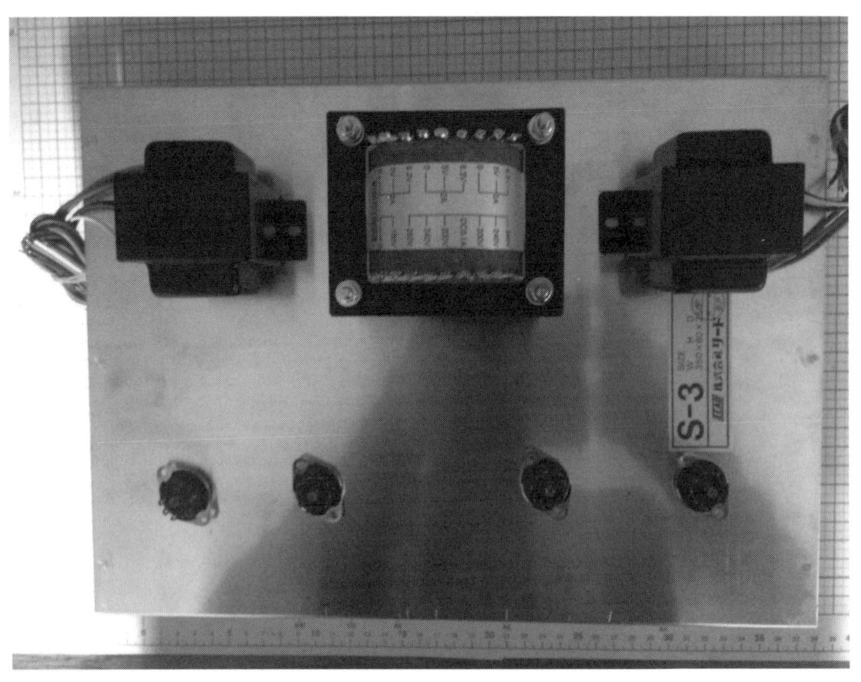

実寸サイズの紙の上で、検討を重ねてもよいでしょう。

写真 6.24 ●実寸サイズの紙に置く

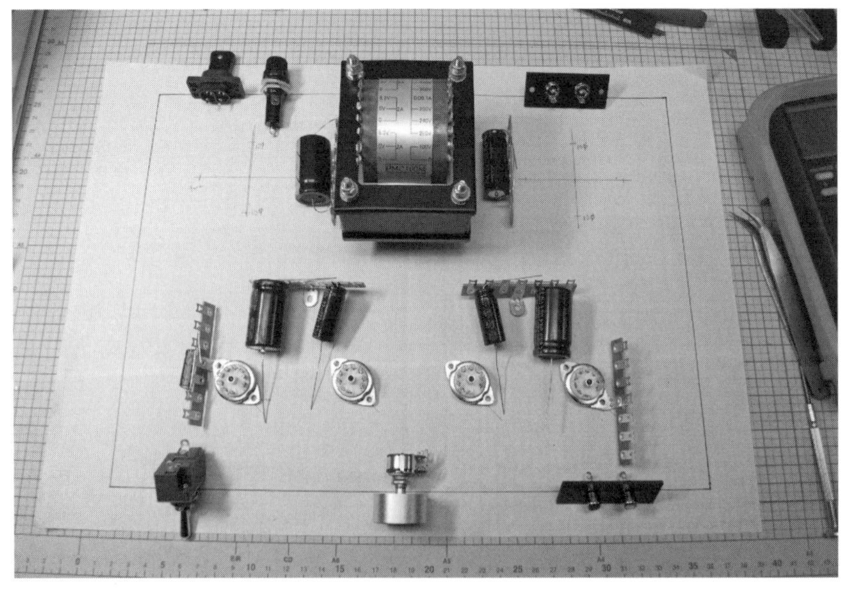

シャーシー加工で一番良い方法は、シャーシーのビニールカバーの上から細いマジックでけがいてしまって、はがさずに加工することです。切り粉がビニールの中に入りますが、ビニールの上から押さえてゴリゴリしない限り傷は付きません。最後の最後の段階でビニールをはがします。塗装をすることを考えればはがして加工してもよいですが、アルミは柔らかい金属ですから傷が付きやすく、買ったときの風合いを残すのはビニールもろとも加工するのが最善に思います。

写真6.25、写真6.26のようにビニールをはがして、けがいていく方法もありますが、傷は避けられません。

傷が付いたアルミシャーシーを元の風合いに戻すことは至難の業で、塗装以外に回復の方法はないでしょう。塗装はまた別のスキルが必要です。

写真6.25●細いマジックでけがく①

写真6.26●細いマジックでけがく②

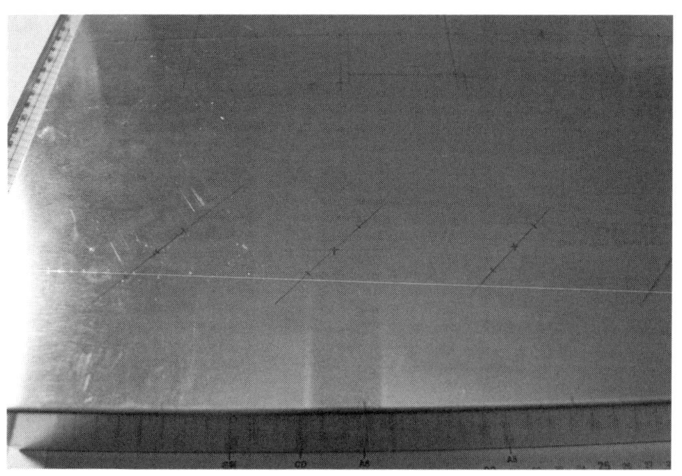

今回角穴は、ドリルでいくつかの穴をあけて、中を切り取りヤスリで削りました。

写真 6.27 ●角穴をあける

背面の加工でも角穴をあける方法もありますが、2つの穴をステッピングドリルであけて、真ん中をつなげる「楕円方式」もあります。部品の形状をよく見て、不都合がないようにトライしてください。

写真 6.28 ●楕円方式で穴をあける

シャーシーの加工が終わったところです。耐水ペーパの 600 番、1000 番、1200 番で傷を消してあります。

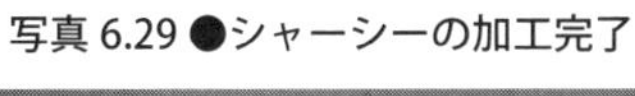

写真 6.29 ●シャーシーの加工完了

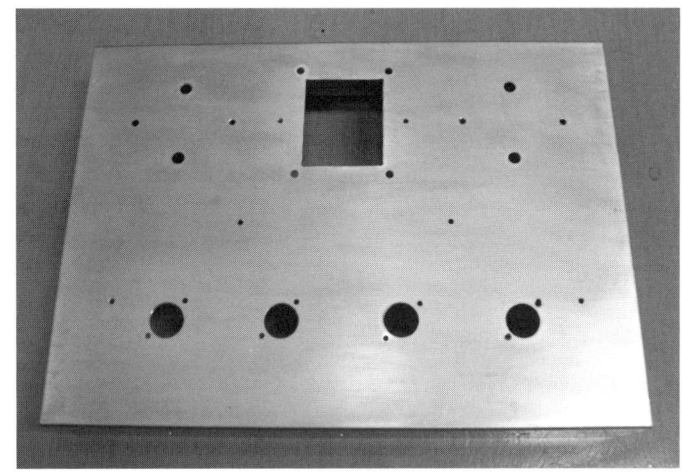

6.3.3　第 5 日目：実体配線図

この本にも実体配線図はありますが、回路図を見ながら実寸の実体配線図を書くことをお勧めします。配線図は A3 のプロジェクトペーパを使っています。

写真 6.30 ●実寸の実体配線図を書く

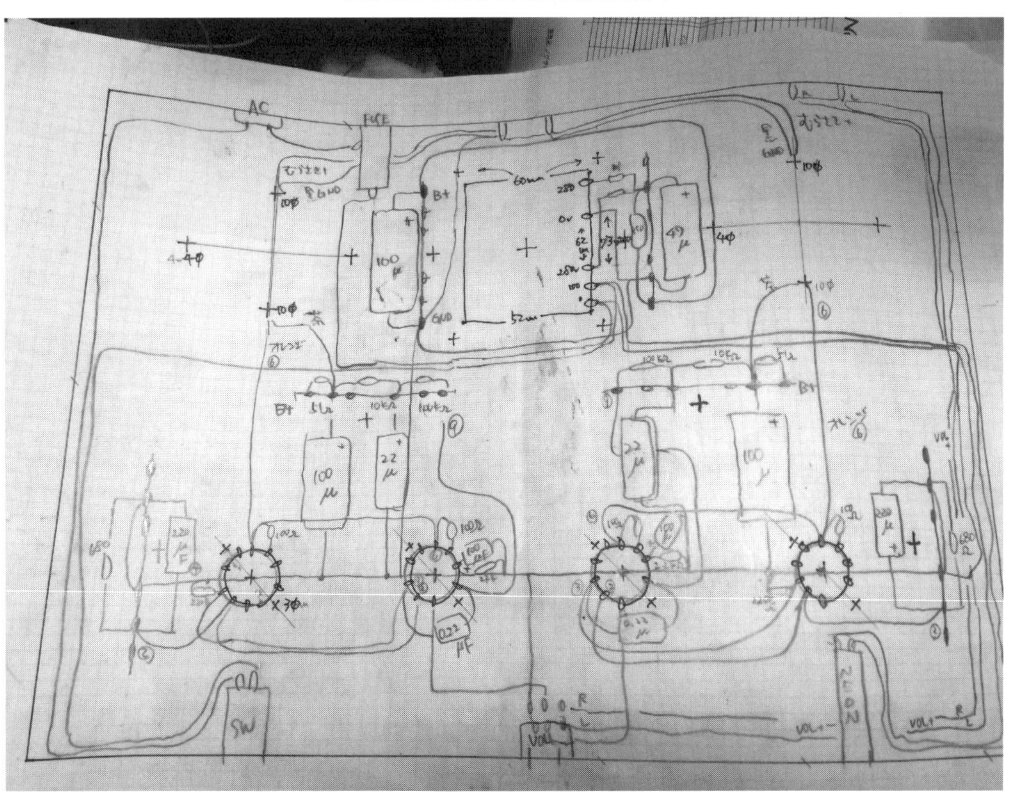

実体配線図を書くことには理由がいくつかありますが、最大の理由は配線の手順を考えることができるからです。

真空管アンプの配線手順はどんな本を読んでもだいたいは同じで、「電源」→「アース母線」→「入力から出力にかけて」となっています。おおむねはそれでよいのですが、実作業もそれに合わせて考えることがよいように思います。

あと実体配線図を書くと、自分の作業時間のまとまりも分かるようになってきます。「これだけの部品があってこれだけの配線をしなければならないとなると、何時間かかるかな」という見積もりができるようになります。週末の貴重な時間を使ってアンプを作るのですから、今日の作業の終わりが見えていた方が励みにはなります。

また実体配線図をもとに線材の長さも見積もれます。それも実寸で実体配線図を書く理由です。

(1) ハンダ付け

ハンダ付けは慣れと回数に比例してうまくなります。はじめからうまくいくとは考えない方が無難です。

ハンダ付けは下ごしらえが重要で、例えば、慣れないうちは「より線」にはあらかじめハンダメッキをします。また、長さを適切に揃えて、ピンの穴に通して、ハンダ付けします。

アナログの部品は案外熱に強く、壊すのは付けるときよりも失敗して無理をするときが圧倒的に多いと思います。ハンダをとるときには吸い取り線を巧みに使ってあまり熱をかけずにとることが肝要ですが、樹脂でできている真空管ソケット、スピーカー端子、入力端子などは特に気をつけましょう。

ボリュームを配線するときにハンダを流し込んでしまうトラブルもあります。

ボリューム部分はあらかじめ配線しておくのもトラブルを防ぐ方法です。シャーシーにボリュームがねじ止めされているとハンダごてが奥まで届かず、他の部品を焼いたりハンダを流し込んだりのトラブルになりやすいです。

写真 6.31●ボリューム部分

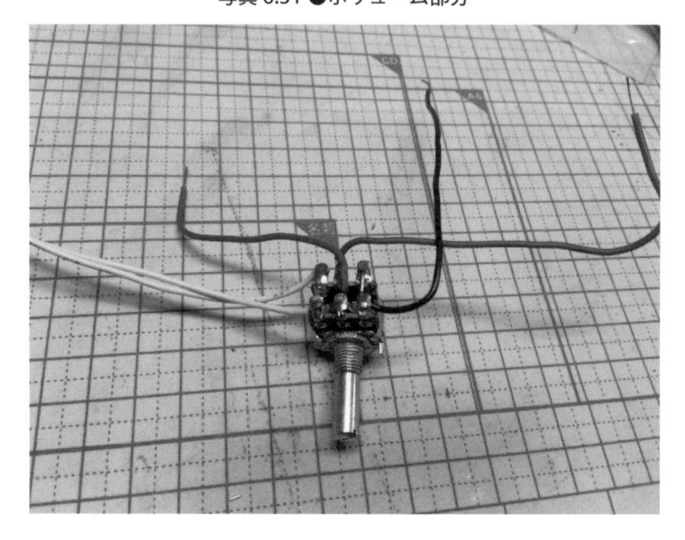

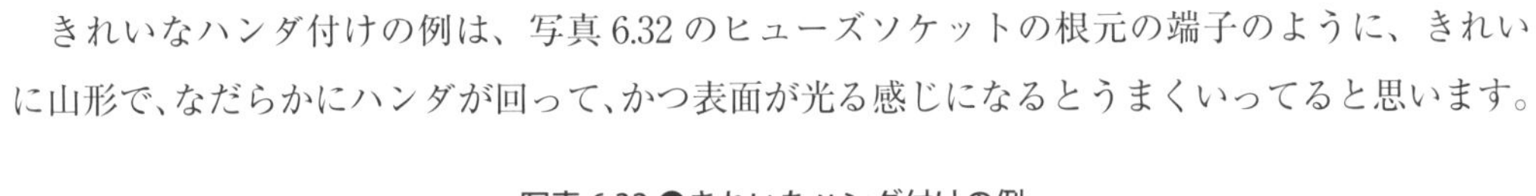

きれいなハンダ付けの例は、写真 6.32 のヒューズソケットの根元の端子のように、きれいに山形で、なだらかにハンダが回って、かつ表面が光る感じになるとうまくいってると思います。

写真 6.32 ●きれいなハンダ付けの例

6.3.4　第 6 日目から第 7 日目：配線 1　電源

配線の一番はじめは AC からトランスを配線して、規定の電圧が出ているか確かめます。はじめはとても緊張しますが、これを始めると作業を始めたなぁと思えます。

写真 6.33 ● AC からトランスを配線

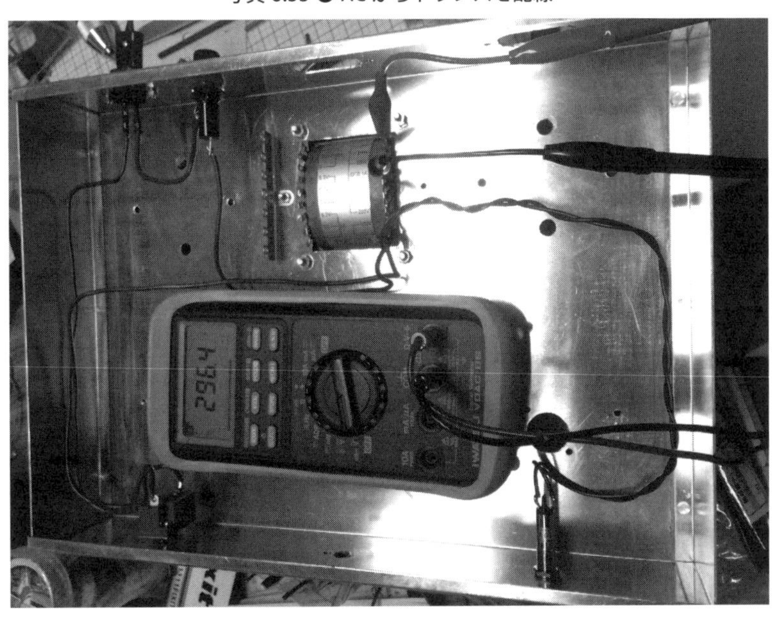

写真6.33の電圧は規定通りですが、非常に大きな電圧を扱うと覚悟してください。感電の怖さはこの製作記にも出てきますが、命に関わります。気をつけてください。

電源部の部品をラグ板に付け、配線して再度電圧が出ているか確認します。

写真6.34●電源部の部品をラグ板に付ける

写真6.35●電圧を確認

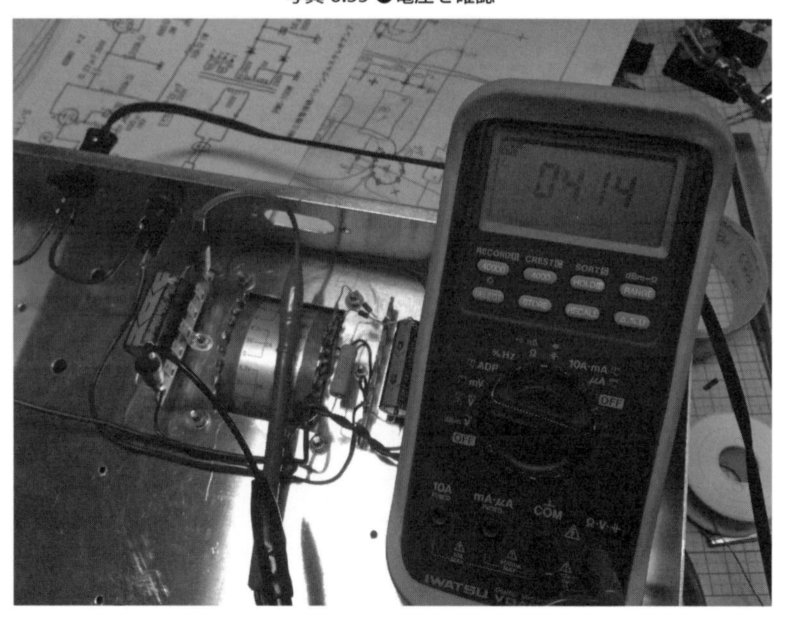

B電源はこの状態では400Vを超えています。くれぐれも気をつけてください。

6.3.5　第8日目：配線2　下ごしらえ

今回はあらかたのパーツを下ごしらえして組んでしまいました。部品は数値が確認できるようにハンダ付けします。

写真 6.36●下ごしらえ①

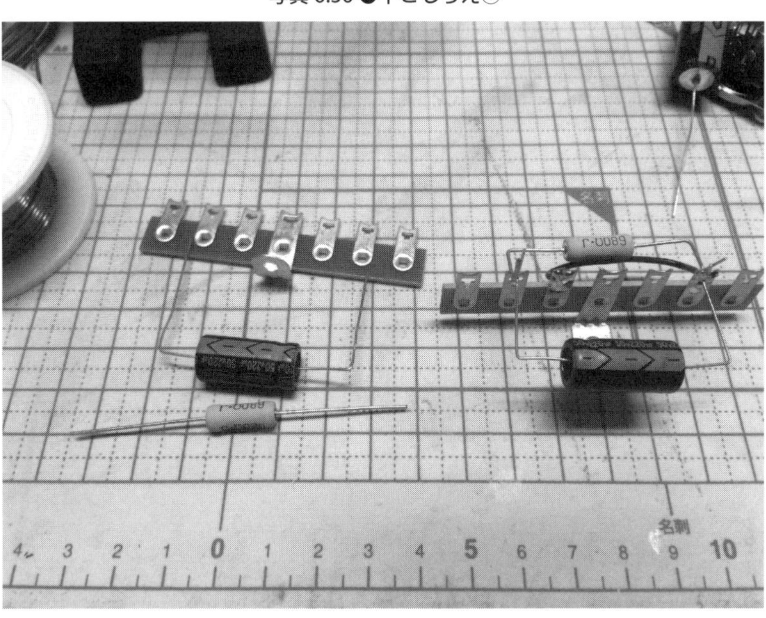

写真 6.37●下ごしらえ②

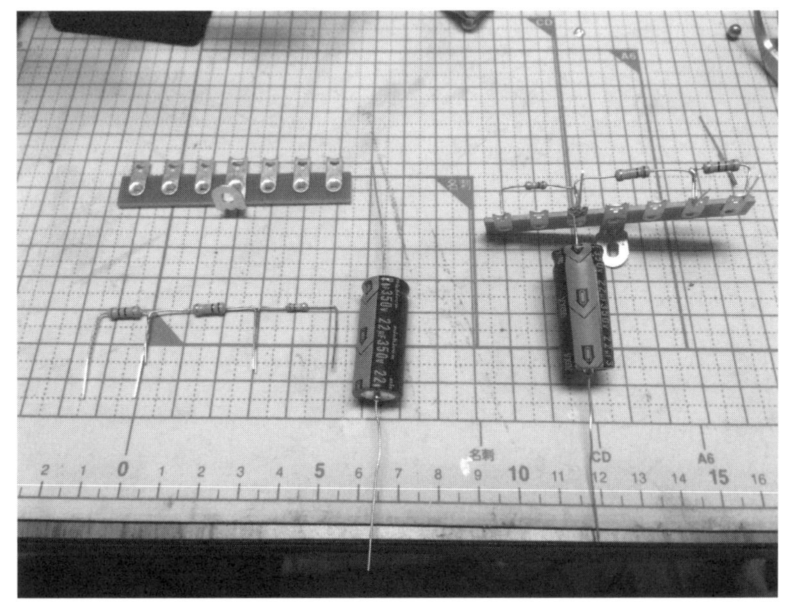

写真 6.38 ●下ごしらえ③

真空管周りとラグ板をあらかじめ組んでしまいます。実体配線図の上に置いて、実際どうなるか確かめます。

写真 6.39 ●実体配線図で確認

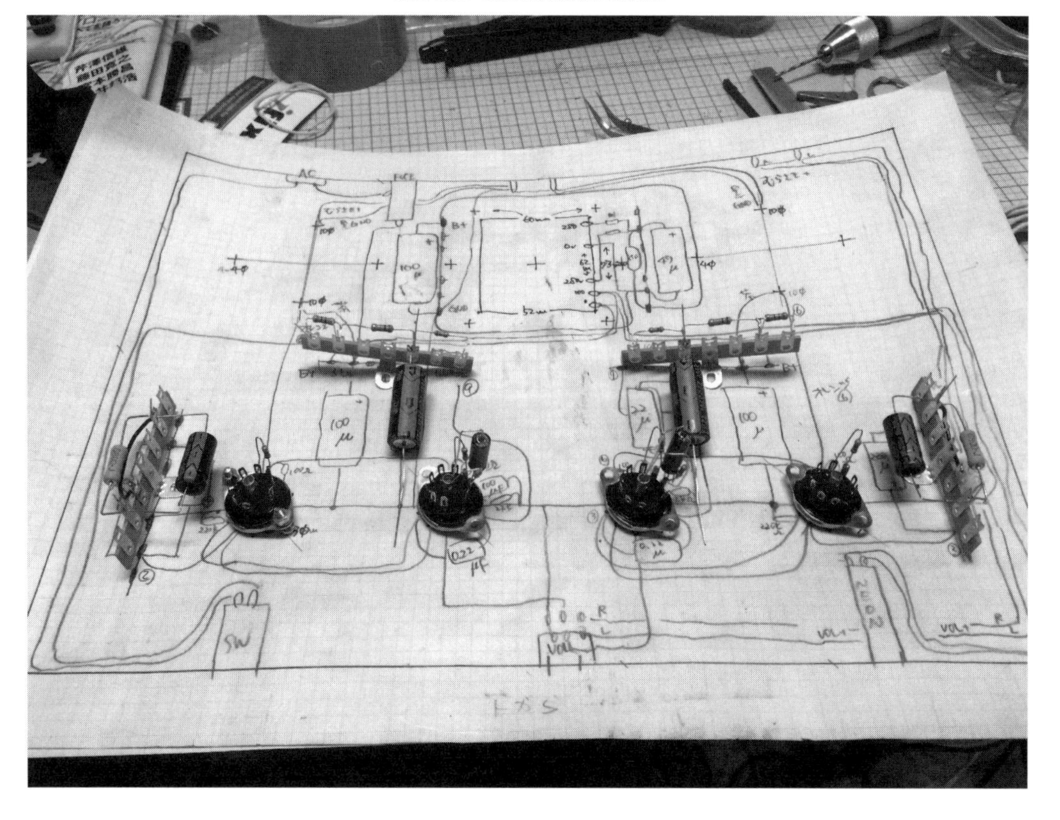

ここまでできたところで、実際の部品をシャーシーに組み付けて、真空管に給電するヒーター部分の配線を進めます。

写真 6.40 ●ヒーター部分の配線①

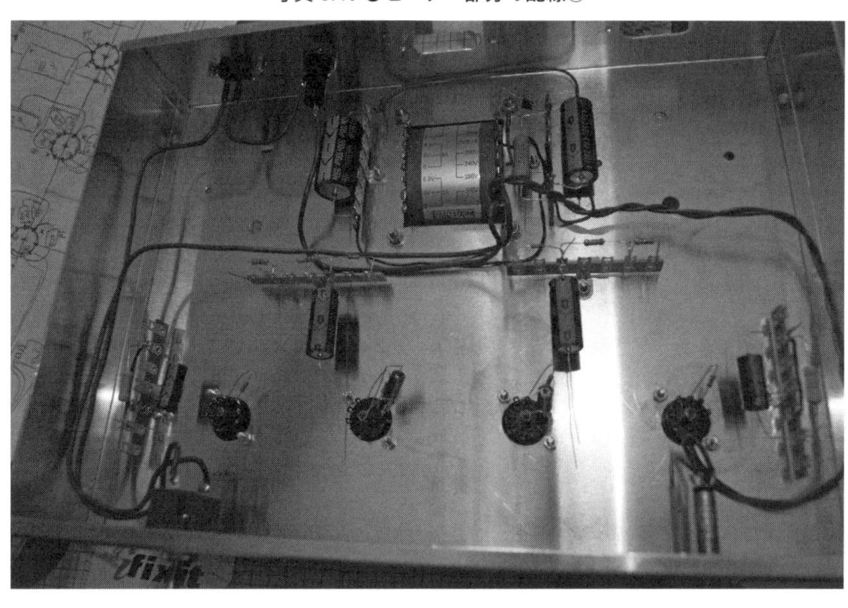

ヒーターは線をよりながら配線していきます。細かい配線がされる前にあらかじめ 6.3V がそれぞれにかかっているか、テスターで測定しておきましょう。

写真 6.41 ●ヒーター部分の配線②

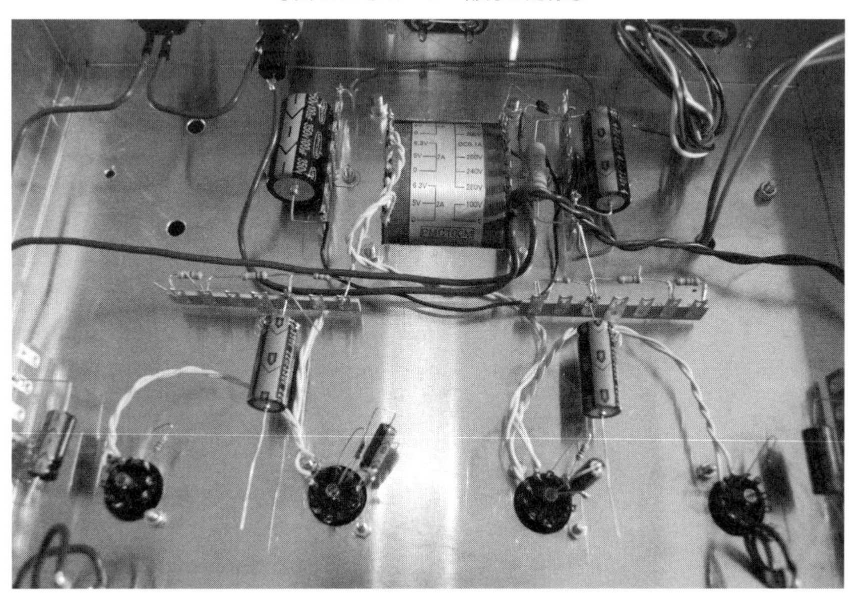

6.3.6　第9日目から第10日目：配線3　入力から出力

入力ピンからボリューム、真空管までを組み上げていきます。信号線を間違えないように色分けしながら配線していきます。信号線の色は製作者が判別できればどのような色を選択してもよいようです。

私は高電圧は赤を使い、グランドは黒を使う以外は、そのつど適当です。

6.3.7　第11日目：配線4　アース母線

アース母線は今回最後に配線しました。スズメッキのより線はリーマという穴あけに用いる重たい工具にスズメッキ線2mmの5mのものを半折りしてかけて、ぐるぐる回して「よりスズメッキ線」を作りました。それを曲げながら母線としてソケットの中央端子にはめ込みながら、ハンダ付けしていきます。最後にそれぞれの部品をアースして完成です。

写真6.42●アース母線

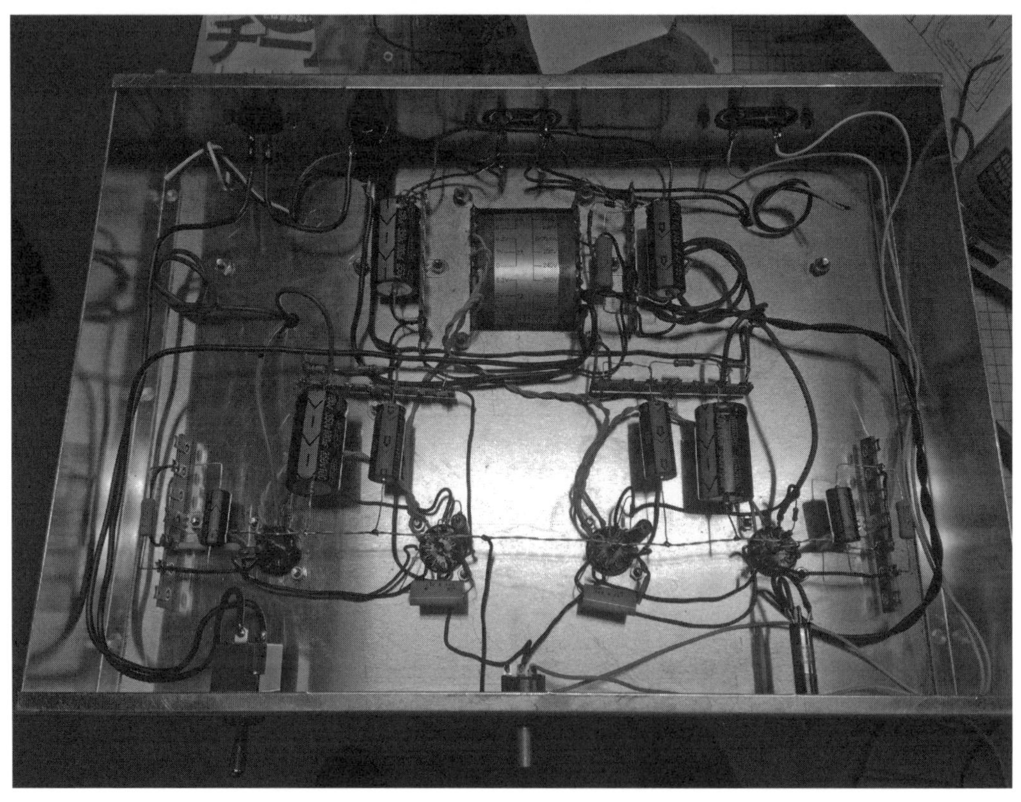

電源は入れずに、一晩寝かせます。

慌てると良いことはありません。

6.3.8　第12日目：トラブルシュート

一晩たったら、赤鉛筆を使って配線を回路図上で確認してから電源を入れましょう。焦げたにおいもせず、バチバチとも言わず、静かに真空管のヒーターが赤くなったら、完成までもう少しです。

図5.9を見ながら、必要な電圧が出ているかテスターで測定します。このときには感電に細心の注意をはらってください。何かの拍子にショートすると大変なことになります。

今回筆者は別の作業をしていて、大ショートを起こして抵抗を2つ飛ばしました。こういうことは滅多にないのですが、改めて高電圧の恐ろしさを感じました。配線のすべてから火花が出て煙も上がり、すべてがやられてしまったという絶望感しか感じません。感電もせず幸い2本の抵抗を焼き切っただけですみましたが、せっかく作ったアンプを壊してしまうのは悲しすぎます。

写真6.43●焼けた2本の抵抗

一番のトラブルは「ハム音」です。これはハンダ不良が主な原因です。今回の場合はボリューム周りが一番出ていました。「ブーン」という音がスピーカーから出たら割り箸などの非伝導体でボリュームのハンダ付け箇所を押さえてみてください。きれいに付いていない場合は大きく音が変わります。

6.3.9 試聴

このハイファイアンプは非常に静かで清澄な音が伸びやかに出るアンプだと思います。例えば、Jane Birkinの「無造作紳士」などを聞くと目の前で囁かれているような錯覚に陥ります。ぜひあなたも体験してください。

索　引

[さ]

[た]

[な]

[は]

[ま]

[や]

[ら]

[わ]

■著者プロフィール

林　正樹（はやし・まさき）

本業はコンテンツ研究者だが、ブルースギター弾きシンガー、中華料理調理、真空管ギターアンプとオーディオアンプの設計製作、各種の文筆など、節操なくつねに活動中。

HP：　http://hayashimasaki.net/

酒井 雅裕（さかい・まさひろ）

地方私大教員。

中学生で真空管アンプにあこがれ、お小遣いが自由な大人になって作り始める。

専門は画像理解や 3DCG、モバイルテクノロジ、メディア技術の異分野応用。

カットシステム出版の本：

・「実践 OpenCV 2.4」2013 年 2 月（共著）

・「OS X と iOS のための OpenCV 環境構築ガイド」2013 年 6 月（共著）

作れる！鳴らせる！

超初心者からの真空管アンプ製作入門

2015 年 8 月 10 日　　初版第 1 刷発行
2021 年 5 月 20 日　　　　第 2 刷発行

著　者	林　正樹／酒井 雅裕
協　力	石塚 勝敏／小堤 義夫
発行人	石塚 勝敏
発　行	株式会社 カットシステム
	〒 169-0073 東京都新宿区百人町 4-9-7　新宿ユーエストビル 8F
	TEL（03）5348-3850　　FAX（03）5348-3851
	URL　https://www.cutt.co.jp/
	振替　00130-6-17174
印　刷	シナノ書籍印刷 株式会社

本書に関するご意見、ご質問は小社出版部宛まで文書か、sales@cutt.co.jp 宛に e-mail でお送りください。電話によるお問い合わせはご遠慮ください。また、本書の内容を超えるご質問にはお答えできませんので、あらかじめご了承ください。

Printed in Japan　978-4-87783-364-0

ダウンロードサービス

このたびはご購入いただきありがとうございます。
本書をご購入いただいたお客様は、著者の提供するサンプルファイルを無料でダウンロードできます。

ダウンロードの詳細については、こちらを切ってご覧ください。

キリトリ線

有効期限：奥付記載の発行日より 10 年間
ダウンロード回数制限：50 回

超初心者からの
真空管アンプ制作入門

注）ダウンロードできるのは、購入された方のみです。中古書店で購入された場合や、図書館などから借りた場合は、ダウンロードできないことがあります。